中国传统建筑
解析与传承

中华人民共和国住房和城乡建设部 编

THE INTERPRETATION AND INHERITANCE OF TRADITIONAL CHINESE ARCHITECTURE

Ministry of Housing and Urban-Rural Development of the People's Republic of China

安徽卷
Anhui Volume

中国建筑工业出版社

审图号：GS（2016）303号

图书在版编目（CIP）数据

中国传统建筑解析与传承　安徽卷 / 中华人民共和国住房和城乡建设部编．—北京：中国建筑工业出版社，2015.12

ISBN 978-7-112-18860-4

Ⅰ．①中… Ⅱ．①中… Ⅲ．①古建筑-建筑艺术-安徽省　Ⅳ.①TU-092.2

中国版本图书馆CIP数据核字（2015）第299695号

责任编辑：唐　旭　李东禧　焦　斐　张　华　李成成
书籍设计：付金红
责任校对：李欣慰　关　健

中国传统建筑解析与传承　安徽卷
中华人民共和国住房和城乡建设部　编

*

中国建筑工业出版社出版、发行（北京西郊百万庄）
各地新华书店、建筑书店经销
北京方舟正佳图文设计有限公司制版
北京顺诚彩色印刷有限公司印刷

*

开本：880×1230毫米　1/16　印张：19½　字数：549千字
2016年9月第一版　2016年9月第一次印刷
定价：178.00元
ISBN 978-7-112-18860-4
（28124）

版权所有　翻印必究
如有印装质量问题，可寄本社退换
（邮政编码 100037）

总 序

Foreword

几年前我去法国里昂地区，看到有大片很久以前甚至四百年前建造的夯土建筑，也就是干打垒房子，至今仍在使用。20世纪80年代，当地建设保障房小区时，要求一律建造夯土建筑，他们采用了现代夯土技术。西安科技大学的两位老师将这种技术引入国内，在甘肃、河北等多地建了示范房。现代夯土技术的改进点在于科学配比土与石子、使用模板和电动器具夯筑，传承了夯土建筑的优点，如造价低、节能保温，弥补了缺陷，抗震性增强，也美观，颇受农民的好评。我对这个事例很感兴趣并悟出一个道理，做好传承关键要具备两种精神：一是执着，坚信许多传统能够传承、值得传承。法国将传统干打垒房子当作好东西，努力传承，而我国虽然是生土建筑数量最多的国家，迄今天各地却都视其为贫穷落后的标志，力图尽快消灭；二是创新，要下力气研究传统的优点及缺点，并用现代技术克服其缺点，赋予其现代功能，使传统文明成果在今天焕发新的生命力。这两方面的功夫我们都不够。

文明古国的中国，在实现现代化的进程中，只有十分自信、满腔热情地传承了优秀传统文化，才能受到全世界的尊重。建筑是一个民族生存智慧、工程技术、审美理念、社会伦理等文明成果最集中、最丰富的载体，其传承及体现是一个国家和民族富强与贫弱的标志。改变今天建筑缺失传统文化的局面，我们需要重新认识我国传统建筑文化，把握其精髓和发展脉络，挖掘和丰富其完整价值，探索传统与现代融合的理念和方法。2012年，住房和城乡建设部村镇建设司组织了首次传统民居全国普查，编纂了《中国传统民居类型全集》，其详细、准确、系统地展示了我国传统民居的地域性。在此基础上，2014年又启动了"传统建筑解析与传承"调查研究，这是第一次国家层面组织的该领域的大型调查研究，颇具价值：

价值一，它是至今对我国传统建筑文化最全面、最系统的阐释。第一，本次调查研究地域覆盖广，历史挖掘深，建筑类型多。31个省（市、区）开展了调查研究，每个省的研究也都覆盖了全域；一些省对传统建筑文化的追溯年代突破了记录；建筑类型不仅涵盖了官式建筑、庙宇、祠堂等，更涵盖了各类代表性民居。第二，更加注重从自然、人文、技术、经济几条主线解析传统建筑文化，而不是拘泥于建筑本身；不但阐释了传统建筑的物质形体，而且阐释了传统建筑文化的产生机制。第三，研究体例和解析维度保持了基本一致，各省都通过聚落格局、建筑群体与单体、细部与装饰、风格与装修对传统建筑进行解析。通过解析，大大丰富和提升了对我国传统建筑文化精髓的认识，如：中国传统建筑与自然相适应，和谐共生，敬天惜物；与生存实际相适应，容纳生产生活；与社会伦理相适应，井然有序；与发展相适应，灵活易变，是模块化的鼻祖。第四，内在形式统一，体现了中华文明的持久性和一致性；木结构等技术高度成熟，体现了中华民族的智慧；丰富的地区差异，体现了中华文化的多样性。一些研究基础较差的省，第一次对传统建筑有了全面认识；一些研究基础较好的省，又深化了认识。可以说，这次全面调查研究是对中国传统建筑文化的一次重新认识。

价值二，也是更重要的价值，它是就如何传承传统建筑文化、如何实现传统与现代融合这一难题，至今所进行的广泛深入的探索。第一，提出了更为本质、更具指导意义的传承理论和原则，如建筑文化的三大传承主线：自然、人文、技术；"形"的传承、"神"的传承、"神形兼备"的传承；适应性传承、创新性传承、可持续性传承等理论；坚持挖掘地域文化与建筑的关联性，坚持寻找并传承其最有价值和生命力的要素，坚持与时代发展相接轨等原则。第二，提出了更具操作性的传承方法和要点，如建筑肌理、应对自然环境、空间变异、建造方式、建筑材料、符号特征六方面的传承方法。第三，收集、展示、分析了近代以来大量的现代建筑探索传承的案例，既包括比较成功的，也包括比较失败的，具有很好的参考意义。同时也提出了应防止的误区。

价值三，唤起了对传统建筑文化的空前热情。通过这次研究，各地建设部门更加重视传统建筑文化的传承工作了，这将有利于扭转当前我国城乡建设缺乏传统文化的局面。在学术界，不仅老专家倾力投入，新参与的专家学者也越来越多，而且十分积极。过去研究传统建筑的专家学者与从事设计的建筑师交流不多，通过这次研究，两个群体融合到了一起，不仅有利于传承的研究，更有利于传承的实践。有的老专家说，等了几十年，终于等到国家组织这项工作了。

探索传统建筑文化与现代建筑的融合是难度极大的挑战，永远在路上。虽然本次调查研究存在着许多不足和局限，但第一次组织全国专业力量努力探索的成果，惠及当今，流芳百年，意义非凡，不仅具有中国意义，也具有世界意义。在此，谨向为成就这一大业，辛勤无私付出并作出卓越贡献的所有专家学者、建筑师和技术人员、各地建设部门领导和职工，表示衷心的感谢和崇高的敬意。此外，我还深深感受到，组织实施全国范围的、具有历史意义的调查研究，是其他组织和个人难以做到的，是中央部委必须承担的重要职责，今后还要多做。

住房和城乡建设部总经济师 赵晖

2016年9月

编委会

Editorial Committee

发起与策划：赵　晖

组 织 推 进：张学勤、卢英方、白正盛、王旭东、王　玮、王旭东（天津）、
　　　　　　　吴　铁、翟顺河、冯家举、汪　兴、孙众志、张宝伟、庄少勤、
　　　　　　　刘大威、沈　敏、侯淅珉、王胜熙、李道鹏、耿庆海、陈华平、
　　　　　　　尹维真、蒋益民、蔡　瀛、吴伟权、陈孝京、丛　钢、文技军、
　　　　　　　宋丽丽、赵志勇、斯朗尼玛、韩一兵、刘永堂、白宗科、何晓勇、
　　　　　　　海拉提·巴拉提

指 导 专 家：崔　恺、吴良镛、冯骥才、孙大章、陆元鼎、张锦秋、何镜堂、
　　　　　　　朱光亚、朱小地、罗德启、马国馨、何玉如、单德启、陈同滨、
　　　　　　　朱良文、郑时龄、伍　江、常　青、吴建中、王小东、曹嘉明、
　　　　　　　张俊杰、张玉坤、杨焕成、黄汉民、王建国、梅洪元、黄　浩、
　　　　　　　张先进

工 作 组：林岚岚、罗德胤、徐怡芳、杨绪波、吴　艳、李立敏、薛林平、
　　　　　　李春青、潘　曦、王　鑫、苑思楠、赵海翔、郭华瞻、郭志伟、
　　　　　　褚苗苗、王　浩、李君洁、徐凌玉、师晓静、李　涛、庞　佳、
　　　　　　田铂菁、王　青、王新征、郭海鞍、张蒙蒙

安徽卷编写组：
组织人员：宋直刚、邹桂武、郭佑芹、吴胜亮
编写人员：李　早、曹海婴、叶茂盛、喻　晓、杨　燊、徐　震、曹　昊、高岩琰、郑志元
调研人员：陈骏祎、孙　霞、王达仁、周虹宇、毛心彤、朱　慧、汪　强、朱高栎、陈薇薇、贾宇枝子、崔巍懿

北京卷编写组：
组织人员：李节严、侯晓明、杨　健、李　慧
编写人员：朱小地、韩慧卿、李艾桦、王　南、
　　　　　钱　毅、李海霞、马　泷、杨　滔、
　　　　　吴　懿、侯　晟、王　恒、王佳怡、
　　　　　钟曼琳、刘江峰、卢清新
调研人员：陈　凯、闫　峥、刘　强、李沫含、
　　　　　黄　蓉、田燕国

天津卷编写组：
组织人员：吴冬粤、杨瑞凡、纪志强、张晓萌
编写人员：洪再生、朱　阳、王　蔚、刘婷婷、
　　　　　王　伟、刘铧文

河北卷编写组：
组织人员：封　刚、吴永强、席建林、马　锐
编写人员：舒　平、吴　鹏、魏广龙、刁建新、
　　　　　刘　歆、解　丹、杨彩虹、连海涛

山西卷编写组：
组织人员：郭廷儒、张海星、郭　创、赵俊伟
编写人员：薛林平、王金平、杜艳哲、韩卫成、
　　　　　孔维刚、冯高磊、王　鑫、郭华瞻、
　　　　　潘　曦、石　玉、刘进红、王建华、
　　　　　武晓宇、韩丽君

内蒙古卷编写组：
组织人员：杨宝峰、陈　彪、崔　茂
编写人员：张鹏举、彭致禧、贺　龙、韩　瑛、
　　　　　额尔德木图、齐卓彦、白丽燕、
　　　　　高　旭、杜　娟

辽宁卷编写组：
组织人员：王晓伟、胡成泽、刘绍伟、孙辉东
编写人员：朴玉顺、郝建军、陈伯超、周静海、
　　　　　原砚龙、刘思铎、黄　欢、王蕾蕾、
　　　　　王　达、宋欣然、吴　琦、纪文喆、
　　　　　高赛玉

吉林卷编写组：
组织人员：袁忠凯、安　宏、肖楚宇、陈清华
编写人员：王　亮、李天骄、李之吉、李雷立、
　　　　　宋义坤、张俊峰、金日学、孙守东
调研人员：郑宝祥、王　薇、赵　艺、吴翠灵、
　　　　　李亮亮、孙宇轩、李洪毅、崔晶瑶、
　　　　　王铃溪、高小淇、李　宾、李泽锋、
　　　　　梅　郊、刘秋辰

黑龙江卷编写组：
组织人员：徐东锋、王海明、王　芳
编写人员：周立军、付本臣、徐洪澎、李同予、
　　　　　殷　青、董健菲、吴健梅、刘　洋、

　　　　　刘远孝、王兆明、马本和、王健伟、
　　　　　卜　冲、郭丽萍
调研人员：张　明、王　艳、张　博、王　钏、
　　　　　晏　迪、徐贝尔

上海卷编写组：

组织人员：孙　珊、胡建东、侯斌超、马秀英
编写人员：华霞虹、彭　怒、王海松、寇志荣、
　　　　　宿新宝、周鸣浩、叶松青、吕亚范、
　　　　　丁建华、卓刚峰、宋　雷、吴爱民、
　　　　　宾慧中、谢建军、蔡　青、刘　刊、
　　　　　喻明璐、罗超君、伍　沙、王鹏凯、
　　　　　丁　凡
调研人员：江　璐、林叶红、刘嘉纬、姜鸿博、
　　　　　王子潇、胡　楠、吕欣欣、赵　曜

江苏卷编写组：

组织人员：赵庆红、韩秀金、张　蔚、俞　锋
编写人员：龚　恺、朱光亚、薛　力、胡　石、
　　　　　张　彤、王兴平、陈晓扬、吴锦绣、
　　　　　陈　宇、沈　旸、曾　琼、凌　洁、
　　　　　寿　焘、雍振华、汪永平、张明皓、
　　　　　晁　阳

浙江卷编写组：

组织人员：江胜利、何青峰
编写人员：王　竹、于文波、沈　黎、朱　炜、
　　　　　浦欣成、裘　知、张玉瑜、陈　惟、
　　　　　贺　勇、杜浩渊、王焯瑶、张泽浩、
　　　　　李秋瑜、钟温歆

福建卷编写组：

组织人员：苏友佺、金纯真、许为一

编写人员：戴志坚、王绍森、陈　琦、李苏豫、
　　　　　王量量、韩　洁

江西卷编写组：

组织人员：熊春华、丁宜华
编写人员：姚　赯、廖　琴、蔡　晴、马　凯、
　　　　　李久君、李岳川、肖　芬、肖　君、
　　　　　许世文、吴　靖、吴　琼、兰昌剑、
　　　　　戴晋卿、袁立婷、赵晗聿

山东卷编写组：

组织人员：杨建武、张　林、宫晓芳、王艳玲
编写人员：刘　甦、张润武、赵学义、仝　晖、
　　　　　郝曙光、邓庆坦、许丛宝、姜　波、
　　　　　高宜生、赵　斌、张　巍、傅志前、
　　　　　左长安、刘建军、谷建辉、宁　荞、
　　　　　慕启鹏、刘明超、王冬梅、王悦涛、
　　　　　姚　丽、孔繁生、韦　丽、吕方正、
　　　　　王建波、解焕新、李　伟、孔令华

河南卷编写组：

组织人员：陈华平、马耀辉、李桂亭、韩文超
编写人员：郑东军、李　丽、唐　丽、吕红医、
　　　　　黄　华、韦　峰、李红光、张　东、
　　　　　陈兴义、渠　韬、史学民、毕　昕、
　　　　　陈伟莹、张　帆、赵　凯、许继清、
　　　　　任　斌、郑丹枫、王文正、李红建、
　　　　　郭兆儒、谢丁龙

湖北卷编写组：

组织人员：万应荣、付建国、王志勇
编写人员：肖　伟、王　祥、李新翠、韩　冰、

张　丽、梁　爽、韩梦涛、张阳菊、
张万春、李　扬

湖南卷编写组：

组织人员：宁艳芳、黄　立、吴立玖

编写人员：何韶瑶、唐成君、章　为、张梦淼、
姜兴华、李　夺、欧阳铎、黄力为、
张艺婕、吴晶晶、刘艳莉、刘　姿、
熊申午、陆　薇、党　航

调研人员：陈　宇、刘湘云、付玉昆、赵磊兵、
黄　慧、李　丹、唐娇致

广东卷编写组：

组织人员：梁志华、肖送文、苏智云、廖志坚、
秦　莹

编写人员：陆　琦、冼剑雄、潘　莹、徐怡芳、
何　菁、王国光、陈思翰、冒亚龙、
向　科、赵紫伶、卓晓岚、孙培真

调研人员：方　兴、张成欣、梁　林、林　琳、
陈家欢、邹　齐、王　妍、张秋艳

广西卷编写组：

组织人员：吴伟权、彭新唐、刘　哲

编写人员：雷　翔、全峰梅、徐洪涛、何晓丽、
杨　斌、梁志敏、陆如兰、尚秋铭、
孙永萍、黄晓晓、李春尧

海南卷编写组：

组织人员：丁式江、陈孝京、许　毅、杨　海

编写人员：吴小平、黄天其、唐秀飞、吴　蓉、
刘凌波、王振宇、何慧慧、陈文斌、
郑小雪、李贤颖、王贤卿、陈创娥、
吴小妹

重庆卷编写组：

组织人员：冯　赵、揭付军

编写人员：龙　彬、陈　蔚、胡　斌、徐千里、
舒　莺、刘晶晶

四川卷编写组：

组织人员：蒋　勇、李南希、鲁朝汉、吕　蔚

编写人员：陈　颖、高　静、熊　唱、李　路、
朱　伟、庄　红、郑　斌、张　莉、
何　龙、周晓宇、周　佳

调研人员：唐　剑、彭麟麒、陈延申、严　潇、
黎峰六、孙　笑、彭　一、韩东升、
聂　倩

贵州卷编写组：

组织人员：余咏梅、王　文、陈清鎏、赵玉奇

编写人员：罗德启、余压芳、陈时芳、叶其颂、
吴茜婷、代富红、吴小静、杜　佳、
杨钧月、曾　增

调研人员：钟伦超、王志鹏、刘云飞、李星星、
胡　彪、王　曦、王　艳、张　全、
杨　涵、吴汝刚、王　莹、高　蛤

云南卷编写组：

组织人员：汪　巡、沈　键、王　瑞

编写人员：翟　辉、杨大禹、吴志宏、张欣雁、
刘肇宁、杨　健、唐黎洲、张　伟

调研人员：张剑文、李天依、栾涵潇、穆　童、
王祎婷、吴雨桐、石文博、张三多、
阿桂莲、任道怡、姚启凡、罗　翔、
顾晓洁

西藏卷编写组：

组织人员：李新昌、姜月霞

编写人员：王世东、木雅·曲吉建才、格桑顿珠、群　英、达瓦次仁、土登拉加

陕西卷编写组：

组织人员：胡汉利、苗少峰、李　君、薛　钢

编写人员：周庆华、李立敏、刘　煜、王　军、祁嘉华、武　联、陈　洋、吕　成、倪　欣、任云英、白　宁、雷会霞、李　晨、白　钰、王建成、师晓静、李　涛、黄　磊、庞　佳、王怡琼、时　阳、吴冠宇、鱼晓惠、林高瑞、朱瑜葱、李　凌、陈斯亮、张定青、雷耀丽、刘　怡、党纤纤、张钰曌、陈　新、李　静、刘京华、毕景龙、黄　姗、周　岚、王美子、范小烨、曹惠源、张丽娜、陆　龙、石　燕、魏　锋、张　斌

调研人员：王晓彤、刘　悦、张　容、魏　璇、陈雪婷、杨钦芳、张豫东、李珍玉、张演宇、杨程博、周　菲、米庆志、刘培丹、王丽娜、陈治金、贾　柯、陈若曦、千　金、魏　栋、吕咪咪、孙志青、卢　鹏

甘肃卷编写组：

组织人员：刘永堂、贺建强、慕　剑

编写人员：刘奔腾、安玉源、叶明晖、冯　柯、张　涵、王国荣、刘　起、李自仁、张　睿、章海峰、唐晓军、王雪浪、孟岭超、范文玲

调研人员：王雅梅、师鸿儒、闫海龙、闫幼峰、陈　谦、张小娟、周　琪、孟祥武、郭兴华、赵春晓

青海卷编写组：

组织人员：衣　敏、陈　锋、马黎光

编写人员：李立敏、王　青、王力明、胡东祥

调研人员：张　容、刘　悦、魏　璇、王晓彤、柯章亮、张　浩

宁夏卷编写组：

组织人员：李志国、杨文平、徐海波

编写人员：陈宙颖、李晓玲、马冬梅、陈李立、李志辉、杜建录、杨占武、董　茜、王晓燕、马小凤、日晓敏、朱启光、龙　倩、武文娇、杨　慧、周永惠、李巧玲

调研人员：林卫公、杨自明、张　豪、宋志皓、王璐莹、王秋玉、唐玲玲、李娟玲

新疆卷编写组：

组织人员：高　峰、邓　旭

编写人员：陈震东、范　欣、季　铭、阿里木江·马克苏提、王万江、李　群、李安宁、闫　飞

主编单位：

中华人民共和国住房和城乡建设部

参编单位：

北京卷：北京市规划委员会
北京市勘察设计和测绘地理信息管理办公室
北京市建筑设计研究院有限公司
清华大学
北方工业大学

天津卷：天津市城乡建设委员会
天津大学建筑设计规划设计研究总院
天津大学

河北卷：河北省住房和城乡建设厅
河北工业大学
河北工程大学
河北省村镇建设促进中心

山西卷：山西省住房和城乡建设厅
山西省建筑设计研究院
北京交通大学
太原理工大学

内蒙古卷：内蒙古自治区住房和城乡建设厅
内蒙古工业大学

辽宁卷：辽宁省住房和城乡建设厅
沈阳建筑大学
辽宁省建筑设计研究院

吉林卷：吉林省住房和城乡建设厅
吉林建筑大学
吉林建筑大学设计研究院
吉林省建苑设计集团有限公司

黑龙江卷：黑龙江省住房和城乡建设厅
哈尔滨工业大学
齐齐哈尔大学
哈尔滨市建筑设计院
哈尔滨方舟工程设计咨询有限公司
黑龙江国光建筑装饰设计研究院有限公司
哈尔滨唯美源装饰设计有限公司

上海卷：上海市规划和国土资源管理局
上海市建筑学会
华东建筑设计研究总院
同济大学
上海大学

江苏卷：江苏省住房和城乡建设厅
东南大学

浙江卷：浙江省住房和城乡建设厅
浙江大学
浙江工业大学

安徽卷：安徽省住房和城乡建设厅
合肥工业大学

福建卷：福建省住房和城乡建设厅
　　　　厦门大学

江西卷：江西省住房和城乡建设厅
　　　　南昌大学
　　　　江西省建筑设计研究总院
　　　　南昌大学设计研究院

山东卷：山东省住房和城乡建设厅
　　　　山东建筑大学
　　　　山东建大建筑规划设计研究院
　　　　山东省小城镇建设研究会
　　　　山东大学
　　　　烟台大学
　　　　青岛理工大学
　　　　山东省城乡规划设计研究院

河南卷：河南省住房和城乡建设厅
　　　　郑州大学
　　　　河南大学
　　　　华北水利水电大学
　　　　河南理工大学
　　　　河南省建筑设计研究院有限公司
　　　　河南省城乡规划设计研究总院有限公司
　　　　郑州大学综合设计研究院有限公司
　　　　郑州市建筑设计院有限公司

湖北卷：湖北省住房和城乡建设厅
　　　　中信建筑设计研究总院有限公司

湖南卷：湖南省住房和城乡建设厅
　　　　湖南大学
　　　　湖南大学设计研究院有限公司
　　　　湖南省建筑设计院

广东卷：广东省住房和城乡建设厅
　　　　华南理工大学
　　　　广州瀚华建筑设计有限公司
　　　　北京建工建筑设计研究院

广西卷：广西壮族自治区住房和城乡建设厅
　　　　华蓝设计（集团）有限公司

海南卷：海南省住房和城乡建设厅
　　　　海南华都城市设计有限公司
　　　　华中科技大学
　　　　武汉大学
　　　　重庆大学
　　　　海南省建筑设计院
　　　　海南雅克设计有限公司
　　　　海口市城市规划设计研究院
　　　　海南三寰城镇规划建筑设计有限公司

重庆卷：重庆城乡建设委员会
　　　　重庆大学
　　　　重庆市设计院

四川卷：四川省住房和城乡建设厅
　　　　西南交通大学
　　　　四川省建筑设计研究院

贵州卷：贵州省住房和城乡建设厅
　　　　贵州省建筑设计研究院
　　　　贵州大学

云南卷： 云南省住房和城乡建设厅
　　　　　昆明理工大学

西藏卷： 西藏自治区住房和城乡建设厅
　　　　　西藏自治区建筑勘察设计院
　　　　　西藏自治区藏式建筑研究所

陕西卷： 陕西省住房和城乡建设厅
　　　　　西建大城市规划设计研究院
　　　　　西安建筑科技大学
　　　　　长安大学
　　　　　西安交通大学
　　　　　西北工业大学
　　　　　中国建筑西北设计研究院有限公司
　　　　　中联西北工程设计研究院有限公司

甘肃卷： 甘肃省住房和城乡建设厅
　　　　　兰州理工大学
　　　　　西北民族大学
　　　　　西北师范大学
　　　　　甘肃建筑职业技术学院
　　　　　甘肃省建筑设计研究院
　　　　　甘肃省文物保护维修研究所

青海卷： 青海省住房和城乡建设厅
　　　　　西安建筑科技大学
　　　　　青海省建筑勘察设计研究院有限公司

宁夏卷： 宁夏回族自治区住房和城乡建设厅
　　　　　宁夏大学
　　　　　宁夏建筑设计研究院有限公司
　　　　　宁夏三益上筑建筑设计院有限公司

新疆卷： 新疆维吾尔自治区住房和城乡建设厅
　　　　　新疆佳联城建规划设计研究院
　　　　　新疆建筑设计研究院
　　　　　新疆大学
　　　　　新疆师范大学

目　录

Contents

总　序

前　言

第一章　绪论

- 002　第一节　自然人文历史背景
- 002　一、自然概况
- 004　二、人文概况
- 006　三、历史沿革
- 009　四、经济概况
- 011　第二节　传统建筑类型与特征
- 011　一、传统建筑文化背景
- 012　二、传统聚落形态特征
- 013　三、传统建筑风格特征
- 014　四、传统建筑哲学观念
- 016　第三节　现代建筑传承的基本原则
- 016　一、传统风貌要素解析
- 017　二、设计原则与方法

上篇：安徽传统建筑文化特征与解析

第二章　多元文化孕育下的类型解读：三个不同的本土文化分区

- 022　第一节　三大分区自然地理环境分析

022	一、皖南地区
022	二、皖中地区
022	三、皖北地区
023	第二节　三大分区人文历史环境分析
023	一、皖南地区
024	二、皖中地区
025	三、皖北地区
025	第三节　三大分区传统建筑成因分析
025	一、皖南地区
026	二、皖中地区
026	三、皖北地区

第三章　皖南地区传统建筑风格解析

029	第一节　传统聚落规划与格局
029	一、依山傍水，藏风纳气
029	二、尊重自然，顺势而为
030	三、聚族而居，重视宗法
031	四、秩序井然，条理明晰
034	第二节　传统建筑类型特征
034	一、传统民居风格及元素
040	二、其他典型传统建筑风格及元素
044	第三节　传统建筑结构特点及材料应用
044	一、结构特点
045	二、材料应用
046	第四节　传统建筑细部与装饰
046	一、马头墙
047	二、门楼
048	三、隔扇
049	四、飞来椅
050	五、三雕艺术
051	六、色彩

052	第五节	典型传统建筑及村落分析
052		一、黄山市呈坎罗东舒祠
052		二、绩溪县龙川胡氏宗祠
053		三、黄山市屯溪程氏三宅
055		四、歙县许国牌坊
056		五、歙县雄村竹山书院
057		六、黟县西递村
059	第六节	宏村及其周边村落空间解析
059		一、宏村村落空间解析
063		二、宏村与周边村落空间发展解析
072	第七节	皖南地区传统建筑特征总结
072		一、村落选址依据传统理念
072		二、村落布局体现伦理观念
073		三、建筑空间反映礼乐教化
073		四、建筑样式体现地域风貌
073		五、色彩体系流露美学修养
073		六、设计构思重视人居理念
073		七、徽派建筑的保护和发展

第四章 皖中地区传统建筑风格解析

076	第一节	传统聚落规划与格局
076		一、九龙攒珠
076		二、圩堡
077	第二节	传统民居类型特征
077		一、江淮院落式民居
078		二、江淮天井式民居
079		三、船屋
080	第三节	传统建筑结构特点及材料应用
080		一、平面布局特点
080		二、材料应用
082		三、结构特点

082	第四节	传统建筑细部与装饰
082		一、马头墙的语言符号
083		二、屋檐的形式
083		三、建筑装饰
083		四、屋顶和脊饰
083		五、建筑色彩
084	第五节	典型传统建筑及村落分析
084		一、肥西县三河镇杨振宁旧居
084		二、肥西县三河镇刘同兴隆庄
085		三、肥西县三河镇仙姑楼
085		四、巢湖市烔炀镇金家大宅
086		五、金寨县天堂寨镇黄氏宗祠
088		六、肥东县长临河镇
090	第六节	三河镇肌理空间解析
090		一、三河镇概况
091		二、宏村和三河镇设计理念比较
092		三、三河镇空间解析
093	第七节	皖中地区传统建筑特征总结
093		一、建筑文化体现多元融合
093		二、村落规划注重水系设计
094		三、院落布局融汇南北特色
094		四、构造样式结合木构和砌体
094		五、皖中建筑的保护和发展

第五章 皖北地区传统建筑风格解析

096	第一节	传统聚落规划与格局
096		一、棋盘式——以亳州城为例
096		二、象征式——以阚疃镇为例
096	第二节	传统建筑类型特征
096		一、民居建筑
097		二、会馆建筑

099		三、钱庄建筑
101	第三节	地域建筑结构特点及材料应用
101		一、材料应用
101		二、结构特点
101	第四节	传统建筑细部与装饰
101		一、建筑色彩
101		二、雕刻与彩画
103	第五节	典型传统建筑分析
103		一、亳州市花戏楼
104		二、亳州市钜兴瑞药号
105		三、亳州市张虚谷故宅
105		四、濉溪县袁氏宅院
107	第六节	皖北地区传统建筑特征总结
107		一、序列明晰的棋盘式聚落
107		二、结合山水的象征式聚落
107		三、厚重沉稳的建筑造型
107		四、严谨华美的会馆建筑
108		五、艳丽和深沉糅杂的建筑风格
108		六、皖北建筑的保护和发展

第六章　安徽省传统建筑人文总结

110	第一节	传统建筑元素归纳
110		一、功能性元素
112		二、装饰性元素
114	第二节	传统建筑风格概括
114		一、皖南地区·徽州特色
115		二、皖中地区·江淮特色
115		三、皖北地区·中原特色
116		四、三大地区传统建筑风格特征比较
116	第三节	传统建筑哲学凝练
116		一、自然和谐之道——因地制宜，天人合一，山水情怀

117	二、伦理秩序之道——布局严密，等级分明，礼乐并重	
117	三、虚实有无之道——空间渗透，阴阳互生，物我一体	
119	四、中庸平实之道——淳朴内敛，兼容并蓄，勤俭古拙	
119	五、循环再生之道——师法自然，就地取材，周而复始	

下篇：安徽传统建筑文化传承与发展

第七章　安徽省传统风貌的现代传承与发展概况

125	第一节　传承模仿起步时期
126	第二节　探索曲折行进时期
126	第三节　传统文化发扬时期
129	第四节　整体风貌繁荣时期

第八章　安徽省现代建筑传承传统风貌要素解析

136	第一节　通过建筑肌理体现建筑特色
136	一、传统建筑肌理的借用
138	二、传统建筑肌理的模仿与简化
150	三、传统文化要素的肌理化运用
152	四、典型案例解析——绩溪博物馆
158	第二节 通过应对自然气候特征体现建筑特色
158	一、建筑与自然环境关系
167	二、建筑空间微环境的调节
172	三、典型案例解析——德懋堂
176	第三节　通过变异空间体现建筑特色
176	一、传统空间的更新
180	二、形体组合的变异
185	三、特色空间氛围营造
188	四、典型案例解析——安徽省博物馆新馆
195	第四节　通过材料和建造方式体现建筑特色
195	一、传统材料的直接使用与循环利用

198	二、现代材料与传统材料的结合
203	三、传统建造方式体现建筑特征
206	四、典型案例解析——黎阳in巷
211	第五节　通过点缀性的符号特征体现建筑特色
211	一、传统符号的直接运用
216	二、传统符号的抽象运用
225	三、文化符号的物化运用
226	四、典型案例解析——金大地·1912
231	第六节　传统风貌要素传承解析总结

第九章　安徽省建筑传承发展的设计原则与方法

234	第一节　传承发展的设计原则
234	一、地域性
234	二、适用性
234	三、生态性
235	四、经济性
235	五、整体性
235	六、协调性
235	第二节　传承发展的设计方法
236	一、聚落空间
236	二、街巷空间
237	三、室内空间
237	四、建筑形体
239	五、建筑装饰
241	六、建筑色彩

第十章　安徽省建筑传承发展面临的主要挑战

244	第一节　具象化符号模仿与抽象化创作继承的关系
244	一、局限于形式符号
244	二、精神与意象的贫乏

244	三、单纯造型的传承
245	第二节　传统建筑风格继承与西方现代建筑文化共生的关系
245	一、传统建筑文化要素的关联与整合度不够
246	二、传统建筑文化要素的突出与彰显不明显
246	三、传统建筑核心价值应得到体现
246	第三节　现代整体城市风貌与传统单体建筑风格协调的关系
247	一、风格混杂的问题
247	二、建筑风貌区域划分的问题
247	第四节　地域建筑创作手法与生态可持续适宜技术融合的关系
248	第五节　安徽省建筑传承发展展望

第十一章　结语

附录　安徽省建筑传承发展的研究方法

参考文献

后　记

前　言

Preface

　　安徽省位于华东腹地，东连江浙、西接中原，山地平原分居南北，长江淮河横贯东西，自然风光独特，历史文化深厚，是中国自然人文资源最丰富的省份之一。世界自然与文化双遗产的黄山、四大佛教名山之一的九华山和黄山脚下的太平湖共同构成的"两山一湖"，是安徽省的形象标志；世界文化遗产西递和宏村及周边保存的大量古民居建筑，是安徽省弥足珍贵的历史文化遗产。

　　特殊的地理区位，使得安徽省深受邻近文化圈的影响，南北文化差异较大，习惯上以长江、淮河为界将其划分为三个不同文化分区。三个分区的自然、人文特征不同，传统建筑风格特征的差异也较为清晰。皖南地区的徽州文化反映了中国封建社会后期民间经济、社会生活与文化的基本内容，被誉为中国封建社会后期的典型标本。皖中地区的江淮文化源远流长、范围广泛、内容丰富、底蕴深厚，其历史重要人物和事件，在中国近代历史文化中占据独特的地位。皖北地区的中原文化则包容了各种不同文化的碰撞交流，融合了传统中原文化与吴楚文化，具有兼容性和过渡性的特点，是中国古代文明的发祥地之一。

　　三个地区地理环境不同，人文特征有别，传统风貌相异。皖南地区山水相间、地狭人稠、气候湿润，明清时期兴盛的徽商亦儒亦贾，经济富足、重视宗法，徽州在本土山越文化的基础上不断吸收中原建筑文化，形成了独具特色的徽派建筑与村落，其品格中庸、平稳、自由，反映出道家"天人合一"的自然观和儒家"礼乐并重"的哲学思想。皖中地区处于南北过渡地带，传统建筑风格兼收并蓄、多元融合，既有南方之婉约，又有北方之豪气。皖北地区由于平原广袤，传统建筑风格与中原官式建筑相近。

　　改革开放以来，安徽省现代建筑在对传统建筑的传承与发展上从未间断，发轫于对皖南徽派建筑的传承与创新，逐渐扩展到对皖中皖北地区传统建筑风格的探索与实践，省内各地的现代地域建筑层出不穷。徽派建筑是中国传统建筑中形制发展最为成熟、保存最为完整的类型之一，是安徽省传统建筑的典型代表，在全国乃至世界范围内都具有较高影响，保护与研究价值较大。在现代地域建筑的创作中，徽派建筑风格辨识性高，天井、马头墙等传统建筑元素深入人心，易与现代建筑形式结合，且有较强的社会认可度，在安徽省现代建筑实践作品中有较多体现。

本书以安徽省传统建筑解析与传承为主线，不仅对省内传统建筑有全面深入的研究与分析，而且对省内现代地域建筑的长期实践与设计手法有所探讨。全书由绪论、上篇、下篇、附录篇四部分组成，涵盖了安徽省自然人文历史概况、传统建筑类型与特征、现代建筑传承与发展等内容，同时结合大量优秀实际案例的评述，剖析其建筑文化的特征要素。上篇为对安徽省传统建筑风格解析方面，从自然地理环境、人文历史环境和传统建筑成因等角度，分析皖南、皖中与皖北三个地区的传统建筑风格特征，并对其进行人文总结，以此解释传统建筑中历史"道与器"的关系。下篇为对安徽省现代建筑传承与发展解析方面，从新中国成立至今的四个不同时期分阶段介绍省内现代建筑的创作与实践过程，并从五个方面分析了传承传统风貌要素的现代建筑设计手法，提出了相应的设计原则与方法以及现阶段面临的主要挑战。附录篇则阐述了以省内传统建筑及现代地域建筑为研究对象的多元化科学研究方法及相关研究成果。

　　综观历史，建筑传统是不连续的，建筑形式也不是永恒不变的，它们是内在和外来因素的混合体，总是处在排斥、争议、演变和再创造的过程之中。目前，我国正进入处于新型城镇化发展的新阶段，建筑师既要面对当代人居环境的发展需求，又要继承和发扬地域文化风貌。我们只有持之以恒地探本溯源，处理好传统与现代建筑"道与器"的关系，才能够创造出属于自己的当代地域建筑文化，建立起我们的文化自觉和文化自信。

　　本研究成果期望对今后安徽省传统建筑的传承与发展有所指引，对相关学者从事安徽省未来城乡统筹与发展具有借鉴价值，对建筑师开展安徽省地域建筑设计起到参考作用，同时也对大众读者了解传统建筑特征与现代建筑传承方面具有普及意义。

第一章　绪论

建筑空间、形式、建造等，受到自然气候、人文历史、社会经济等的共同作用，安徽省独特的自然人文环境塑造了独具风格的本土传统建筑。传统建筑营造讲求择地而居，传统建筑虽然均采用砖、石、木等地方材料，但亦讲求因地制宜，不同地区的建筑构造做法因材料差异、工匠传承等有所不同，因此皖南、皖中、皖北不同地区环境下的传统建筑风格亦呈现多元化的风貌特征。

技术、经济、社会的进步为现代建筑的发展提供了更高的技术基础。相比传统建筑，现代建筑设计受利于建筑技术的发展，受自然气候条件的约束更少，亦不再受营建陈规的束缚，而更面向人本身，以满足人的需求为旨归。随着当代安徽省经济、社会的发展，皖南、皖中、皖北地区都涌现出具有地域风貌的现代建筑。虽然安徽省现代建筑设计创作对于传承传统、体现地域风貌的方法非统一刻板，但尚能发现其中的基本规律，传统建筑与现代建筑之间有着天然的联系，研究传统建筑风貌有助于完善现代建筑的设计原则和手法，有利于传承地域传统风貌，延续古老的家园精神和乡土情怀。

第一节 自然人文历史背景

一、自然概况

（一）位置境域

安徽地处中国华东地区，经济上属于中国中东部经济区。地理位置东经114°54′~119°37′，北纬29°41′~34°38′。地处长江、淮河中下游，长江三角洲腹地，居中靠东、沿江通海，东连江苏、浙江，西接湖北、河南，南邻江西，北靠山东，东西宽约450公里，南北长约570公里，土地面积为13.94万平方公里，占全国的1.45%，居第22位。地跨长江、淮河、新安江三大流域，长江流经安徽省境内约400公里，淮河流经省内约430公里，新安江流经省内242公里。全省分为淮北平原、江淮丘陵、皖南山区三大自然区域。境内巢湖是全国五大淡水湖之一，面积为800平方公里。[1]

（二）地形地貌

安徽省内平原、台地（岗地）、丘陵、山地等类型齐全，由此可将全省分成淮河平原区、江淮台地丘陵区、皖西丘陵山地区、沿江平原区和皖南丘陵山地区五个地貌区。

淮河平原区，包括沿淮及淮北广大地区，约占全省总面积的26.6%，地势坦荡，由西北微微向东南倾斜，由淮河及其支流冲积而成，又经黄河数度南徙夺淮，加聚了黄泛堆积物，海拔15~20米，仅东北部分布着海拔100~300米的低山、丘陵。[2]

江淮台地丘陵区，位于淮河平原与沿江平原之间，约占全省总面积的25%，由台地、丘陵和河谷平原组成，台地分布于该区中部和西部，海拔50~80米，大部分为剥蚀堆积台地；低山、丘陵主要分布于该区东部，海拔100~300米，呈北东向断续展布，由片岩、千枚岩、玄武岩、石灰岩等组成。江淮台地丘陵的核部，自东而西拱曲上升，地势略高，地面分别向南北倾斜，与皖西山地共同构成长江与淮河分水岭。[3]

皖西丘陵山地区，位于安徽省西部，与鄂、豫两省接壤，约占全省总面积的10%，为大别山脉的主体，平均海拔500~1000米，1500米以上的高峰多座，最高峰白马峰[4]海拔1774米，山体多为西北走向，为深切河谷，山间分布断陷盆地，多呈椭圆状。[5]

沿江平原区，位于安徽省长江沿岸，约占全省总面积的18.4%，属长江中下游平原的一部分，平原地势低平，河网密布，湖泊众多，海拔10~60米，由西向东渐次降低。平原上分布成片的低山、丘陵，海拔300米左右，以东北走向为主。长江安徽段河谷宽、狭相间，宽段发育有江心洲。[6]

皖南丘陵山地位于安徽省南部，与浙、赣两省毗连，约占全省总面积的20%。由天目山—白际山脉[7]、黄山（图1-1-1）山脉和九华山脉组成，三大山脉之间为新安江、水阳江、青弋江谷地，地势由山地核心向谷地渐次下降，分别由中山、低山、丘陵、台地和平原组成层状地貌格局。山地多呈东北向和近东西向展布，其中最高峰为黄山山脉莲花峰[8]，海拔1873米。山间大小盆地镶嵌其间，其中以休歙（徽州）盆地为最大。[9]

---

[1] 自然地理. 安徽政府网.
[2] 自然环境志. 安徽省志.
[3] 同上.
[4] 白马峰：位于安徽省六安市金寨县天堂寨景区内，海拔1480米，由马鞍、马背和马尾构成，绵延数十里。
[5] 同上.
[6] 自然环境志. 安徽省志.
[7] 天目山—白际山脉：天目山，位于浙江省西北部临安境内，距临安城31公里，古称浮玉山。白际山脉，位于安徽省黄山市东南的皖浙交界处，是两省的界山。白际山脉呈东北西南走向，北接天目山脉，南连怀玉山脉，其山脉主体位于黄山市休宁县、歙县和浙江省淳安县、境内。天目山—白际山脉自古以来就是两省的一道天然屏障。
[8] 莲花峰：黄山风景区境内第一高峰。36大峰之首，位于登山步道玉屏楼到鳌鱼峰之间。
[9] 自然环境志. 安徽省志.

图1-1-1 黄山（来源：叶洪涛 摄）

（三）气候

安徽省在气候上属暖温带与亚热带的过渡地区。淮河以北属暖温带半湿润季风气候，淮河以南属亚热带湿润季风气候。其主要特点是：季风明显，四季分明，春暖多变，夏雨集中，秋高气爽，冬季寒冷。安徽又地处中纬度地带，随季风的递转，降水发生明显季节变化，是季风气候明显的区域之一。①

春秋两季为由冬转夏和由夏转冬的过渡时期。全年无霜期200~250天，10℃活动积温在4600~5300℃左右。年平均气温为14~17℃，1月平均气温零下1~4℃，7月平均气温28~29℃。全年平均降水量在773~1670毫米，有南多北少，山区多、平原丘陵少的特点，夏季降水丰沛，占年降水量的40%~60%。②

（四）水文

安徽水文既带有强烈的季风气候特征，又受地貌形态的严格制约。径流年际变化大，年内分配不均，汛期5~8月或6~9月的径流量占全年径流量55~70%以上，丰水年与枯水年径流量的比值差达14~22倍。径流量的地区差异与降水量地区差异相一致，在皖西和皖南丘陵山区平均年径流深600~1000毫米，淮北仅200毫米左右。③

安徽省河流除南部新安江水系属钱塘江流域④外，其余均属长江、淮河流域。长江自江西省湖口进入安徽省境内至和县乌江后流入江苏省境内，由西南向东北斜贯安徽南部，在省境内长416公里，属长江下游，流域面积6.6万平方公里。⑤

安徽省共有湖泊500余个，总面积为1750平方公里，其中大型12个、中型37个，湖泊主要分布于长江、淮河沿岸，湖泊面积为1250平方公里，占全省湖泊总面积的72.1%。主要有龙感湖⑥、黄湖⑦、泊湖、陈瑶湖、菜子湖、白荡湖、破罡湖、石塘湖、武昌湖、升金湖、巢湖⑧、南漪湖和石臼湖等。其中巢湖面积390平方公里，为全省最大的湖泊，全国第五大淡水湖。⑨

安徽省地下水在淮河平原和沿江平原最为丰沛，占全省地下水总储量的78%，尤其淮河平原面积仅占全省总面积26.6%，而地下水储量占全省总储量的55%，即73.89亿吨/年。而皖西、皖南两个丘陵山区和江淮之间台地丘陵区，面积约占全省总面积的55%，但地下水储量仅占22%。⑩

---

① 自然环境志.安徽省志.
② 同上。
③ 同上。
④ 钱塘江流域：位于浙江省西部，有南、北两源，均发源于安徽省休宁县，北源也是正源新安江经淳安至建德与兰江汇合，东北流入钱塘江，是钱塘江正源。
⑤ 自然环境志.安徽省志.
⑥ 龙感湖：位于中国湖北省和安徽省交界处的一个淡水湖泊，为湖北省黄冈市黄梅县和安徽省安庆市宿松县所共有。
⑦ 黄湖：位于皖、鄂、赣三省交界的安徽省宿松县境内，长江中下游北岸，水面1.18万公顷，黄湖与大官湖、龙感湖、龙湖构成宿松四大湖系。
⑧ 巢湖：曾称南巢、居巢湖，俗称焦湖。长江水系下游湖泊，位于安徽省中部，由合肥、巢湖、肥东、肥西、庐江二市三县环抱，东西长54.5公里，南北平均宽15.1公里，湖岸线最长181公里。最大水域面积约825平方公里，最大容积48.10亿立方米，最大深度0.98~7.98米，是中国五大淡水湖之一。
⑨ 自然环境志.安徽省志.
⑩ 同上。

二、人文概况

安徽省是中国史前文明的重要发祥地之一。在繁昌县人字洞[1]发现了距今约250万年前的人类活动遗址。在和县龙潭洞[2]发掘的三四十万年前旧石器时代的"和县猿人"[3]遗址，表明远古时期已有人类生息繁衍在安徽这块土地上。

池州发掘出了有着安徽"周口店"之称，距今40万年前的华龙洞。蚌埠发现了距今约7000年的双墩遗址[4]，是目前淮河中游地区已发现的年代最早的新石器时代[5]文化遗存，是淮河流域早期文明的有力证据。安徽及相邻地区的新石器时代文化遗址约有上千处，其中重要者有蚌埠禹墟[6]文化、马鞍山凌家滩[7]文化、安庆薛家岗文化、合肥古埂文化、铜陵金牛洞[8]文化，呈现出五彩缤纷、星罗棋布的状态。

从地域上分类，安徽文化主要由徽州文化、中原文化、皖江文化、庐州文化等组成。

（一）戏曲

安徽被称为中国戏曲之乡，安徽戏剧表演艺术历史悠久，品种较多，名家迭出。地方戏种现存30余种，影响较大的有黄梅戏[9]、徽剧[10]、庐剧[11]、泗州戏[12]、凤阳花鼓[13]、坠子戏[14]、花鼓灯[15]等。黄梅戏，旧称黄梅调或采茶戏，是中国五大戏曲剧种之一。徽剧是京剧的主要源流之一，池州的傩戏号称"戏剧活化石"，淮河两岸流行的花鼓灯被誉为"东方芭蕾"。

（二）文学

安徽古代代表文学是徽文化、新安理学[16]、桐城派[17]和建安文学。桐城派文论体系和古文运动的形成，始于方苞[18]，经刘大櫆[19]、姚鼐[20]而发展成为一个声势显赫的文学流派，有1200余位桐城派作家、2000多部著作、数以亿字的资料。"天下文章，其出于桐城乎"是世人对桐城文章的赞誉。建安时期出现的一大批文学家，大部分都是安徽人。新安理学是在中国思想史上曾有过重大影响的学派，其奠基人程颢[21]、

---

① 人字洞：位于繁昌县孙村镇癞痢山南坡，海拔高度100米，是一处发育在三叠纪岩层中经水溶蚀形成的洞穴，是早期人类较为理想的生息场所。
② 龙潭洞：亦名鸠鸽二仙洞、龙当洞。洞在北柏沟龙潭泉附近。
③ 和县猿人遗址：中国江淮地区的旧石器时代早期人类化石洞穴遗址。在安徽省和县陶店乡汪家山北坡龙潭洞，海拔23米。
④ 双墩遗址：位于安徽省蚌埠市淮上区小蚌埠镇双墩村北，该文化遗址距今约7000年左右，是目前淮河中游地区已发现年代最早的新石器时代文化遗存，是淮河流域早期文明有力证据。
⑤ 新石器时代（neolithic）：在考古学上是指石器时代的最后一个阶段，以使用磨制石器为标志的人类物质文化发展阶段。
⑥ 禹墟：位于安徽蚌埠市禹会区涡淮交汇处涂山脚下的禹会村，相传是"禹会诸侯"的地方。
⑦ 凌家滩遗址：1985年发现于安徽省含山县铜闸镇凌家滩村，遗址总面积约160万平方米，经测定距今约5300年至5600年，是长江下游巢湖流域迄今发现面积最大、保存最完整的新石器时代聚落遗址。
⑧ 金牛洞古采矿遗址：位于铜陵县新桥乡凤凰村，距市区30多公里。原为一小山丘，因西部山腰有一被称之为"金牛洞"的古洞而得名。
⑨ 黄梅戏：旧称黄梅调或采茶戏，是中国五大戏曲剧种之一，也是与徽剧、庐剧、泗州戏并列的安徽四大优秀剧种之一。
⑩ 徽剧：一种重要的汉族地方戏曲，主要流行于古徽州府（歙县、黟县、休宁、婺源、绩溪、祁门）和安庆市一带。
⑪ 庐剧：流行于以合肥为中心的江淮一带和大别山区，包括六安、淮南、巢湖、滁州、芜湖等地。因其创作、演出活动中心在皖中一带，古属庐州管辖，故于1955年3月改称"庐剧"。
⑫ 泗州戏：安徽省四大汉族戏曲剧种之一，原名拉魂腔，流行于安徽淮河两岸，距今已有二百多年的历史。
⑬ 凤阳花鼓：又称"花鼓"、"打花鼓"等，起源于凤阳府临淮县（今凤阳县东部），是一种集曲艺和歌舞为一体的汉族民间表演艺术，但以曲艺形态的说唱表演最为重要和著名，一般认为形成于明代。
⑭ 坠子戏：称"化妆坠子"，起源于中国曲艺、戏曲之乡萧县。以曲艺坠子的曲调为基础，吸收京剧、豫剧的一些表演方法。
⑮ 花鼓灯是传播于淮河流域的一种以舞蹈为主要内容的综合性艺术形式，是一种比较完整系统的汉族民间艺术形式，有歌有舞有戏剧，曾被周总理誉为"东方芭蕾"，又有"淮畔幽兰"的美誉。
⑯ 新安理学：中国思想史上曾有过重大影响的学派，而在新安（后称徽州）的传播和影响尤深，世称"新安理学"。其奠基人程颢、程颐及集大成者朱熹，祖籍均在新安江畔的徽州（今黄山市屯溪区篁墩），因徽州的前称为新安郡，故这一学派以"新安"定名。
⑰ 桐城派：清代文坛上最大的散文流派，亦称"桐城古文派"。以其文统的源远流长、文论的博大精深、著述的丰厚清正而闻名。戴名世、方苞、刘大櫆、姚鼐被尊为桐城派"四祖"。
⑱ 方苞（1668～1749年）：字灵皋，亦字凤九，晚年号望溪，亦号南山牧叟。清代散文家，桐城派散文创始人，与姚鼐、刘大櫆合称桐城三祖。
⑲ 刘大櫆（1698～1780年）：清安徽桐城（今枞阳县汤沟镇）人，桐城派代表人物，是继方苞之后桐城派的中坚人物。
⑳ 姚鼐（nài）（1731～1815年）：字姬传，一字梦谷，室名惜抱轩（在今桐城中学内），世称惜抱先生、姚惜抱，安徽桐城人。清代著名散文家，与方苞、刘大櫆并称为"桐城三祖"。
㉑ 程颢（hào）（1032～1085年）：北宋哲学家、教育家、诗人和北宋理学的奠基者，字伯淳，学者称明道先生，河南洛阳人，出生于湖北黄陂。

程颐①及集大成者朱熹②，祖籍均在安徽新安江畔歙县篁墩。篁墩被誉为"程朱阙里"，朱熹亦自称"新安朱熹"。

（三）美术

安徽历史上有新安画派③、龙城画派④，工艺美术流派有芜湖铁画⑤、徽派版画⑥等。新安画派先驱有程家燧、李永昌、李流芳；鼎盛时期主要成员有方式玉、王尊素、吴山涛、王家珍、戴本孝等，新安画派在中国绘画史上具有重要地位。⑦颇受人们喜爱的芜湖铁画以锤为笔，以铁为墨，以砧为纸，锻铁为画，鬼斧神工，气韵天成。

（四）方言

安徽方言不是单一系统的方言，而是多种方言系统的综合体。它既有官话方言⑧，又有非官话方言。

安徽的官话方言主要有中原官话⑨和江淮官话⑩。中原官话主要通用于淮河以北和淮河以南部分市县，江淮官话主要通用于江淮之间和长江以南的部分市县。

安徽的非官话方言主要有赣语、吴语、徽语。赣语主要通用于大别山南麓和沿江两岸的市县。吴语主要通用于沿江以南和黄山山脉以北县市的乡村里，而且受江淮官话侵蚀严重。徽语主要通用于黄山山脉以南旧徽州府⑪所辖地区。

此外，还有近百年来先后成批迁徙定居我省南方的客籍⑫移民所说的客籍话。皖南的闽方言⑬，是指由浙江、福建等地移居至宁国市岩山一带和散居在广德⑭、郎溪⑮、歙县⑯等地的浙江、福建移民所说的话。说湘语的湖南移民大都集中居住在南陵县⑰境内。客家话，是指由闽西移居宁国岩山一带的福建移民所说的话。畲话是宁国市⑱境内畲族人说的近似"客家话"的汉语方言，安徽省的畲族人大多住在宁国市东南部的畲乡。

（五）饮食

安徽的饮食文化古今闻名，徽菜是中国汉族八大菜系之一，徽菜包括黄山地区的皖南菜、皖中的淮扬菜⑲和皖北的沿淮菜，皖南菜是徽菜的代表，发端于南宋年间徽州歙县，徽州因处于气候交接地带，雨量较多、气候适中，物产特别丰富。以山珍野味为主料，构成徽菜的独到之处，主要名菜有"火腿炖甲鱼"、"腌鲜鳜鱼"、"黄山炖鸽"等上千种。

---

① 程颐（1033～1107年）：汉族，字正叔，洛阳伊川（今河南洛阳伊川县）人，世称伊川先生，出生于湖北黄陂，北宋理学家和教育家。
② 朱熹（1130～1200年）：字元晦，又字仲晦，号晦庵，晚称晦翁，谥文，世称朱文公。祖籍江南东路徽州府婺源县（今江西省婺源），出生于南剑州尤溪（今属福建省尤溪县）。宋朝著名的理学家、思想家、哲学家、教育家、诗人，闽学派的代表人物，儒学集大成者，世尊称为朱子。
③ 新安画派：明末清初之际，在徽州区域的画家群和当时寓居外地的主要徽籍画家。绘画风格趋于枯淡幽冷，具有鲜明的士人逸品格调，在17世纪的中国画坛独放异彩。
④ 龙城画派：形成于清代中期，发展壮于清末民初。萧县涌现出一批"重传统、重笔墨、重生活"的水墨写意新人，他们频频相聚于龙城（萧县县城的古称），挥洒于室，活跃于世，整个龙城书画活动沸沸扬扬。
⑤ 芜湖铁画：原名"铁花"，安徽省芜湖地区特产，为中国汉族独具风格的工艺品之一，是芜湖市特有的工艺美术品。
⑥ 徽派版画：一种汉族民间工艺美术品。明代中叶兴起于徽州的一个版画流派，它以白描手法造型，富丽精工。
⑦ 安徽黄山风景区网站.
⑧ 官话方言：以北京话为基础定义的北方部分语言统称，即广义的北方话（晋语等除外）。
⑨ 中原官话：中原民系和关中民系的母语，官话的一个分支。主要分布于河南大部、山东西南部、江苏北部、安徽西北部等，共390个县市，使用人口仅次于西南官话。
⑩ 江淮官话：旧称南方官话、下江官话；又称淮语、江淮话、下江话。主体分布于江苏、安徽两省中部的江淮地区。
⑪ 徽州府：辖境为今安徽省黄山市歙县县城。
⑫ 客籍：原指客居异乡，后来专指客家人。
⑬ 闽方言：又称闽语，俗称"福佬话"，是汉语七大方言中语言现象最复杂，内部分歧最大的一个方言。
⑭ 广德：隶属于安徽省宣城市。
⑮ 郎溪：隶属于安徽省宣城市。
⑯ 歙县：隶属于安徽省黄山市。
⑰ 南陵县：隶属于安徽省芜湖市。
⑱ 宁国市：隶属于安徽省宣城市。
⑲ 淮扬菜：中国汉族八大菜系之一，淮扬菜系指以淮安和扬州为中心的淮扬地域性菜系，流传与形成于江苏淮安、扬州、镇江、安徽中部一带。

三、历史沿革

安徽建省始于清康熙六年七月甲寅（1667年8月30日），由江南省分治而建，安徽省名由明清时期的安庆、徽州两个府的首字"安"、"徽"合成，简称"皖"，以古皖国①为名。②

（一）先秦时期

在原始社会末期，安徽境内的淮北、江淮地区为淮夷方国及南下部落所建方国的领地，江南地区则为吴越文化地区。③

春秋战国时期，众多的方国、封国为北方大国和南方的吴、越、楚等北上的大国所兼并。有的成为最早的郡、县，都邑也成为治所。④

（二）秦汉时期

秦推行郡县制⑤，安徽境内所设县邑先后为九江、泗水、砀郡、陈郡、会稽（吴）郡等一级地方行政区划所分领。秦末至楚汉相争期间，又增置鄣郡、衡山、庐江郡，并为九江、西楚、衡山等诸侯国分领，可考的县在皖境内有25个。⑥

汉初，安徽境内仍为楚、淮南等异姓王封地，后为刘邦改封的同姓王淮南（后分为淮南、庐江、衡山国，后又从九江郡分设六安国）、荆（吴国，后又为江都等王国）、淮阳、梁国等分领。后大部恢复为郡、县，并仍以郡（含王国）为一级行政区划，县（含邑、侯国）为二级行政区划。

元封五年（前106年）四月，设十三部州刺史作为中央的派出机构，安徽地区分属豫、徐、扬3个州。3个州分领省境内所置74个县（国）。⑦

东汉实行州、郡、县三级管理体制，今省境内仍为扬、豫、徐3个州分领。其中，扬州涉及与安徽境内有关的丹阳（含宣城郡）、九江（含阜陵王国）、庐江（含六安王国）3个郡；豫州涉及汝南（含王国）1个郡和沛、梁（曾为砀郡）、陈国3个王国；徐州涉及彭城（先后为楚国、彭城郡、国）、下邳（先后为临淮郡、下邳郡）2个王国。3个一级行政区域涉及安徽境内8个郡（国），共置69个县（国）。⑧

（三）三国两晋南北朝时期

三国时期，安徽境内分别为魏、吴国所设扬州及魏国徐、豫4个州分领。吴国扬州涉及安徽境内新都、庐江、丹阳3个郡在江淮南部及江南地区⑨所设的19个县。⑩

两晋南北朝时期，仍实行东汉以来的州、郡、县三级管理体制。⑪

西晋仍为扬、豫、徐3个州，分管安徽境内的74个县。其中，扬州涉及淮南、庐江、丹阳、宣城、新安及西晋末年新置的历阳共6个郡所设的45个县；徐州涉及临淮、彭城、下邳3个王国所设的6个县；豫州涉及汝阴、安丰2个郡及沛、谯、梁3个王国所设的23个县。⑫

东晋时期，淮北地区先后被"五胡十六国"中的刘汉、后赵（含冉魏）、前燕、前秦、后秦、后燕等国先后占领，常守旧制，仍为徐、豫（含东豫）2个州分领。东晋收复淮北

---

① 古皖国：东周时期安庆是古皖国所在地，安徽省简称"皖"即由此而来。
② 建置沿革志. 安徽省志.
③ 同上。
④ 同上。
⑤ 郡县制：中国古代继宗法血缘分封制度之后出现的以郡统县的两级地方行政制度，是古代中央集权制在地方政权上的体现，形成于春秋战国时期，盛行于秦汉。
⑥ 建置沿革志. 安徽省志.
⑦ 同上。
⑧ 同上。
⑨ 江南地区：在人文地理概念中特指长江中下游以南。
⑩ 建置沿革志. 安徽省志.
⑪ 同上。
⑫ 同上。

地区，徐、豫2个州仍为常制，但东晋时期主要仍为扬、徐、豫3个州分领。①

南北朝时期，宋、齐、梁、陈均先后收复过淮北地区，领有江南地区，并长期以江淮地区为南北纷争的战场。陈朝后期则以长江为限，江淮及以北地区为北齐、北周先后占有。在南朝沦丧北方领土期间，安徽北境则先后为北朝的北魏、东魏、北齐、北周据有。②

（四）隋唐时期

隋前期废郡，整饬各级区划和管理体制，实行州、县二级管理体制。今安徽境内设55个县，涉及颍、亳、宋、陈、徐、宋、仁、寿、庐、熙、和、濠、滁、扬、蒋、宣、歙17个州。大业初，改州为郡，实行郡、县二级管理体制，并恢复汉州刺史分巡制度。今省境内设50个县，涉及3个部州15个郡。③

唐前期，废郡改州，实行州、县二级管理体制。贞观初，今安徽境内初设85个县，涉及33个州。贞观元年（627年），撤并涡、沈、信、成、文、谯、仁、谯（又称北谯）、化、方、巢、蓼、霍、严、高（智）、南豫、猷（含南徐）、桃、池19个州41个县，保留调整为44个县，涉及15个州，涉河南、淮南、江南3个道。中唐时期，道正式成为一级地方行政区划，实行道、州、县三级管理体制。天宝年间，改州为郡，则实行道、郡、县三级管理体制。不久，复郡为州。晚唐时期，今境内仍设55个县，涉及15个州（不含朱温所设辉州），为4个节镇分领。④

五代十国时期，淮北地区先后为后梁、后唐、后晋、后汉、后周5个小王朝分领，南方（含江淮、江南地区）先后为吴国和南唐国所据有。五代中期至后周前期，淮北地区设13个县，后周据有江淮地区后，设25个县1个军，吴国据有江淮、江南地区，在今境内设41个县，涉及10个府、州，为德胜、清淮、宁国3个军及江都府分领。⑤

（五）宋元时期

北宋时期，实行路、府（州、军、监）、县（不带县的军、监）三级管理体制。今安徽境内先后设64个三级行政区划（62个县2个监），先后涉及4个府13个州8个军，计25个二级行政区划，分属5个路。⑥

宋、金对峙期间，南宋初领全省，后以淮河为限与金国对峙，江淮地区常为战场，北方先后为金国（含伪楚、伪齐）、蒙古汗国和元朝所据。南宋先后在省内设51个县2个监，涉及3个府8个州7个军，计18个二级行政区划，为淮南东、淮南西、江南西3个路分领。早期，南宋还领有淮北地区的顺昌府、宿州等二级政区。金国（含伪楚、伪齐及金亡后的蒙古汗国）在安徽境内设16个县，涉及7个州，为2个路分领。⑦

元朝实行行省、路（府、州）、散府（州、军）、州（县）四级管理体制。今安徽境内设60个县，涉及11个路2个府10个州，分属3个行省。⑧

（六）明清时期

明朝实行三级管理体制。其中，南北两直隶及十三布政使司为一级行政区划，府、直隶州（厅）为二级行政区划，散州和县（厅）为三级行政区划。今省境为南直隶西部地区，设49个县7个散州，涉及凤阳、庐州、安庆、太平、池州、宁国、徽州7府及徐州、滁州、和州、广德4个直隶州，计11个二级行政区划，其中凤阳府为明朝的陪都称明中都。⑨

---

① 建置沿革志. 安徽省志.
② 同上。
③ 同上。
④ 同上。
⑤ 同上。
⑥ 同上。
⑦ 同上。
⑧ 同上。
⑨ 同上。

清初承明制，改直隶南京为江南省，今安徽境内属江南省西部地区，仍设56个散州和县（不含已划出的盱眙、英山、婺源3个县，但含萧、砀山2个县），涉及安庆、徽州、宁国、池州、太平、庐州、凤阳7个府及徐州、广德、和州、滁州4个直隶州，计11个二级地方行政区划。①

清代实行道、府（直隶州、厅）、县（散州、厅）三级管理体制。省境内共设54个州县（4个散州，50个县），除砀山、萧县属江苏省淮徐道直隶徐州（后升为徐州府）外，其余分属皖北道的有凤阳、庐州、颍州3个府及六安、泗州、滁州、和州4个直隶州；属皖南道的有安庆、徽州、宁国、太平、池州5个府及广德1个直隶州；共计涉及2个省9个府5个直隶州。太平天国在安徽境内占领区建政是采取省、郡（州）、县三级管理体制，改清代的府为郡。②

（七）民国时期

中华民国成立后，废府、州、道，北京政府初期实行省、县二级管理，今安徽境内砀山、萧县仍属江苏省，其余60个县（含南京政府时期分别划入江西、湖北省的婺源、英山县及新中国成立后划入江苏省的盱眙县）仍属安徽省。1914年6月2日，全国实行省、道、县三级管理体制，砀山、萧县属江苏省徐海道；皖属淮北地区及部分淮南地区属淮泗道（凤阳），江淮地区属安庆道，江南地区属芜湖道③。

南京政府初期实行省、县二级管理体制。1932年4月2日，实行首县制；10月10日，实行行政专员督察区（专区）制。1937年11月20日，国民政府宣布，迁驻陪都重庆。此后，国民政府因日本侵略军占领长江流域重要城镇，南北受阻，权置皖南、皖北行署区，行使省的权力，但规格比省低，后期又复置皖南行署，均为临时省级设置。民国南京政府前期，安徽境内有中国共产党创立的鄂豫皖苏区，相当于省的建置，其下又有特区、道、专区之设，再下始为县级基层政权。④

抗日战争期间，除国统区外，由中国共产党领导抗日民主根据地，省境建政完善的根据地共有皖中（江）、淮北、淮南3处，其边区政府（又称行政公署）相当于省级，其下为专区，再下为市、县。此外，日伪、汪伪政权也在沦陷区建省，今省境分属淮海、安徽2个省，下设专区，再下为市、县。安徽境内在中华民国后期共设62个县1个市，计63个二级地方行政区划。⑤

皖北地区分属皖西、江淮、豫皖苏边区3个行政公署，下设专区，再下为县、市。1938年4月3日，华东局电请中央批准成立皖北人民行政公署。经中央批准，15日，撤销3个行政公署，成立皖北人民行政公署。4月15日，皖北人民行政公署颁发第一号通知，公布皖北行署统辖的专区、市、县。5月13日发第一号通知，公布皖南行署统辖调整后的专区、市县。皖南、皖北2个行署行使省的权力，但比省的规格要小。行署下辖直辖市、专区，再下为县及专辖市。⑥

（八）新中国成立以来

1952年8月7日，撤销皖南、皖北人民行政公署，合并成立安徽省。8月25日，安徽省人民政府正式成立，仍实行省、省辖市（专区，后称行署）、县（专辖市，又称县级市）三级管理体制。⑦

1955年经国务院批准，安徽省宿县专区的泗洪县、滁县专区的盱眙县划入江苏省；江苏省的萧县、砀山县划入安徽省宿县专区。⑧

至今，安徽省共设16个地级市，6个县级市，41个市辖

---

① 建置沿革志. 安徽省志.
② 同上。
③ 同上。
④ 同上。
⑤ 同上。
⑥ 同上。
⑦ 同上。
⑧ 安徽省. 安徽省志.

区，56个县。截至2011年底，乡镇级区划单位共计有905个镇，357个乡，258个街道办事处。其中，16个地级市分别是：合肥市、芜湖市、蚌埠市、淮南市、马鞍山市、淮北市、铜陵市、安庆市、黄山市、阜阳市、亳州市、宿州市、滁州市、六安市、宣城市、池州市；6个县级市分别是：天长市、界首市、明光市、桐城市、宁国市、巢湖市。

自改革开放以来，随着安徽行政区域的历次调整，安徽逐步进入以合肥为中心，城乡统筹协调发展的繁荣时期，为安徽的经济发展迎来了新的契机。

以下为安徽省建制沿革一览表：

建制沿革一览表　　　　　　　　　　　表1-1-1

时期	行政区名称	管辖区域
西周	宋国、蔡国、徐国	吴匽、六国、舒国
东周	宋国、楚国	越国、楚国、吴国、萧国
秦	泗水郡、陈郡、砀郡	九江郡
西汉	沛郡、豫州、徐州	扬州
东汉	沛郡、豫州、徐州	扬州
三国	曹魏豫州、沛国、徐州、扬州	魏国扬州、吴国扬州
西晋	沛国、豫州、徐州	扬州
东晋、十六国	后赵、前秦	东晋
南北朝	北朝北魏、东魏、北齐、北周、南朝宋	南朝宋、齐、梁、北周
隋	汝阴郡、谯郡	钟离郡、江都郡、历阳郡、庐江郡、宣城郡、同安郡
唐	河南道	淮南道
五代十国	后梁、后唐、后晋、后汉、后周	吴国、南唐国、后周
北宋	京西北路	淮南路（后分淮南西路、淮南东路）
金、南宋	金朝南京路	南宋淮南西路、淮南东路
元	河南江北行省	江浙行省、河南江北行省
明	京师、南直隶	京师、南直隶.宣城俯
清（太平天国）	江南省，安徽省	江南省，安徽省
中华民国	安徽省	安徽
中华人民共和国	皖北行署，皖南行署，安徽省	安徽

四、经济概况

改革开放以来，安徽省经济和社会发展都有了显著进步。进入新世纪后，在新的形势和国际环境下，在面临着巨大机遇和挑战的同时，安徽的国民经济和社会发展有了新的进步和发展，呈现出新的特点和趋势。[①]2014年，安徽省常住人口6082.9万人，城镇化率49.2%。[②]全省生产总值20848.8亿元。[③]

（一）皖江城市带承接产业转移示范区的设立

2009年1月，国务院同意了国家发改委关于设立皖江城市带承接产业转移示范区的请示[④]。皖江城市带的综合优势明显，因此在该地区设立承接产业转移示范区（图1-1-2）让承接产业转移工作走在中西部地区的前列。《中共中央国务院关于促进中部崛起的若干意见》确定皖江城市带为重点发展区域，另外，在国务院批复的《促进中部地区崛起规划》中明确提出建设的六大城市群增长极，皖江城市带为其中

---

① 叶长胜. 安徽省对外贸易结构和产业结构相互关系研究[D]. 合肥：安徽大学，2012.
② 安徽省2014年国民经济和社会发展统计公报. 安徽省统计局.
③ 同上。
④ 皖江城市带承接产业示范转移区. 皖江战略网.

现状、资源状况和未来发展趋势考虑，规划提出构建"一轴双核两翼"的产业空间格局构想："双核"主要是合肥与芜湖两大城市，这是安徽省目前乃至今后一个时期经济发展最具活力和潜力的两大增长极，"一轴"包括安庆、池州、铜陵、芜湖、马鞍山等沿江城市，这是承接产业转移的主轴线；是承接产业转移的"核心区域"；"两翼"包括滁州和宣城，着力打造承接沿海地区，特别是长三角地区产业转移的前沿地带。此外，规划从空间上对构建现代城镇体系、实现产业与城镇互动发展作出了整体安排。②

图1-1-2 皖江城市带承接转移示范区（来源：马頔 改绘自中华人民共和国民政部编. 中华人民共和国行政区划简册2014. 北京：中国地图出版社，2014.）

之一。该地区区位优势明显，是长三角经济圈向中西部产业转移和辐射的最佳区域，具有要素成本低、产业基础好、配套能力强等综合优势。自20世纪90年代以来，在省委、省政府大力推进下，皖江开发开放、组织实施东向发展战略在开展招商引资、加强与长三角区域体制机制对接、创新与长三角区域合作机制、提高土地集约利用水平等方面做了大量富有成效的工作，积累了丰富经验，产业承接规模不断扩大，成效日益显现，完全具备了探索科学承接产业转移之路，为中西部地区提供了示范的客观条件。①

皖江城市带承接产业转移示范区规划从区内各市产业

（二）安徽整体纳入长三角经济圈

2014年9月，《国务院关于依托黄金水道推动长江经济带发展的指导意见》明确指出将安徽整体纳入长三角经济圈。其中，要求"提升南京、杭州、合肥都市区的国际化水平"，"长江三角洲城市群要建设以上海为中心，南京、杭州、合肥为副中心，'多三角、放射状'的城际交通网络"。该指导意见出现"合肥"共有21处，这是首次从国家层面将合肥在长三角的定位提升到新的战略高度。作为三大国家级城市群之一，长三角地区已经成为国际公认的六大世界级城市群之一，范围涵盖或辐射沪、苏、浙、皖四省。在经济新常态下，国家布局的经济新棋局，让合肥在"大湖名城、创新高地"的加速建设征程中，再次迎来了历史性的发展机遇。

合肥在迈向长三角"副中心"的同时，进一步明晰发展思路：在坚持水陆空立体衔接联动发展中建设全国性综合交通枢纽，在推进创新转型升级发展中建设现代产业发展新体系，在加快空间拓展和战略升级中建设国际化都市区，在探索全国大湖治理开发新路中建设国家级巢湖生态文明先行示范区，加速推进"大湖名城、创新高地"的城市发展之路。

（三）皖南国际文化旅游示范区的设立

2014年2月12日，经国务院同意，国家发改委正式批复

---

① 《中共中央国务院关于促进中部地区崛起的若干意见》（中发[2006]10号）.
② 《中共中央国务院关于促进中部地区崛起的若干意见》（中发[2006]10号）.

《皖南国际文化旅游示范区建设发展规划纲要》。《纲要》指出：皖南国际文化旅游示范区区位条件优越，生态环境优良，文化底蕴深厚，旅游资源富集，是全国乃至世界上具有重要影响、特色鲜明的文化旅游区域。示范区范围包括黄山、池州、安庆、宣城、铜陵、马鞍山、芜湖等7市，共47个县（市、区），国土面积5.7万平方公里。其中黄山市、池州市、安庆市和宣城市为核心区。[1]

国家发改委在批复中指出，规划建设皖南国际文化旅游示范区，有利于加快转变经济发展方式，推动优秀文化传承创新，巩固华东地区重要生态屏障，打造世界一流旅游目的地，为美丽中国生态文明建设提供示范。同时指出，要把《规划纲要》实施作为深化区域发展总体战略、大力实施中部地区崛起战略的重大举措，进一步解放思想、改革创新，更加注重文化建设和生态保护，更加注重城乡统筹和区域互动，更加注重民生改善和社会管理创新，着力推动生态、文化、旅游、科技融合，促进皖南示范区经济社会持续健康发展。[2]

皖南国际文化旅游示范区今后将着力打造"一圈两带"文化旅游发展格局。"一圈"是指古徽州文化旅游发展圈，保持徽州文化的完整性，形成以黄山为中心、辐射周边的山水文化旅游圈。两带是指："三山三湖"山水观光旅游发展带和皖江城市文化旅游发展带。"三山三湖"山水观光旅游发展带，以黄山、九华山、天柱山、太平湖、升金湖、花亭湖为节点，将皖南高品质的山水风光连为一线，打造一批重点旅游区，培育形成世界级黄金旅游带。[3]

（四）"一带一路"战略对皖北地区的发展契机

对于安徽来说，皖北的经济发展问题若仅靠安徽自身，短期内难以解决。若有一个强有力的国家经济加以助力，对皖北地区的发展则将是一个很好的契机。皖北地区地处欧亚大陆桥沿线，新丝绸之路便是很好的选择，如果按照欧亚大陆桥这个沿线规划，在新丝绸之路的建设过程中，皖北地区或许能抓到一些更好的机遇，发扬原有的资源优势，加强矿业、药业和工业等传统产业类型，进一步开发皖北地区的农产品和农副产品的商业贸易等，在丝绸之路经济带的布局中，争取机会、创造机遇，为皖北今后的发展提供有力的动力支持。

近年来，安徽省加快了产业结构调整步伐，成效显著。在优先发展农业、加强基础设施建设的同时，坚持走新型工业化道路，大力发展第三产业，产业结构日趋合理。与此同时，安徽省大力实施"科教兴皖"战略，不断加大对科技和教育的投入，促使科技和教育事业快速发展。安徽省始终把提高人民生活水平作为工作的根本出发点和落脚点，在全国率先进行农村税费改革试点，取消农业税，使农民负担大为减轻，并且得到了国家财政直接扶持，城乡居民收入迅速增加，生活水平和质量不断提高。

第二节　传统建筑类型与特征

一、传统建筑文化背景

（一）移民与土著文化的交融

安徽地区传统文化受到移民文化的影响较大。唐中叶以后，北方战乱频繁，土地荒芜，大量的北方汉族人民南迁，不仅包括大量的老百姓，还有官员与士大夫，大多是整个家族南迁，南下的移民有很大部分迁入江南、淮南、江西地区。从安徽境内主要迁入现在的淮南地区，以及长江以南的皖南徽州地区。淮南地区为南下移民必经之地，因离黄河流域较远，在当时仍经历了一段稳定时期。但随着淮南地区战争不断蔓延和持续，这一地区的人民不得不再次南迁。然而在皖中地区寿县仍有不少移民停留，在此安居乐业，寿县当地的城墙不仅具有自

---

[1] 《关于皖南国际文化旅游示范区建设发展规划纲要的批复》（发改社会[2014]263号）.
[2] 同上。
[3] 同上。

我防卫功能，而且具有防洪作用，因此该地区一直相对稳定。皖南徽州地区因优越的自然地理环境，周围的山地丘陵形成天然的保护屏障，成为南迁避难的首选之地。皖北地区由于地处淮河以北，亦是黄河以南地区，当地原住民生产生活方式与北方地区传统中的文化大相径庭，后期也受到北方战乱的波及，传统建筑文化遗存的较少。

（二）传统建筑文化的形成与发展

历史上北方的三次大规模南迁对南方的发展有重要意义，众多的士官贵族、文人学者在当时的社会地位、文化水平和经济实力较高，从而使得南方地区获得明显的提高和发展。皖南徽州地区便是其中的典型，徽州本土为山越居民，大量的中原士族带来了先进的中原文化，中原文化与山越文化①相融合，形成内涵丰富的徽州文化，后在明清时期形成更为完善的文化体系。在传统聚落上则表现为背山面水、聚族而居、注重宗法等特点，在建筑上亦强调礼制与自由相结合的布局，同时北方的"院落"形式转化为当地的"天井"，既解决了采光通风等实际问题，又能有效地结合地形自由布局。

徽州地区由于山多地少，人口激增，徽州人不得不外出经商，明清时期徽商经济兴盛，徽商返乡购地，大兴土木，建造了大量的民居、祠堂等建筑。为了彰显财富，同时为尊崇当时的等级制度，徽商对建筑内部及大门的装饰尤为华丽，最著名的莫过于"三雕"艺术，建筑入口处的门楼下砖雕尤为精美，室内木构梁架等处的木雕常有七八个层次，石雕也古朴典雅。大量的祠堂、牌坊等公共建筑体现了明清时期徽州地区稳定的社会秩序与繁荣的经济状况。

江淮地区因地处平原，水网密布，水陆交通便捷，地理位置优越，成为主要的政治中心和贸易中心。当地外来移民较多，明清时期亦有徽商移民于此，在建筑上亦受到徽派建筑风格的影响，传统建筑具有多进院落、天井回廊、封火山墙等风格元素。肥西县三河古镇处于巢湖西岸水陆交通要冲，很早便发展为以米市为主的繁华商埠，当地保留了大量徽派建筑民居，风格上既吸收了南方建筑的秀美，又有北方建筑的朴实。淮北地区与北方中原文化相似，注重礼制秩序，建筑形制中轴对称，内部为多进院落。

二、传统聚落形态特征

（一）聚落特征

"聚落"在汉语《辞海》中的定义为"人们聚居的地方"，在《辞源》中的定义为"人们聚居之处"。日本东京大学教授原广司在他的著作《世界聚落的教示100》中指出："聚落常被解释为是自发形成的，而实际上从聚落的诸要素（居住和公共设施等）及其排列所决定的基本形态，到使人觉得不过是偶然形成的细枝末节，都可以看成是经过精密设计的结果。随着对聚落调查的不断深入，这种计划性也不断得到证实。"②中国各地区的聚落从初生到形成，都是从自发到自觉的有目的的实践活动。宋代以后，中国的传统聚落一方面是自上而下的"设计"过程，另一方面则是自下而上的"自组织"过程，这两种过程共同促使了聚落的形成与发展。

（二）皖南传统聚落

传统聚落在皖南徽州地区的形态特征最为典型，起源于宋，兴盛于明清时期的"徽州聚落"是封建社会小农经济这种社会经济形态下人们聚集在一起生活的空间载体。徽州村落最主要的形态特征便是显山露水，聚落与山水环境融为一体，从最初的规划选址到最终的建筑群体空间布局，都与山水环境有关。村落选址处于山环水抱之中，村外村内以水系相接，村落内部街巷走向、节点空间与自然山水形成视觉走廊，村落内宅园、水圳等小环境改善小气候，聚落融入大地

---

① 山越文化：山越指汉末三国时期分布于今江苏、安徽南部及浙江、江西、福建等省部分汉族地区山贼式武装集团的通称，因往往占山为根据地，故亦称"山民"。山越的生产方式以农业为主，种植谷物。他们大分散、小聚居，好习武，以山险为依托，组成武装集团。山越文化即指由这些地区所流传下的文化。
② （日）原广司著. 于天祎，刘淑梅，马千里译. 世界聚落的教示100[M]. 北京：中国建筑工业出版社，2003.

景观中，自然地形成多种衬景、对景、借景关系。

西递是徽州聚落中遗存较为完整，族谱典籍较为丰富的村落之一，与宏村一起被列为世界文化遗产，其聚落特征相当典型。西递村是位于黟县县城东南15里（7.5千米）的胡姓聚落，整体形态依托自然山川地势，在卜居之初，便注重风水理念对地形地势的影响，以"船形"营造相对安全的环境。村落的建设以宗祠敬爱堂为中心，各支祠围绕敬爱堂形成团块结构，住宅围绕宗祠、支祠建设，这是聚族而居、宗族意识在村落结构布局上的良好证明。村落最初发源地在程家里埈上，随着村落的发展，逐水而居使得村落重心从北向南移，形成横路街这条主要街道，进而向两侧纵深发展形成以各支祠为中心的组团宅院。组团宅院又根据带天井的三合院单元依地形自由灵活布置而成，形成鳞次栉比的民居建筑群。西递村整体恰好是村落自上而下的"设计"与自下而上的"自组织"过程相结合的结果。

（三）皖中传统聚落

皖中巢湖北岸黄麓镇古村落呈现"九龙攒珠"的特征，这与当地水患较多的现象有关。村落分布在巷道间的狭长地块上，前后相连。在巷道之间建设三间两厢的三合院建筑，经济实用，建筑高度较矮。巷道中修筑排水明沟，与民居天井的排水管道连通，并在村庄中部设置半月形的池塘，若遇大雨，九道激流滚滚直入池塘，宛如九龙戏水，居民称此为"九龙攒珠"[①]。巢湖北岸"九龙攒珠"的形成是由于明代初期移民来到此地，众多村庄几乎同时采用此规划形式所致。

（四）皖北传统聚落

皖北地区的亳州古城因为是军事要塞，依托当地的平坦地势及涡河两岸等自然环境，采用了内向的棋盘式布局，外部承担军事防御功能，以修筑城墙与护城河作为屏障。这种经典布局的优势之处在于方位和序列感的增强，无论是外来者还是屯兵都可以迅速地熟悉环境。城内方格网状的布局有利于内部更好地组织空间，民居、会馆等建筑随着城市商业手工业的兴盛自发地布局其中，利于创造便捷的生产与生活环境。中央集权下规整有序的系统与城内居民自发建设的模式促使古城形成完整而有序的风貌。

三、传统建筑风格特征

（一）传统建筑风格形成

传统建筑风格特征的形成不仅受到当时人文历史环境的影响，也受到当时建筑材料与建筑技术的制约。因安徽地区的传统文化受移民文化的影响较大，移民大多来自中原，本土文化与中原文化相融合，在建筑上形成具有地域特色的风格特征。

安徽传统建筑风格的形成最典型的案例为徽派建筑，在空间上吸收了山越文化"干阑式"建筑与中原"四合院"建筑特征，融合成独特的天井楼居式民居。在内部结构上将南方的穿斗式与北方的抬梁式木构架技术混合使用，增强了房屋的功能性与结构上的整体性。在材料上采用当地砖、石、木等天然材料，但对传统材料的加工更加精细，形成独特的"三雕"艺术。

（二）传统民居建筑

徽州素有"八山半水半分田，一分道路和庄园"[②]的自然地理环境，因此，民居建筑需要解决地狭人稠的矛盾。民居主体部分为带天井的三合院单元，又称"一明二暗"，这样的单元能在建筑前后、左右、上下拼接，形成多种平面形式，并能依地形自由灵活地生长。而天井具有采光通风、防火防盗等功能，每幢建筑相对独立，建筑与建筑之间以门相通，加强联系。民居的厨房、储藏间等附属部分根据周边环境的需要设置，更为灵活多变。

徽州民居外立面几乎没有窗户，仅有防火用的孔洞。迭落

---

① 张靖华. 九龙攒珠：巢湖北岸移民村落的规划与形成[M]. 天津：天津大学出版社，2010：1.
② 姚邦藻. 徽州学概论[M]. 北京：中国社会科学出版社，2000.

的封火山墙，即马头墙，成为徽州民居的主要风格特征之一，一般有"三山屏风"、"五岳朝天"等形式，还出现了很多变体，不同形式的马头墙因建筑单体空间的组合而使外部空间的界面变化丰富。门头是单体建筑的另一种风格元素，门罩、门楼等形式丰富了街巷空间，成为转折处的对景。墙脊的线状，大门、窗洞的点状，在大片粉墙的面状环境下形成外部黑白灰的色彩基调和点、线、面的形体组合，与自然山水融为一体。

皖南山地地区丘陵较多，在山区较闭塞的地区并不是都以徽州民居为主，而是就地取材，建造适合当地人生活居住的房屋。在歙县阳产村出现了以夯土技术为主的土楼，墙身主要为当地的黏土夯实而成。在山区存在用树皮或石头为材料的树皮屋或石屋，具有鲜明的地域特色。

皖中地区民居为江淮天井式或院落式，建筑风格并不统一，兼有南北建筑的特征。肥西县三河古镇处于巢湖西岸水陆交通要冲，很早便成为以米市为主的繁华商埠。在明清时期也有徽州移民，因此当地也保留了大量徽派风格的传统民居。与徽州民居不同，建筑外墙并非粉墙饰面，而是灰砖砌筑，并因不同的砌筑方式形成多种墙面肌理。马头墙的形式与徽派建筑也不完全一致，马头墙的翘角相对较高，体现了当地水乡特征。建筑室内天井院相对徽派建筑的天井较大，采光效果更为明显。在天井院周围还有一圈回廊，俗称"走马转心楼"，这种形式也是受徽派建筑风格的影响而形成的。此外，在巢湖地区还出现了在水上生产生活的"船屋"，形成水上聚落。

（三）传统公共建筑

传统公共建筑受礼制影响较大，建筑平面形式为中轴对称，内部为多进院落。在皖南徽州地区，遗留了大量明清时期建造的公共建筑，如祠堂、书院、牌坊、戏台等。徽州祠堂是宗法礼制的产物，建筑平面形制中轴对称，门前形成仪式性的广场，大门形制规格较高，门楼较为华丽。建筑室内一般为三进或四进院落，院落周围环以围廊，最后一进为供奉祖先的享堂，整个祠堂布局严谨、等级较高、空间肃穆，成为村落中心的祭祀性场所。徽州牌坊是具有礼制意义的公共建筑，一般设置在村落村口、祠堂门前广场或街道入口，也常群体出现，增强了入口的仪式性与标志性。徽州书院是徽州重要的公共建筑类型之一，书院内讲学部分的建筑空间布局讲究中轴对称，体现儒家思想中"礼"的秩序性与等级性；而为讲学服务的建筑空间较为自由，与"乐"的思想相符。因此，书院严谨而和谐的建筑形制深受中国传统哲学"礼乐"思想、佛教建筑形制等影响。

皖北地区会馆建筑形制较为固定，一般由位于中轴线的纵向两进或多进院落组合而成，平面一般为"日"字形或"回"字形。山门、戏楼、庭院、大殿等主体建筑位于中轴线上，两边对称设有厢房。亳州花戏楼的平面为典型的院落式布局，中轴线上由南至北依次排列有山门、戏楼、献殿、大殿。整个建筑以戏楼、大殿为中心，其平面基本左右对称，附属用房围绕四周。

四、传统建筑哲学观念

徽州是一个文化积淀深厚的地区，随着历史上的中原移民南迁，中原文化的儒家文化精髓在这块较为封闭的世外桃源扎下根来，同时徽州的山清水秀则刺激了道家哲学和堪舆学的融合。有清一代，徽商的崛起又使儒家文化和商人的处世哲学产生了交融，这些理念最终对于建筑和乡村的设计产生了极大影响，古代的工匠通过视觉手段、平面布局和建筑形态等方面完美地转译了这些形而上的理念，使徽派建筑不仅拥有美轮美奂的形态，也因为承载了深厚的内涵而为学术界所重。

（一）儒家哲学

徽州地区多山少田，地狭人稠，因此在明清两代，许多平民家庭选择让子弟走出大山外出经商，这逐渐形成极有势力的徽商群体。但在"重农抑商"的封建思想影响下，这个群体在拥有财富的同时，却由于缺乏文化和教育而产生浓厚的自卑和缺憾。正是由于这种缺憾，这些富商才会更加迫切地希望后代不要走自己的老路，而是去走"科举取士"的正道。因此，给后代灌输作为正统的儒家哲学，是徽派建筑的设计思想和村庄的规划责任所在。

儒家思想的核心是树立一个完美的伦理关系，以维持这个社会的稳定，这个完美的伦理具体体现为"忠"和"孝"，知识分子和各级官员要对朝廷效忠，而老百姓则要对父母尽孝，这样一来，"国"和"家"就会安宁、和谐。为实现"忠"和"孝"的宣传，首先要由家宅的名字实现，比如棠樾村的鲍象贤（嘉靖朝兵部尚书）给自己的住所起名"宣忠堂"，赤裸地表明了对于朝廷的效忠，在宏村的承志堂内部，屋梁上有一部显眼的雕刻"郭子仪拜寿"，直接把忠心为国的唐朝大将郭子仪作为家族子弟效仿的对象。其次，祠堂和牌坊等公共建筑也是宣传这种理念的最佳载体，祠堂的存在让人们敬祖爱族，这种教育直接促使富裕的徽商重回故里，建设故乡。石头牌坊的树立更是成为村落的永久标志，其教育意义非同小可，在棠樾村头就竖立着"忠孝节义"四座牌坊，标榜本村是闻名四里的忠孝楷模。

"忠孝"固然好，但如何达到呢？儒家哲学认为只有"君子"才能做到忠孝两全，而君子的本质就是有一颗"仁义"的心灵。孔子认为"仁"的实现并非是一件十分艰难的事，你只要有心去做一个"仁人"，立马就可以做到，这就是所谓"仁远乎哉？我欲仁，斯仁至矣。"这种对于"仁"的追求也体现在村落的设计中，徽州村落设立了许多公共空间，祠堂前、村口和打谷场或是看戏的戏台，这些地方成为人民集会交流的场所，让人们在交流中增进感情，因为"仁"的核心就是"爱人"。在许多村庄，同一个巷道的人们共用一个水圳，共同洗衣洗菜，也是增进感情的有效方式，而作为最具权威性的祠堂则具有调解纷争的作用，这些措施有效地使几百年来村庄的居民和睦相处、其乐融融，如同一个大家庭，这也为新农村的建设提供了有益的思路。

当然，在多灾多难的古代，儒家思想还提出一种明哲保身的处世哲学，在做一个仁义之人的同时，也要懂得如何维护自己的利益，保护自己免受侵害。所谓"中庸之道、不偏不倚、财不外露"等，这因和商人的经营理念相似而大受追捧，这种思想也体现在村庄的设计之中。许多村庄都设计了具有象征性的平面，比如宏村和棠樾，在村庄的外围都被设计的如同一张拉开的弓，而箭头是指着外面的，这似乎说明村庄在抱成团的同时，对外部世界是带有防御心理的。徽州村落特别注重水系的设计，他们认为水是财源，故千方百计地使水流遍村庄，天井引水入池，被称为"四水归堂"，在村头水口种树，称为"锁水口"，当水最终流出村外时，显出了不舍之意。

（二）道家思想

儒家思想偏重社会学和伦理学，而道家则关注人和自然的关系，这在山灵水秀的皖南地区，是特别为人们所注重的。重重山岭让人们意识到自然的强大，他们认为只有依附自然、取悦神灵、顺应时势才能得到好的生活。相反，不懂得自然的规律是要吃苦头的，甚至要付出生命的代价。在和大自然相处的同时，人们琢磨出一些住宅、村落和自然之间的关系，以此作为营造活动的依据，这种知识，被称为"风水学"，它的指导思想来源于道家"道法自然、阴阳相生"的思想，认为只要符合自然之道，族群就会兴旺。而这些推理，有些是属于科学的部分，有些则十分牵强，迷信成分偏多，尽管如此，独特的风水学理念仍然推进了明清两代徽派建筑和规划的发展。

皖南多山，几乎所有村庄都背山面水，村庄背靠的山被称为"来龙山"，"来龙"意味着水口由此而来，由于"山养丁，水养财"，此山的山势要强劲有力，人们认为山的强劲会带来人丁的兴旺，而在水口要做一些拦水坝、水口林来拦财。

村庄的平面规划在建村时就被确定，多是一个吉祥的物象，比如聚宝盆、蝴蝶（晓起村）或船（西递）、牛（宏村）或八卦（呈坎），这种指导思想会进一步完善村落的布局，直到村庄的形态和功能发展到和所象征的东西更为相似。这种通过村庄的自然形态来确定其发展状况的理念，有着深沉的文化背景，不能全然定为迷信。古代工匠把村庄当做能够运行、生息的活物的设计哲学首先体现出以"运动"和"变化"为主体的宇宙观，为使村庄"活"起来，人们建立了相应的有机循环体系，确保村庄运行方式的科学和健康，使之符合自然规律。这种以系统论为指导，小中见大的规划手法被现代的学者称为全息规划法，而古人依据朴素的自然观已然完美地做到了这一点。

村落的布局与单体建筑的建造受风水观念的影响较大。

在村落布局中，祠堂作为村庄中最为重要的建筑，往往优先布局，使之位于村落的最佳位置。对于建筑单体而言，徽州民居通常将大门布置在东南方向而非正南方，这是由于风水观念中正南向属"火"，"火"对徽商经商不利，因此大门常朝向东南向。而现代科学研究表明，东南向的大门在夏季能接收东南风，适合当地亚热带季风气候的条件。

总之，在安徽传统村落和传统建筑中，这些受风水观念影响下的空间布局体现了道家思想中自然和人之间和谐共生的关系。

第三节　现代建筑传承的基本原则

一、传统风貌要素解析

（一）建筑肌理

安徽传统建筑的建筑肌理拥有较高的美学价值，充分体现了古人的审美倾向。在现代建筑设计中通过对传统建筑肌理的借用，可以使传统建筑片段乃至整个传统建筑历久弥新。对比和融合，往往是传统建筑更新加建时，将传统建筑肌理呈现于现代建筑中的一种常用方式。通过简洁明快的现代材料风格与传统建筑肌理对比，可以凸显出传统建筑的美学价值；通过肌理的融合，可以使现代建筑的形式从传统到现代自然过渡。

现代建筑设计时，常通过对传统建筑肌理进行抽象、简化、再加工，对传统肌理进行提取，并融入现代建筑中，以凸显其功能属性与时代特征。把握传统建筑肌理组合的主要特征，并进行简化与抽象，兼以运用现代设计手法与施工工艺，可以彰显出现代建筑的简洁风格。

现代建筑师通过巧妙地表达对传统文化赋予了具体形体，使得如书法、篆刻、水墨画、乐器等传统艺术形式形成独特的建筑元素特征。此类建筑肌理虽不是从传统建筑语汇中直接提取出来，却同样能够反映地域历史文化特征。通过建筑肌理的组织将传统非物质文化要素融入其中，并用现代建筑设计手法进行巧妙表达，可以使人们感受到传统文化的魅力及独具匠心的建筑肌理，以体现建筑发展的时代精神。

（二）建筑应对自然气候的特征

在建筑创作中应充分考虑建筑与自然环境的关系，从建筑布局、空间组合和外在形式上都要注重对周围自然环境的保护，最大程度地保留和维护自然的原始风貌，体现对自然环境的尊重。建筑在与自然环境结合的同时，通过建筑空间组织、建筑构件、建筑材料、建筑绿化等方面应对当地生态气候特征，充分体现建筑设计对于自然气候的考量。

传统建筑的空间组织应考虑到建筑与自然风水的关系。中国传统的风水学说，表露出我国古代建筑与自然的联系是十分紧密的。因此，传统建筑往往具有一定的生态属性，在塑造良好适宜的物理环境的同时，使人也能更好地体会当地的自然意境。通过院落的组合、天井的围合、水系的梳理、冷巷的组织使得自然环境与建筑空间相互渗透；通过对阳光、绿化、空气、水系的引入，塑造了人与自然环境相得益彰的空间微环境。

（三）建筑空间变异

传统建筑会随着时代的发展进行更新，以适应新的建筑功能，而随之而来的是空间的调整与优化。如何通过设计手法既彰显特色建筑传统风格，又满足现代功能需求，是现代建筑传承传统建筑元素时最值得注意的一个方面。虽然传统空间和功能已经变异，建筑空间被拓展，但更新的传统空间仍具备原有建筑风貌特征。

传承传统建筑风貌中适宜的形体组合关系，也是安徽现代建筑设计中的一个重要方面。建筑形体组合中各组成部分的协调统一，可以体现出建筑的传统韵味。在现代建筑设计中，合理控制建筑形体的比例关系、建筑主体与局部构件的比例关系，通过形体的组织营造宜人的尺度感，不仅可以达到和谐统一的效果，还能凸显传统风貌的神韵。

通过传统风格的引入，可以在空间的创新与变异组合中营造良好的空间氛围。如一些安徽现代建筑中引入了传统建筑元素庭院与天井的组合，使其空间意象更加传统而自然。

同时，建筑内部空间的多样组合而达到步移景异的空间效果，也是建筑特色空间氛围营造的重要手法。

（四）建筑材料与建造方式

安徽地区的传统建筑，多采用砖、石、木材为主要建筑材料，在现代建筑的设计中，为传承传统建筑风格，一些作品直接选用传统材料，通过本土材料的肌理传承传统风貌，再现特有的传统意蕴，直观地展现了当地的建造工艺与传统。

现代建筑材料与传统材料的组合不仅能体现地域建筑的风格特征，而且具有节材、节能的特点。传统材料与现代材料的组合与构成，不仅可以产生出不同的空间体验，充分发掘出传统材质的魅力，也兼具现代空间感，使得建筑既富有现代建筑的实用简洁之美，又能体现传统材料的传承与更迭。随着现代建筑材料的多样化，现代建筑设计通过不同材质的对比变化，可以体现出设计的不同魅力。

传统建造方式在当今社会仍旧具有适应性，其作为传统建筑风貌空间营造的技术基础，在现代建造方式已然改善的今天依然被保留和推广。采用传统建筑材料与建造方式的建筑，保留着浓郁的传统建筑风貌，现代新型材料的加入则在体现传统意象的同时反映出现代生活的特点。

（五）点缀性符号的运用

传统建筑符号在某个局部的直接运用能起到良好的点缀作用，也可以唤醒人们对于传统建筑风貌的认知。徽州三雕作为安徽传统建筑符号，在现代建筑中的运用更易使人在认知上产生共鸣。一些传统街巷的更新再建项目中，建筑师往往会将某一传统建筑元素整体复制使用，作为整个街区或者建筑组团的核心空间，从而营造出传统意象。传统艺术元素以原初形态出现，可以很好地在现代建筑中营造传统文化氛围，有效地增加空间感染力。

一些传统艺术元素形态往往过于烦琐和具象因而需要进行简化与抽象处理，使其具有现代建筑设计元素简洁、抽象和意念化的特点。对传统艺术元素的精华部分加以有选择地保留，同时简化较为复杂的内部结构和复杂、烦琐的细部装饰，使之简洁明快。提取要素构成或展示要素内涵寓意，均可以体现传统意象。提取要素构成，是对传统艺术元素形体的抽象处理，是忽略微小的细节形式对形态的整体性把握；展示要素内涵寓意，是运用简单明确的形体概括出该传统艺术元素的形态，并表达出其蕴含的文化内涵。抽象简化的传统艺术元素符合现代建筑的构图原则，同时兼具传统文化韵味，比较容易被大众接受，也契合现代建筑的设计理念。

建筑符号，是以物质形态存在的传统艺术元素，通过抽象简化的方式来提取其精华部分。建筑符号可以表达建筑形象及空间环境设计的主题及内涵，并展示传统文化魅力。被物化的传统艺术元素一般分为文化类与图案类两种。文化类传统要素往往涵盖诗词歌赋、山水美景等；而图案类传统要素不仅涵盖动植物、器物、人物等类型，还有对历史场景的抽象表达。文化元素的物化运用将精神层面的文化元素以直观的、具体的形式呈现出来，从而加深对传统文化的理解，提升建筑群体的文化氛围，表达出人们对美好生活的向往。

二、设计原则与方法

安徽地区建筑在几千年的历史发展进程中，创造了辉煌的成就，有着深厚的优秀传统，在各个方面都积累了丰富的经验，包括成熟的设计原则与设计方法，在现代化的进程中，使传统与现代在碰撞中对话，在矛盾中共生，一起推动着社会向前发展。在现代建筑的创作中应承担地域性、适用性、生态性、经济性、整体性以及协调性等原则，对聚落空间、街巷空间、室内空间、建筑形体、建筑装饰以及建筑色彩等各个方面进行统筹布局。我们要吸取前人的经验和教训，对于传统进行深入地借鉴与发展，在安徽省当代的建筑实践中继续探索传统与现代的结合问题。

利用现代建筑语境下的内容，掌握现代建筑的创作方式，结合地域文脉转化创造出真正适合我们文化的产物。借鉴和发展是地域文脉形成发展的重要途径。在批判中继承，在开发利用中加以保护，在选择中借鉴，在创新中求发展是传统文脉赖以生存和发展的基本规律。

上篇：安徽传统建筑文化特征与解析

第二章　多元文化孕育下的类型解读：三个不同的本土文化分区

安徽境内有长江、淮河、新安江三条水系，长江、淮河两大水系从地理环境上将安徽划分为皖南、江淮之间、淮北三个部分（图2-0-1）。在历史进程中，由于地理和人文的差异性，安徽境内逐渐孕育了三种文化，形成三大文化圈。淮河及淮河以北地区的中原文化，出现了老子①、庄子②、建安文学③等；中部江淮之间为江淮文化、皖江文化，其典型的代表为桐城派④；南部山区的新安江，孕育出徽文化。徽文化、江淮文化、中原文化这三大文化圈亦谓之三大文化板块（图2-0-2）。

皖南地区的徽文化是中原文化与山越文化融合的产物，形成以中原"四合院"⑤与山越"干阑式"⑥建筑相结合的徽派建筑，反映了传统徽州建筑文化。皖中地区处于江淮之间，受移民文化的影响，传统建筑形制具有徽派建筑的特点，也吸收了北方民居形式的特色。皖北地区位于淮河以北，传统建筑受中原文化、齐鲁文化等的影响，建筑形制多为院落构成的四合院形式。

皖南、皖中、皖北三个地区的三种文化内涵（图2-0-3），不仅充分体现了中国最正统的儒家思想的内涵，也受到了释家、道家思想的深刻影响。其中，皖南徽州地区由于积淀了深厚的儒、释、道哲学和文化，因而成为中国传统文化的典型代表。

---

① 老子（约公元前570～前500年）：姓李名耳，字聃（dān），楚国苦县人，伟大的哲学家、思想家，道家学派创始人，曾在东周国都洛邑任守藏史，孔子周游列国时曾向老子问礼。
② 庄子（约公元前369～前286年）：名周，字子休（一说子沐），战国时代宋国蒙（今安徽省蒙城县）人。著名思想家、哲学家、文学家，道家学派的代表人物，老子哲学思想的继承者和发展者，先秦庄子学派的创始人。
③ 建安文学：中国东汉末期建安年间（196～220年）及其前后撰写的各种文学作品。代表作家主要是曹氏父子、建安七子、蔡琰。
④ 桐城派：清代文坛最大散文流派，因其早期的重要作家戴名世、方苞、刘大櫆、姚鼐均系清代安徽桐城人（今桐城文化圈应包括桐城市、枞阳县和安庆市宜秀区等地区），故名。
⑤ 四合院：又称四合房，其格局为一个院子四面建有房屋，从四面将庭院合围在中间，故名四合院。
⑥ 干阑式：多用于我国南方多雨地区和云南贵州等少数民族地区，一般采用底层架空，它具有通风、防潮、防兽等优点，对于气候炎热、潮湿多雨的中国西南部亚热带地区非常适用。这类民居规模不大，一般三至五间，无院落，日常生活及生产活动皆在一幢房子内解决。

图2-0-1 安徽地形（来源：马頔 改绘自中华人民共和国民政部编.中华人民共和国行政区划简册2014.北京：中国地图出版社，2014.）

图2-0-2 安徽文化划分（来源：马頔 改绘自中华人民共和国民政部编.中华人民共和国行政区划简册2014.北京：中国地图出版社，2014.）

图2-0-3 安徽地域划分（来源：马頔 改绘自中华人民共和国民政部编.中华人民共和国行政区划简册2014.北京：中国地图出版社，2014.）

第一节　三大分区自然地理环境分析

一、皖南地区

皖南地区位于安徽省长江以南地区，东邻浙江省、西接江西省。境内由天目山—白际山脉、黄山山脉、九华山脉三条山脉组成。三大山脉之间是新安江、水阳江、青弋江谷地；山间分布大小盆地，其中最大的盆地为休宁歙县及徽州盆地。全年气候湿润温和、雨量充沛、自然资源丰富。地处亚热带季风气候，全年温和多雨，冬无严寒，四季分明。降水多集中于五至八月，水资源丰富，适宜多种林木、茶叶等作物的生长。①

在皖南地区中，徽州地区因具有最为明显的地理环境特征且较为封闭，少受战乱侵害，至今保留了大量的各具特色历史悠久的古村落。"八山半水半分田，一分道路与庄园"，这是徽州地区地理环境的真实写照。徽州境内群峰参天、山丘屏列，有山谷、盆地、平原，波流清澈、溪水回环，到处清荣峻茂，水秀山灵。这一地区良好的自然环境不受外界干扰，成为隋至宋朝时期中原士族南迁避难的场所，而后在徽州地区初步形成聚落，逐步演变成体系完整的徽州村落。到了明清时期，徽商的崛起使大量的资金重回故土，而当时徽州地区的自然与地理环境便于人们安居乐业，徽商强大的经济实力也有利于徽州地区的发展，基于落叶归根的理念，徽州人返乡购宅建房，于是形成现在仍保存较为完好的徽派建筑和徽州村落。

二、皖中地区

皖中地区，东邻江苏，西接河南、湖北，南北分别以长江、淮河为界。东部大部分地形为平原，西部为大别山山脉，中部地区有五大淡水湖之一的巢湖。

江淮地区位于淮河平原与沿江平原之间，境内主要有江淮台地丘陵区、沿江平原区和皖西丘陵山区。江淮台地丘陵区由台地、丘陵、河谷平原组成，地形平坦且较为广阔，环湖地区水系发达，能大量推广农业，经济作物较多。沿江平原区位于长江沿岸，属长江中下游平原的一部分，地势低平、河网密布、湖泊众多、水运发达、交通便利，与江南地区联系紧密，商贸集市繁荣，经济社会发展迅速。②

皖西丘陵山区为大别山脉主体，森林资源丰富，利于树木、茶叶等生长，山地之间的盆地能为经济发展提供良好的地形，社会经济发展不易受外界影响，利于历史人文的发展，其物质文化遗产容易保留。

皖中地区为亚热带季风性湿润气候，地形为山水丘陵，水陆交通便利，在文化上融汇各地的优秀文化，但又处于兵家必争之地，容易遭受外来势力的入侵。因此，江淮文化具有创新意识浓、开放程度高的特点。因地理环境特点，江淮地区山多地少，在文化品格上主要体现出"山"一样的凝重、厚实，文化遗存多，积淀厚；而皖中地区在文化品格上则犹如"水"一般飘逸、空灵，感染力强，召唤性强，文学艺术成就尤为卓著。

三、皖北地区

皖北地区以淮河流域地区界定，为江淮分水岭以北区域，东至黄海，北至沂蒙山和黄河南堤，西至伏牛山、桐柏山，南至大别山和皖山余脉。③境内地处淮河平原区，包括沿淮与淮北广大地区，平原广袤、用地富足、交通便利，与周围省份交流频繁，但易于受外来文化入侵，本土文化在外来文化的影响下，难以保留自身特色。淮河流域常受战乱影响，周边传统建筑毁坏严重，遗存较少。

---

① 自然环境志. 安徽省志.
② 同上。
③ 同上。

第二节　三大分区人文历史环境分析

一、皖南地区

皖南地区的传统人文环境主要受到古徽州地区或泛徽地区[①]文化的影响。徽文化，即徽州文化，包括新安建筑、新安理学、新安志、新安医学、新安画派、文房四宝、徽菜等。徽州文化是一种历史现象，东汉、西晋、唐末、北宋时期，中原强宗大族因避乱南迁，给徽州地区带来了中原文化和先进的生产技术，这让当时的徽州地区生产力日趋发达。徽文化在北宋后期崛起，在南宋时期有"东南邹鲁、礼仪之邦"的美誉，在明清时期由于徽商的兴盛，使得徽文化再度繁荣发展，从文化角度上看，徽州文化是对中原文化的包容整合。20世纪90年代以后，徽学与藏学、敦煌学并列成为我国三大地方显学。

据史料记载，古徽州的先民们是由当地的山越土著居民和来自黄河流域的中原地区移民在漫长的历史上融合而成的。古徽州地区的原聚居居民为古越人，亦称"山越人"，相传为禹[②]之苗裔。最初，古徽州地区的文化特征以鸟为图腾，习水便舟，建筑以巢居为特征，古越人文身断发，同水而浴，凿齿贯耳，善铸铜，并以印纹陶为其文化表征（图2-2-1）。1959年，在屯溪挖掘的西周墓和汉墓中，出土了众多种类的釉陶和刻有鸟兽纹的青铜器，证明了这一地区在两千多年前就存在比较发达的山越文化[③]。

中原的战乱是导致中原地区大规模移民到古徽州地区的最主要原因，还有士人因"官于此土，爱其山水清淑"或因隐居而移居于此处。据史籍记载，在汉代，中原人口最早流入古徽州地区的，主要为吴、方、汪三族。在南北朝、唐末五代及宋代这三个时期，移民潮达到最高峰。当时中原名门望族、仕宦人家、家丁人奴、平民百姓无不渴望一方太平之地。中原汉人选择古徽州，古有记载："徽州，其险阻四塞

图2-2-1　外来文化影响（来源：马顿　改绘自中华人民共和国民政部编．中华人民共和国行政区划简册2014．北京：中国地图出版社，2014.）

---

① 泛徽地区：站在徽州的视角，把整个黄山市、所有正在使用或者曾在历史上使用过徽州方言的地区、深受徽州文化影响且徽商云集的城市看成是泛徽地区，强调泛徽地区之间有着历史地理共性。
② 禹：姓姒，名文命（也有禹便是名的说法），字（高）密。史称大禹、帝禹，为夏后氏首领、夏朝开国君王。
③ 单德启．冲突与转化——文化变迁·文化圈与徽州传统民居试析[J]．建筑学报，1991（1）：46-51.

几类蜀之剑阁矣，而僻在一隅，用武者莫之顾。"历史上细数现今徽州地区的大姓，除了吴、方、汪三族外，还有程、朱、戴、李、江、胡、鲍等姓氏，其家族谱系均来源于晋、豫、鲁等中原地区。大批的移民不仅使古徽州地区的人口数量迅速增长，而且将中原地区的财富、文化、技艺等带到此处，极大促进了古徽州地区生产力与生产关系的发展。①

与当地的山越人相比，中原的大规模移民群体成为强势族群。在引入先进生产力和生活方式的同时，中原文化对徽州地区的影响亦很明显。迁入的世家大族坚持宗法制度，强化宗族意识，形成聚族而居的特点；教化成熟的儒家思想，如尊祖敬宗、讲究门第、重视农耕等，不论从制度到文化，还是从生产方式到经营谋略，都对当地文化影响很大。因此，在徽州的历史发展中，原住居民与移民共同促进和发展了这一地区自给自足的农耕文化及以血缘为主的宗族聚落，形成徽州地区政治、经济、文化和社会的大发展。

始于汉末，结束于南宋的中原地区的三次人口迁移，是徽州地区文化变迁的关键时期，在被动的冲突与转化下，基本上形成"徽文化"体系。而从南宋开始，至明清时期，大量的徽州人外出经商，则产生徽州地区向外的文化变迁，主要表现是主动式的对外文化融合，扩大了徽州文化圈，丰富了其内容及层次。②

徽州地区兴盛的经济动因是徽商的兴起，这具有历史和地域的必然性。大规模的移民使徽州地区人口迅速增长，而徽州地区地少人稠，土地资源紧缺，在客观上必须转移剩余劳动力，在主观上则要开辟新财源途径。大批外出经商的徽州人既精明又讲诚信，文化层次高，因此在全国形成"无徽不成镇"的局面。足迹遍布大江南北，财富日益集中的徽州人，他们深刻意识到"事变日新，物竞雄列"的生存法则，因而积极主张"富而张儒，仕而护贾"。徽州这种"外向型"的经济与"亦儒亦贾"的特征，使得当时的徽州文化圈不断向外扩张，汲取淮扬、荆楚、杭严、饶赣等四方文萃，充实并完善了徽州地区的文化，③丰富了徽州建筑文化的内容与层次。

二、皖中地区

皖中地区主要为移民文化，最早世居于此的居民可追溯于唐、宋时期，其不少人祖籍来自湖北和江西，多数是元、明时期迁来。移民地区的显著特点是接受新生事物较快，皖中地区也不例外，江淮人的思想观念较为开放，常常得风气之先，具有善于创新的人文传统，因此这一地区有古皖文化、桐城文化、皖江文化、庐州文化等，一般可以统称为"江淮文化"。其中皖江文化最具有影响力，由安庆土著的古皖文化与来自江西及徽州移民的朱子信仰碰撞和融合而形成，涉及文学、戏曲、书画、经济、科技、宗教、民俗等众多领域，在建筑方面则表现为包容并蓄、兼济南北。

江淮地区由于交通方便，水陆并进，迁客骚人多会于此，千百年来形成浓郁的文化氛围。其中，具有文化特色的城市是宣城和安庆。宋诗的"开山祖师"梅尧臣③，当代画家吴作人④等都是皖江人的杰出代表；明代政治家左光斗⑤，清代书法家邓石如⑥，当代美学家朱光潜⑦皆为安庆人。总的来说，江淮

---

① 单德启. 安徽民居[M]. 北京：中国建筑工业出版社，2010：24.
② 单德启. 冲突与转化——文化变迁、文化圈与徽州传统民居试析[J]. 建筑学报. 1991（1）：46－51.
③ 梅尧臣（1002-1060年）：字圣俞，宣城（今安徽宣城）人，世称宛陵先生。北宋著名现实主义诗人。
④ 吴作人（1908-1997年）：安徽泾县人，生于江苏苏州。吴作人是继徐悲鸿之后中国美术界的又一领军人物，在素描、油画、艺术教育方面都造诣甚深，他在中国画创造方面更是别具一格，自成一家。1985年获得比利时王国王冠级荣誉勋章。
⑤ 左光斗（1575-1625年）：字遗直，一字共之，号浮丘。别命左遗直、左共之、左浮丘。汉族，明桐城人（今枞阳县横埠镇人），其父左出颖迁家于桐城县城（今桐城市区唉椒堂），颖生九子，光斗排行第五。明朝官员，也是史可法的老师。因对抗大宦官魏忠贤，下狱，死。弘光时平反，谥为忠毅。
⑥ 邓石如（1743-1805年）：原名琰，字顽伯，号完白山人、完白、故浣子、游笈道人、凤水渔长、龙山樵长，清代集书法家、篆刻家、画家、文字学家于一身的艺术大师和学者，安徽怀宁（今安徽安庆）人。
⑦ 朱光潜（1897-1986年）：出生于安徽桐城（今枞阳县麒麟镇岱鳌村朱家老屋），笔名孟实、孟石，中国美学家、文艺理论家、教育家、翻译家，中国现代美学奠基人。主要编著有《文艺心理学》、《克罗齐哲学述评》、《西方美学史》等，并翻译了《歌德谈话录》、柏拉图的《文艺对话集》等作品。

文化博大精深、内涵丰富、灿烂辉煌，是经济文化交流最为频繁、内外沟通最为活跃的地区。

三、皖北地区

皖北地区因淮河流域面积广袤，有着华夏"天中"的优越区位，境内与周边接壤的山东、河南等地出现文化交融，主要为中原文化。其东北接齐鲁、西北连中原、西南临荆楚、东南通吴越，因此融合了这些地区的文化精华。皖北地区的中原文化包含了商周时期的东夷（包括淮夷）文化、涡淮两岸萌生的老庄文化、先秦时期的荆楚文化与吴越文化、两汉和北宋之后南移的中原文化、明清之际兴起的淮扬文化。所以，中原文化是以自然地理环境为生存条件，以淮河为主干流地区，以楚、明文化为底蕴，兼容中原文化而形成的区域文化。

第三节　三大分区传统建筑成因分析

一、皖南地区

安徽建筑文化的典型代表主要是皖南地区的徽派建筑，虽然大规模的中原文化反客为主，但在文化的形成上仍然需要"本土化"。如今保存较好的徽州传统建筑，除了受当地自然环境的影响，更多的是将中原汉族和当地山越人原住居民两方面的建筑文化相融合，而转化形成的一种新的地区建筑文化。

从民间的空间形态上看，徽州当地为山越文化，为了适应山区丘陵地区湿热的气候环境，建筑形制主要为"巢居"[1]，而后逐渐发展为"高床楼居式"的"干阑式"木建筑，而中原地区在两汉时期建筑已形成了高度发达的四合院形式，即"地床院落式"建筑，这种形式并未一成不变地移植到徽州地区，而是形成了'地床'、"高床"、"天井"融合的新型厅井楼居式民居[2]，即徽州民居。

从住宅结构构造上看，徽州民居结合了南方穿斗式木构架和北方抬梁式木构架这两种结构，在建筑上取其优势，因其特点而建。中间开敞式厅堂采用抬梁式[3]木构架；两侧私密性的卧室采用穿斗式[4]木构架，既满足了住宅的使用空间功能划分，又发挥了两种木构架的力学性能。

从建筑构成中"门"的造型来看，徽州民居的"大门"一方面汲取了山越文化中寨门的形式。寨门就是一根横木被支起来，上装饰若干木刻鸟，其初衷是以鸟为图腾，甚至有日本学者考证日本的"鸟居"源出于此。另一方面汲取了北方中原四合院的大门屋宇的特征。徽州民居的"大门"汲取了两种文化，不仅有"鸟居"[5]的信息，同时有"屋檐"的造型特征。[6]

从传统建筑材料上看，徽派建筑主要以砖、石、木材料为主。徽州地区森林覆盖率高，木材丰富，因此传统建筑主要为抬梁式与穿斗式混合的木结构体系。各种优质石材，如黟县青，广泛应用于牌坊和建筑装饰中，墙身、墙基、铺地等处也常采用石材。徽州地区墙体材料主要为青砖砌筑，外部以粉墙饰面。徽州的"三雕"艺术更体现了当地徽州工匠对建筑材料的精巧运用，砖雕在"三雕"艺术中最为精华，主要见于门楼、影壁、马头墙等处，木雕常常运用于木构架中如梁枋、华板、雀替等承重部分，也经常出现于隔扇、勾栏、内檐门罩等围护部分，石雕则多于石坊、石桥、祠堂宅第的台基、勾栏等处出现。在歙县阳产村，因交通不够便捷，上百年来，山民就地取材、采用周边青石铺路架乔，取红壤木材筑巢而居，形成了以夯土技术为主的土楼，这在皖南地区也是极为罕见的。

从传统建筑类型上看，明清时期由于徽商的兴盛，大量

---

[1]　巢居：原谓上古或边远之民于树上筑巢而居，现也泛指栖宿树上。
[2]　单德启. 冲突与转化——文化变迁.文化圈与徽州传统民居试析[J]. 建筑学报. 1991（1）：46–51.
[3]　抬梁式：又称叠梁式，是在立柱上架梁，梁上又抬梁。使用范围广，在汉族宫殿、庙宇、寺院等大型建筑中普遍采用，更为皇家建筑群所选，是汉族木构架建筑的代表。
[4]　穿斗式：用穿枋把柱子串起来，形成一榀榀房架，檩条直接搁置在柱头，在沿檩条方向，再用斗枋把柱子串联起来，由此而形成屋架。
[5]　鸟居：一种类似于中国牌坊的日式建筑，常设于通向神社的大道上或神社周围的木栅栏处。主要用以区分神域与人类所居住的世俗界，算是一种结界，代表神域的入口，可以将它视为一种"门"。
[6]　单德启. 冲突与转化——文化变迁.文化圈与徽州传统民居试析[J]. 建筑学报，1991（1）：46–51.

徽州人返乡大兴土木，建设了一系列民居和公共建筑，建筑类型逐步完善。为了光宗耀祖和强化宗法礼制，"亦儒亦贾"的徽商在家乡修建了大量祠堂，其数量之多、等级之高，实为少有。村落的布置也围绕着宗祠、支祠建设，宗祠便成为村落建筑群的精神中心。如果徽州祠堂是村落内部"礼"的凝聚，那么牌坊则是村落乡民与天子皇帝"礼"的维系。徽州的牌坊名冠全国，仅歙县保存完好的牌坊就有94座，分为"科第①"、"恩荣②"、"旌表③"等几类④。此外，书院建筑提高了徽州居民的文化层次，戏台建筑丰富了居民的生活，风水塔、廊桥、亭等建筑为徽州村落景观增添了更多风采。

二、皖中地区

皖中地区由于靠近巢湖、水系发达，受移民文化影响，人的行为方式和意识受南北文化影响，相互交融，使该地区的建筑有着兼容南北、包容并蓄的特点，既有徽派建筑的朴实，又具有北方建筑的粗犷。人的生产和生活方式也有所不同，巢湖周边地区因水网密布，为了避免水灾，传统聚落出现了"九龙攒珠"的布局形式，同时"船屋"的出现亦体现了当地人与自然的和谐。由于皖中地区是兵家必争之地，为了加强防卫功能，建筑常出现多进院落，周围环以高墙的形式，形成圩堡建筑。

在建筑材料方面，古民居体现得较为统一，屋面铺以小青瓦，墙身为砖石或土坯，墙基由条石或卵石砌筑，铺地为砖石或素土夯实。屋面主要材料为呈青灰色的弧形青瓦，底瓦、盖瓦一反一正合瓦铺砌，不铺灰，将底瓦直接摆在椽上，盖瓦直接摆在底瓦垄间，其间不放水泥。建筑墙面材料主要采用呈现历史特征的传统材料，可分为两类：第一类为由黏土烧制的青砖、红砖，青砖比例大于红砖，砖墙采用一平一顺、一顺一丁、两平一侧等多种砌筑方式。第二类为夯土墙面，用黏土、稻草和石灰的混合物夯实而成，再以砖或石块在墙基或墙身加固，不加装饰，与周边环境协调融合。作为墙面上的构件，该地区民居普遍采用木制门窗框，取材自然，少有加工。

三、皖北地区

皖北地区淮河周边由于水患严重，人们主要生活在远离水患的平原地区，平原地区利于建筑建造。建筑形制受老庄文化的影响，大都具有一定的礼制秩序，同时受北方中原家族传统文化的影响，建筑平面多为多进院落式。但这一地区受到外来文化影响较大，常年战乱，传统民居建筑经常遭受破坏，保留下来的传统历史建筑数量较少。

皖北地区的传统建筑原材料主要有木、砖、石、芦苇、草等。当地木材有很好的竖向耐压性能，和优良的横向抗弯曲性能，适用于各式小木作。建材制品主要有有砖，瓦，土坯等，常用于砌筑或经雕刻作为装饰物。皖北地区一种较具特色的材质用法是以苇箔代替望板，以竹代替木材用作檩条、椽子。墙体基本组成有单一材料墙——砖墙，墙厚两皮砖；砖与土坯混合砌墙，土坯混合砌墙又分为下砖上坯两种，即墙体上身用土坯砌，下部用砖砌，这种墙体常用于一般农家居室；另一做法为下部及墙角等重要部位用砖砌，用土坯填充墙心。

安徽省皖南、皖中、皖北三个地区既存在地形地貌、水文气候等自然地理环境的差异，也存在文化特征、思想意识等人文历史环境的差异，而传统建筑的形成与发展是自然地理环境与人文历史环境共同影响的结果。因此，皖南、皖中、皖北三个地区传统建筑构成了安徽省传统建筑的总体风格特征。不过，安徽传统建筑的形成主要以皖南地区徽派建筑为主，其他地区兼收中原文化、江南文化等多元文化，建筑大多带有马头墙、天井、院落等徽派风格形式。

---

① 科第：科举制度考选官吏后备人员时，分科录取，每科按成绩排列等第，叫做科第。
② 恩荣：集中记载历代皇帝对本家族或某些成员的褒奖，包括各种敕书、诰命、御制碑文等，有的还包括皇帝或地方官员为本家族题写的各种匾额，目的是通过重君恩来彰明祖德。
③ 旌表：古代统治者提倡封建德行的一种方式。自秦、汉以来，历代王朝对所谓义夫、节妇、孝子、贤人、隐逸以及累世同居等大加推崇，往往由地方官申报朝廷，获准后则赐以匾额，或由官府为造石坊，以彰显其名声气节。
④ 单德启. 安徽民居[M]. 北京：中国建筑工业出版社，2010：27.

第三章　皖南地区传统建筑风格解析

皖南地区从行政区域上看，主要指安徽省长江以南地区，包括芜湖、马鞍山、铜陵、宣城、池州、黄山。皖南地区是安徽省重要的经济、文化、旅游中心，是著名的鱼米之乡，物产丰富、人文荟萃、历史悠久，旅游资源尤其丰富。皖南地区的地形大体以山地丘陵为主，主要地区为长江流域和新安江 — 钱塘江流域。

皖南地区中以徽派建筑（亦称"徽州建筑"）为典型代表，靠近皖江地区和徽州地区的土著居民为古吴越族。到了秦朝，秦始皇将居住在今宁（波）绍（兴）平原的越人迁徙到今浙江北部和皖南山区。唐宋时期，大量的中原贵族逃难于此，带来了先进的中原文化。明清时期，徽州地区由于徽商的繁荣兴盛，形成了新安医学、徽州理学、徽派雕刻、徽派建筑等一套完整的徽州文化体系。古徽州的行政区域包括"一府六县"[①]，"一府"即徽州府[②]，"六县"即歙县、休宁、黟县、祁门[③]、绩溪[④]、婺源[⑤]。

从现存的建筑遗产看，徽派的建筑的布局受儒家思想影响呈现出严格的礼制秩序，受自然环境影响呈现自由灵活的布局。从建筑类型上看，除了传统民居以外，还出现了大量的公共建筑，如祠堂、牌坊、廊桥、书院、戏台等，说明当时该地区经济富裕、社会稳定、文化繁荣。从影响力上看，由于徽商的兴盛，徽州地区与外界交流频繁，水路、陆路交通便捷，不仅利于商业的发展，而且利于文化的交流，出现了泛徽州地区，如泾县[⑥]、旌

---

① "一府六县"：指徽州府所辖的六个县：歙县、黟县、绩溪、婺源、祁门、休宁。徽州古称歙州，公元1121年，宋徽宗改歙州为徽州，但所辖六县并未变动。此六县之地元代称徽州路，明清时称徽州府，因徽州府的建制历时最久，因而又称为"一府六县"。
② 徽州府：辖境为今安徽省黄山市（除黄山区即原太平县）、绩溪县及江西婺源县。
③ 歙县、休宁、黟县、祁门：辖境为今安徽省黄山市。
④ 绩溪：辖境为今安徽省宣城市。
⑤ 婺源：辖境为今江西省上饶市。
⑥ 泾县：隶属于安徽宣城市。

德县[①]、浮梁县[②]、淳安县[③]等地，进一步扩大了徽州文化的宣传力与影响力，最终整个皖南地区均受徽州文化的影响，成为辐射全国的文化聚集区。

目前，皖南地区徽派建筑与徽州村落保存较为完整，具有良好的保护、研究价值。与此同时，文化遗产具有潜在的文化价值，合理地开发利用可以为皖南地区的经济发展带来巨大动力。

[①] 旌德县：隶属于安徽宣城市。
[②] 浮梁县：隶属于江西省景德镇市，位于江西省东北部。
[③] 淳安县：隶属于浙江省杭州市，位于浙江省西部。

第一节　传统聚落规划与格局

一、依山傍水，藏风纳气

在中国传统的人居环境观中，一直提倡"择地而居"、"天人合一"的整体观念。徽州地区山水相间，理想的村落选址一直是徽州人寻觅的目标，因此明清时期，徽州村落的建设首要考虑的即是村落的选址与规划。传统观念上，理想的村落选址应为"枕山、环水、面屏"[1]的地理环境，即基地前有案山和朝山、后有来龙山，水口处有两山相峙，河流、溪流从基地前流过，似金带环抱（图3-1-1）。徽州人对村落的选址尤为重视，因此大多数的徽州村落选址均在枕山、环水、面屏之处，而依山傍水、山环水绕便成为徽州传统村落的主要特征。

在现存徽州村落的各大家族的家谱中，几乎都记载了该家族始迁祖最初居住村落选址与宗族繁衍的过程。良好的人居环境有利于当地的人文昌盛，所谓"物华天宝、人杰地灵"，因此徽州村落在经过"择地"、"卜居"之后，大多处于优美的自然环境中。

来龙山是构成村落环境的重要因素之一，为村落的依托，村落常坐落于来龙山的山麓地带，逐渐向外扩展，在来龙山的山脚通常是该村落的发源地。水口是一座村落的门户，在"枕山、环水、面屏"的模式中，往往位于村落内部空间与外部空间的交接处，是村落空间的入口。

徽州人不仅寻求理想的人居环境，也非常注重保护人居环境。几乎所有宗族的族规家法中都规定保护林木，有的村落甚至将保护山林的规定勒碑刻石，以警示后人。对于村落中的水口林与龙山林，聚居于此的村落宗族往往规定任何人均不得砍伐其树木。

二、尊重自然，顺势而为

在徽州地区，虽然依山傍水、山环水绕的自然环境是理

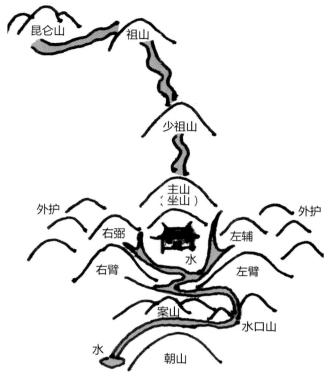

图3-1-1　聚落理想环境模式（来源：喻晓 绘）

想的村落选址，但在徽州山多地少的条件下，并非所有的基地都完全符合理想的选址标准，有的村落甚至没有良好的地形与地势条件。在应对非理想的村落基地环境时，徽州人在尊重自然的同时，对自然环境进行积极改造、顺势而为，依据传统理念对基地有序的规划设计，以满足聚居理想的人居环境。

在传统观念中，对非理想环境的改造被称作补基，而在补基方法中最常见的是补水。水是村落环境中赖以生存的最基本要素，在人居环境理论中占有重要地位，因此改造的首要方法便是引水补基。

引水补基是对自然水系的改造，便于生产和生活用水，在现代其做法就是修建水利设施的过程。主要措施有筑碣、修建水圳，挖塘蓄水，植树造林，培补龙背砂山，建设水口，等等。这些措施使得徽州村落中的水系贯通，既满足居

---

[1] 何晓昕. 风水探源[M]. 南京：东南大学出版社，1990：68.

图3-1-2 黟县南屏村水口景观（来源：郑志元 绘）

图3-1-3 黟县屏山村水街（来源：曾冰玉 摄）

民生产生活用水，又在防火方面起到了很大作用，大大改善了村落的人居环境（图3-1-3）。

三、聚族而居，重视宗法

历史上的徽州地区最早是山越人活动的地方，在建筑上以巢居为主。据史载，到了汉代，中原汉人进入徽州，主要为吴、方、汪三族，在南北朝、唐末及五代，大规模的中原士族移民至此。为了适应新的生存环境，中原人认为只有保持了严格、完整的宗族组织才能抵御自然与人为的侵害，因此，在徽州封闭的山区环境中，中原士族仍然保持了宗族观念与制度的延续。到了明清时期，徽商的兴起与发展在很大程度上依赖于宗族组织的支持，而宗族组织的长盛不衰，在村落的建设及发展上则体现为聚族而居。

聚族而居是明清徽州村落最基本的特征。自始迁祖建立最初村落之始，随着人口的增长、不断的外迁过程形成派

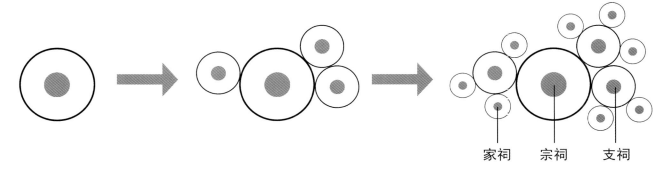

图3-1-4 村落团块结构发展模式（来源：喻晓 绘）

生分支的村落，各村落均体现聚族而居的特点，这一特点使徽州地区形成了许多同姓聚居的村落。这种宗族意识渗透到人们的生活中，最明显的便是村落中公共建筑的布局，如祠堂、社屋等。以祠堂为例，祠堂常遵循"左祖右社"的礼制秩序，在村落的布局中，家族的宗祠通常在村落的心理中心或者祭祀中心，宗族各分支成员的宅基地一般相对集中，这些宅基地是以本支祠为心理与祭祀中心，而各支祠又是以该家族的宗祠为心理与祭祀中心布置，这样就形成了层层相套的团块结构（图3-1-4）。同时，宗祠、支祠等建筑群轴线或等级序列和高度程式化的布局，体现了儒家宗法伦理道德秩序中的"理性"。

另外，乡约民俗将儒家观念延伸到徽州人生活的各个方面，起着局部调节的作用。乡约是乡村一种有组织、有程序的活动，其主要活动是礼仪性极强的讲约，一般在祠堂中进行。乡约宣讲的内容不仅有皇帝圣谕，还有本宗族结合自身情况拟定的一些规定，这样就能有效地将儒家的伦理道德观念延伸到具体操作层面，达到广教化、厚风俗的效果。

四、秩序井然，条理明晰

徽州村落形态的基本特征主要由自然生态环境决定，而村落的构成和空间序列主要取决于社会生活和人文历史因素，即宗法礼制、乡约民俗、邻里交往等，形成秩序井然的特点。从村落的外部空间序列构成上看，大部分的徽州村落

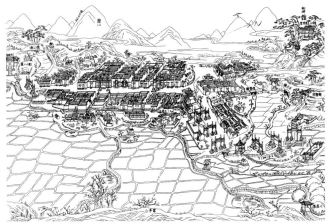

图3-1-5 清代棠樾村聚落全图（来源：《宣忠堂家谱》）

包括：水口、村或镇建筑群入口，主街或水街，宅居组团，巷道或水巷，祠堂或祠堂群以及中心广场，节点（牌坊或牌坊群等）。聚落的空间序列一般遵从"启—承—转—合"的章法，有序而又依据聚落规模、家族实力、自然地形等因素而灵活变化（图3-1-5）。

首先，水口是徽州村落外部空间序列的开端，徽州村落为了"锁住"水口，常常在水口处种植风水林或营造水口建筑。其次，"村口"承接水口，但相对于水口，"村口"并未被赋予过多文化意义，只是连接村落内外环境的重要节点。各个村口因地制宜、因势利导，没有拘泥于某一固定模式，甚至一些村口还相当有规模，如黟县西递村就是以最高等级的"胡文光刺史牌坊"为村口空间。有的村口虽没有如此大的规模，但通常是一处交通集散的重要

图3-1-6 黟县宏村村口古树（来源：喻晓 摄）

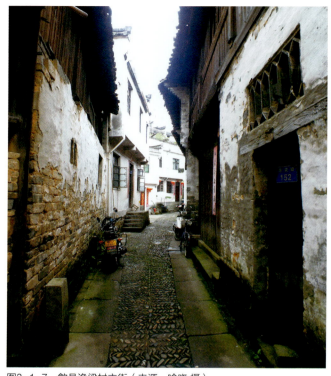
图3-1-7 歙县渔梁村主街（来源：喻晓 摄）

节点，或是公共活动空间，如黟县宏村的村口以红杨与银杏两棵古树为标志（图3-1-6），歙县渔梁村以廊桥为标志。再次，街巷空间是徽州村落中非常有特色的空间构成，在"转"上起到了独特的作用。徽州地区"地狭人稠"，因此一般的村落内部街巷相对狭小，与水溪等组成的水街也大致相同。主街宽度一般在6~8米，最窄处只有4米。沿主街两侧一般为两层的店铺或住宅（图3-1-7）。街巷虽然狭窄，但其尺度亲切宜人、宁静安逸（图3-1-8、图3-1-9）。两侧白粉墙既能在阴雨天防潮驱湿，又能在烈日时反射阳光，起到降温的作用。街巷中的券门洞、民居大门的门楼等也形成不同的空间节点，调节了空间尺度感，形成了外部空间流动的关系。街巷在"转"的变化中特色明显，交叉口的形状多样，有"Y"、"Z"、"T"、"人"字形，等等，在行走过程中视线突变，丰富了街巷空间，达到了步移景异的效果。最后，村落中家族总祠通常成为徽州村落的"中心"或"高潮"，这是"启—承—转—合"序列中的"合"。村落的总祠门前一般为小广场，成为人流聚集的场所。总祠的门楼相对华丽精美，常采用"五凤楼"的门楼形式（图3-1-10），成为公共空间的视觉中心，在地面上加以铺装及周围设置石栏等细部设计，都为宗族的公共活动渲染了气氛。

徽州村落的外部空间序列表达了中国传统建筑文化的精神内涵，其营造空间的理念与规划设计手法，不仅体现了"气韵生动"的美学境界，而且体现了儒家"性无伪则不能自美"[1]和道家"天人合一"、"天地有大美而不言"[2]的双重哲理思想。

---

[1] 《荀子·礼论篇》.
[2] 《庄子·知北游》.

图3-1-8 黟县宏村内街道（来源：纪圣霖 摄）

图3-1-9 黟县屏山村内巷道（来源：陈胜蓝 摄）

图3-1-10 南屏村内叶氏宗祠大门（来源：高晨阳 摄）

第二节 传统建筑类型特征

一、传统民居风格及元素

（一）徽州民居

1. 建筑朝向

徽州民居大体以坐北朝南为主。"背山"能够阻挡冬季东北方向来的寒风；"面水"可以迎来夏季东南方向来的凉风；朝阳能争取良好日照；近水使得居民方便取水，降低村落由于集聚建设形成的热岛效应，从整体上看便形成了良好的生态居住环境。明清时期由于徽商的兴盛，徽州人在建筑建设时尤其讲究朝向，因此为避免不利因素，徽州民居的正门一般不朝向正南方，而常常将正门南偏东15°或者南偏西15°，在现代技术研究中，这正是当地的最佳住宅朝向。

2. 平面形制

从单体空间上看，徽州民居的主体建筑以中轴线对称布局，方整紧凑，占地较小而有效使用面积较大。徽州民居主体建筑的基本形制为三合院，即"凹"字形，通常为三开间，正中的厅堂为敞厅，主要是半开敞空间，较为宽敞明亮，而两侧的卧房则较狭小阴暗（图3-2-1）。建筑以楼层为主，一般为两层，偶有三层出现，明代中叶以前，底层空间较低，上层较高，祭祖在楼上。明代后期及清代，底层空间变得较高，上层较低，日常活动主要在下层进行。俗称"一明两暗"或"明三间"。

通过对三合院的组合形成了其他三种基本的建筑单元："口"字形、"H"字形、"曰"字形。"口"字形是徽州民居四合院的形式，是由两个三合院对接，中间一个天井，俗称"上下对堂"；"H"字形是由两个三合院相反连接，呈H形，两端各一个天井，三合院单元之间没有砖石墙体分隔；"曰"字形是由两个三合院串联，在两个三合院单元之间前后相通，没有砖石墙体分隔，这种形式一般只有一个主要出入口（图3-2-2）。

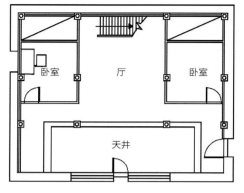

典型三合院平面图

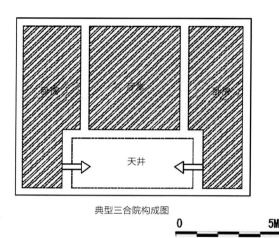

典型三合院构成图

图3-2-1 徽州民居三合院平面（来源：《THE STUDY ON SPACE-SOCIAL TRANSFORMATION IN CENTRAL DISTRICT OF XIDI VILLAGE AS TRAVEL SITE》）

3. 天井

天井是徽州民居中最活跃、最典型的构成因素。徽州民居虽然格局统一，但变化丰富，天井起到了关键性的作用（图3-2-3）。徽派建筑的天井小而狭长，其长宽比例一般为5:1，顶部四侧屋面均向着天井，雨季雨水顺着屋面流下落入底部的水池或水缸内，俗称"四水归堂"（图3-2-4），寓意"肥水不流外人田"。

徽州民居的天井在内部空间的联系与导向上也起到了非常重要的作用，天井使得室外与室内、大门与宅内、一层与二层之间的联系更为紧密，形成内外空间良

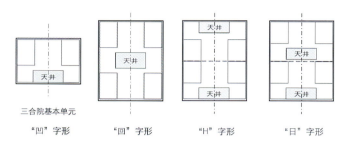

图3-2-2 徽州民居平面形制（来源：喻晓 绘）

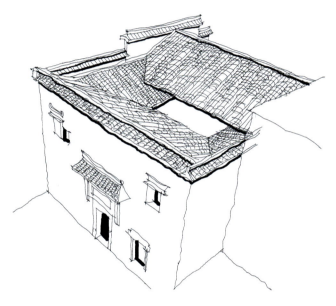

图3-2-3 天井（来源：郑志元 绘）

图3-2-4 四水归堂（来源：张家玮 摄）

好的过渡。

天井作为民居的空间组织中心，主要有采光、通风、排水、防火等功能。首先，雨水聚集在天井下方地面的蓄水池，满足了居民日常生活用水的同时，多余的雨水经明沟引出屋外，汇入村落的水圳，通往村外水口、溪流，形成良好的排水系统。其次，民居内部通过天井正下方的蓄水池能够有效调节室内小气候。再次，一般民居都以两层为主，其内部高深的天井具有防火与防盗的作用。第四，由于徽州民居四周都环以高墙，没有开窗，因此天井成为室内采光的主要来源（图3-2-5、图3-2-6）。最后，民居在空间组织上主要以毗连的、带楼层的正屋，两厢围合而成的天井院为基本单位，形成过渡空间、联系空间、组合空间等，天井的穿插给建筑空间组合带来布局的灵活性。

4. 布局与组合

徽州民居受传统儒家思想的影响，单体建筑的平面在整体布局上虽无定式，但由于每幢民居的基本单元均以天井为中心，因此在群体组合上，民居可以多方向地、灵活地生长，大致形成五种主要模式：（1）建筑沿轴向前后生长，即一进——二进——三进，每长一进只需设置一个横向天井；（2）建筑对称轴向左右加接，即一幢——两幢——三幢，每一幢只需在天井一侧设出入口；（3）建筑垂直向上生长，即一层——二层——三层，限于结构材料最高到三层。叠加的楼层与底层只需在平面坐标上以天井贯通；（4）建筑入口大门外可设置小院向外生长和加接；（5）建筑的左、右、后侧可根据地段加接厨房杂院等。①

这样的布局与组合形式在徽州地区山多地少的自然条件下非常有必要，在应对自然环境、地形地貌等方面有很大的灵活性。即使在这样高密度的条件下，由于各单元内部都存在天井，因此每一幢民居室内均保持了良好的采光和通风。徽州民居建筑群体的布局与组合既节约了土地空间，也因避免墙体的重复建设而节省了建筑材料（图3-2-7、图3-2-8）。

5. 宅园

徽州宅园与明清时期江南私家园林不同，江南私家园林因处于江南平原带，范围较大，居住通常与园林形成一体，园林便成为家庭娱乐消遣的场所。徽州宅园因山多地少，一般范围规模较小。由于徽州民居平面方整，宅基地受到地形地貌与周围街巷的影响呈不规则形状，规整平面与不规则用地之间形成了较小的多余用地。这些狭小不规则空间便被利用起来，形成各有特色的"徽州宅园"（图3-2-9）。

徽州民居的宅园，不仅体现了徽州人的"节约"精神和有机生长的理念，也体现了生态建筑设计的理想境界。宅园的布局因形就势、因地制宜，在做法上自由性与随机性较大，并无固定章法。宅园内的花木与盆景、垂直绿化等，在丰富建筑空间、家庭生活起居、调节小气候上都起到积极的作用（图3-2-10、图3-2-11）。

（二）土墙屋

土墙屋不同于传统徽州砖木结构的民居，它以其独特的建筑形式在徽州地区形成另外一种特色建筑（图3-2-12）。徽州多山地，一些山区村民就地取材，使用红土作为建筑材料，做成别具一格的土墙屋。土墙屋的承重结构为土墙，建筑平面

图3-2-5　天井室内空间a（来源：洪涛 摄）

图3-2-6　天井室内空间b（来源：孙霞 摄）

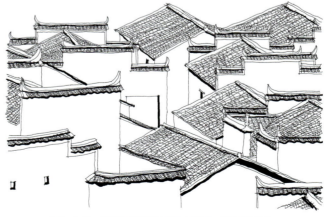

图3-2-7　徽州民居鸟瞰图景（来源：郑志元 绘）

---

① 单德启. 村溪，天井，马头墙. 建筑史论文集[J]. 北京：清华大学出版社，1984.

图3-2-8 徽州民居群体（来源：郑志元 绘）

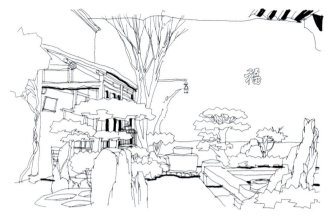

图3-2-10 徽州宅园a（来源：郑志元 绘）

图3-2-11 徽州宅园b（来源：郑志元 绘）

图3-2-9 徽州宅园景观（来源：肖亚飞 摄）

形制与传统的民居也有所不同，多为三开间格局。

土墙屋是皖南山区的特色民居类型之一，因为地势较高，交通不够便捷，几十年及上百年来，山民就地取材，采周边青石铺路架桥，取红壤木材砌筑而居（图3-2-13）。

土墙屋均为土木结构，以一至二层居多，二层有挑廊或吊脚楼，也有建三层或达到四层的。平面布局简单，以长方形居多，大量宅屋为三开间、即三间屋，也有少量为二开间。一般楼梯置于中间堂屋太师壁后方，左、右间为卧室或杂间。另设附房用作厨房。房间均直接对外开窗采光通风。[1]

土墙屋均以青石砌磅为地基，土墙屋与土墙屋之间有石板或石板台阶或青石铺地。无论是单体、土墙屋，还是整个村落土楼群，都体现了人与自然融为一体的特色，具有浓郁的山区民居建筑特色；构成了神奇、古朴、壮观、美丽的画卷。

---

[1] 中华人民共和国住房和城乡建设部编. 中国传统民居类型全集（上篇）[M]. 北京：中国建筑工业出版社，2014：382-383.

图3-2-12　歙县阳产村土楼群体（来源：张家玮 摄）

（三）树皮屋

树皮屋在皖南地区少有分布，多在贫困地区存在，目前集中分布在休宁县石屋坑村等地。

树皮屋内部为木梁架结构，外墙用树皮板或者木板围合，起到遮风挡雨的作用，以一至二层居多。平面布局简单，以长方形居多，大量宅屋为三开间、即三间屋，也有少量为二开间。一般楼梯置于中间堂屋太师壁后方，左、右间为房间或杂间，另设附房用作厨房，房间均直接对外开窗采光通风。有些经济好转的农户会重新砌筑外墙，而没有能力砌筑外墙的居民，就在乡间留下了充满特色的树皮屋（图3-2-14）。[①]

（四）石屋

石屋在皖南地区少有分布，多分布于山地多石地区，代表地区是休宁县石屋坑村等地。石屋内部与其他徽州民居类似，为木结构，不同的是外墙用片石围合，以一至二层居多。平面布局以长方形居多，三开间或二开间。一般楼梯置于中间堂屋太师壁后方，左、右间为房间或杂间。另设附房

[①] 中华人民共和国住房和城乡建设部编. 中国传统民居类型全集（上篇）[M]. 北京：中国建筑工业出版社，2014：384–385.

图3-2-13 阳产村土楼单体（来源：张家玮 摄）

图3-2-14 树皮屋（来源：《中国传统民居类型全集》）

图3-2-15 石屋（来源：《中国传统民居类型全集》）

用作厨房（图3-2-15）。①

石头屋集聚分布集中的地区，石材资源丰富，居民就地取材，采用片石作为外围护墙，起到遮风挡雨以及防盗的作用。

（五）吊脚楼

吊脚楼是我国传统民居的一种古老建筑形式，大多数沿江而建。安徽省宣城泾县章渡村，原章渡镇，有一千多年历史，古有"西来一镇"之称。境内分布的吊栋阁，民间又叫"江南千条腿"，在力学、建筑学、美学和民俗学上具有很高的研究价值（图3-2-16）。

泾县章渡吊栋阁是泾县古民居的一种特殊变化形式，在建筑选址、形制、材料等方面都有特别之处。它是将干阑式建筑与皖南徽州民居融合的结果，是长江上游和中下游地区建筑特色的融合。两层吊栋阁通常面阔三到四间，建筑采用五脊顶、四面坡，前后进深约8米，前部有三分之二在陆地上，后部的三分之一位于江面之上，靠木柱支撑。吊栋阁的护坡支柱层的护坡采用河卵石。

因吊脚楼的独特形态，章渡被称为"永不倒镇"，这

---

① 中华人民共和国住房和城乡建设部编. 中国传统民居类型全集（上篇）[M]. 北京：中国建筑工业出版社，2014：386－387.

图3-2-16 吊脚楼（来源：《中国传统民居类型全集》）

是跟它的地理位置有关。吊脚楼虽然凌驾于青弋江水面上空，但是在青弋江的上游五里处有兰山岭，正好挡住了水头，使青弋江水流向较低的安吴乡一侧，从而使水流在较高的章渡镇缓缓而过。同时，在章渡老街的上街头，有一条来自兰山岭的夏浒河水汇入青弋江。青弋江水越大，夏浒河水越急，越是将青弋江漂浮的树木杂物冲向对岸，从而使吊脚楼免受其害。吊脚楼的对岸是比章渡街低5~6米的开阔平原，水位一高，对岸便形成类似"水漫金山"现象的汪洋大海。因此水位越高，吊脚楼就越安全。集镇上的民居、木板店门面、作坊鳞次栉比，相对结伴，顺河沿而立，依水面而筑，曲折延伸，古色古香。街道居民"开门上街，推窗见河"，这种人与自然的和谐统一的景象，让这里的集镇更具诱人魅力。[①]

二、其他典型传统建筑风格及元素

徽派建筑除了大量的民居外，还存在类型多样的公共建筑，如祠堂、牌坊、戏楼、社庙、文会、店铺、亭、台、楼、阁、榭、塔、桥等。这些类型的建筑广泛存在于徽州村落中，丰富了当时人们的生产生活需求。

（一）宗祠

祠堂是祖宗灵魂栖息之地，是宗族的象征。徽商认为："人本乎祖、物本乎天。族之众尝欲为祠堂之创，所以为报本之图也……《礼》曰：'尊祖故敬宗，敬宗故收族，收族故宗严。'由此观之，则一祠之建，非特为报本反始也，崇爱、敬谨、名分，咸于此出。"[②]宗祠是徽州村落中最具规模的建筑，重视宗族血缘关系的徽州人，无不以建宗祠修族谱为重，甚至不惜斥巨资。

徽州祠堂按照建筑平面类型分类，可以分为天井式、廊院式两种形式。天井式祠堂大多是家祠和较小的支祠，在平面、外观、结构和装饰上与徽州民居大体相同，甚至有些祠堂曾是住宅。徽州较大型的支祠和宗祠大多是廊院式，平面形制一般为四合院式，均为砖木石结构，外围高墙封闭，民居不可筑靠，山墙呈阶梯般跌落。

祠堂的平面布局形式一般由三进院落组成，第一进称"仪门"或"门厅"，第二进为"享堂"或"正厅"等，第三进为"寝室"或"寝殿"，有的横向还有跨院（图3-2-17）。祠堂轴线方向设置正门楼，门楼形成祠堂的第一进，正门楼为祠堂之门面，力求富丽堂皇，大多为重檐歇山式，有四柱三间二楼或六柱五间七楼式门楼（图3-2-18）等。仪门后为第二进，多为正方形大天井。明堂的地面铺砌石条，有甬道通往正厅。在天井的左右侧分别有数间石柱木梁构架的单檐廊庑。正厅主要是举行祭典的场所，约占整个祠堂面积的三分之一，正厅较高，前沿置石阶。明代及清代中期以前，正厅地面以方砖铺就，清代后期则改为三合土。从结构上看，规模较大的祠堂正厅多为抬梁式与穿斗式的混合结构（图3-2-19）。内部构造上，宗祠前后檐柱均为石质方柱，内柱是银杏木圆柱，柱下设置木质或石础墩。第三进为寝室，是安奉祖先灵牌的神殿，两层楼房，地基比正厅较高，其占地面积约占整个宗祠的五分之一。寝室前的台基为奉先台，台上设置石雕栏，寝室与第二进之间有狭长天井相隔。

祠堂不仅在门楼、正厅、寝室等主体建筑上颇具规模，而且在祠堂前也多建有照壁、祠坦（当地发音dǎn），有些

[①] 中华人民共和国住房和城乡建设部编. 中国传统民居类型全集（上篇）[M]. 北京：中国建筑工业出版社，2014：388-389.
[②] 《歙县呈坎宗系支谱·罗氏祠堂记》，转引自赵华富：《歙县呈坎前后罗氏宗族调查研究报告》，《首届国际徽学学术讨论会论文集》，黄山书社. 1996.

祠坦前建溪水、水塘、石质栏杆、桥等，形成祠前广场，扩大了祠堂门前的空间规模，增强了祠堂肃穆、敬畏的空间感染力。

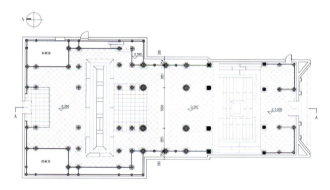

图3-2-17　黟县屏山村舒光裕堂测绘一层平面（来源：高翔等 绘）

图3-2-18　黟县屏山村舒光裕堂大门（来源：肖亚飞 摄）

（二）牌坊

牌坊是封建社会伦理道德的物化象征，明清时期，受程朱理学的影响，徽州地区树碑立坊很多，成为一种纪念性建筑。从形态构成上看，牌坊分为上下两部分，上部为门楼，下部为模仿木构的基础单元。牌坊取间、柱、楼的数量命名，如常见的有"三间四柱五楼"（图3-2-20）、"单间双柱三楼"。作为纪念性建筑，牌坊建筑要求永恒，因此牌坊大多为石质。明代的徽州牌坊多为石质仿木结构，在装饰上，石坊雕刻繁缛，常采用高浮雕。清代石坊趋于简洁，注重造型的整体感，从形态上看多数为冲天柱式。

为达到宣扬与歌颂的目的，牌坊不仅力求高大雄伟，而且注重位置与布局，其主要安置的地点多为徽州祠堂前和徽州村落的村口，亦有设置于村尾及村庄道路节点的做法。祠堂前的牌坊被称为祠堂坊，属于标志坊，祠堂与牌坊两种礼制性的建筑组合在一起，相互衬托，能营造浓厚的荣宗耀祖的氛围，如歙县潜口金紫祠前的金紫祠坊。徽州村落的村口是村民进出村落内部空间的必经之处，是村落的门户，亦是村落水口所在，是徽州村落重点营造的场所。作为村落入口空间的标志，在村口处修建牌坊能丰富村口景观，同时，村口远离民居等建筑，视野开阔，凸显牌坊高大雄伟的气势。如黟县西递村村口前曾修建十三座牌坊，歙县棠樾村村口仍保存着七座牌坊。

从其文化内涵和功能来看，徽州牌坊大致分为四类：标志坊、功德坊、节烈坊、百岁坊。标志坊主要起标志作用，

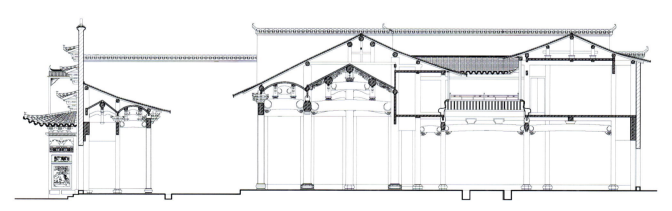

图3-2-19　黟县屏山村舒光裕堂测绘A-A剖面（来源：高翔等 绘）

图3-2-20 屯溪湖边古村落牌坊（来源：喻晓 摄）

图3-2-21 黟县西递胡文光牌坊（来源：喻晓 摄）

同时兼具纪念意义，一般有门坊、里坊、祠堂坊等。功德坊可分成两种。一种显示官位与政绩（图3-2-21），徽州名臣辈出，最有代表性的是位于歙县县城的许国牌坊，俗称"八脚牌坊"。另一种为科举树坊，此为徽州功德坊的另一种重要形式。明清时期的徽州中科举者很多，因此，为了激励后人读书上进，在徽州大地上树立了众多科举牌坊。如歙县徽城的江氏世科坊、潜口方氏宗祠坊（图3-2-22）。节烈坊分三种，一为表彰忠臣，如"豸绣重光坊"；二为表彰孝子，如歙县潭渡村的旌孝坊，亦名"孝子黄芮坊"；三为，节烈坊，更多的是表彰妇女贞节，而此类牌坊是徽州现存牌坊中最多的一种，占现有牌坊总数的三分之一多。主要原因是明清两代节烈妇女的旌表制度确立并趋向完备，加之程朱理学与宗族制度的影响，促成了明清时期徽州节烈之风盛行。如歙县棠樾村中七座牌坊有两座为贞节牌坊，分别为汪氏节孝坊和吴氏节孝坊。百岁坊主要是明清时期老人寿登百岁为"人瑞"而获朝廷恩准建的坊，如歙县蜀源村贞寿之坊等。

（三）书院

书院是我国古代特有的教育组织形式的物化体现。书院一般由祭祀设施、藏书楼、讲堂、斋舍、生活设施等五部分组成。南宋时期书院以数量多、规模大、地位高而影响深远，成为当时许多地区的主要教育机构。明清时期的徽州由于朱子[1]理学与书院发展的密切关系，加上宗族支持，徽商不惜输金资助，徽州书院迅速建立起来。明末便有"天下书院最盛者，无过于东林、江右、关中、徽州"[2]的说法。

明清时期的徽州书院不仅数量多，而且逐步发展成为包括讲学、授徒、藏书、祭祀、居住、游憩等多种功能的综合性建筑，具有较大规模。徽州书院一般分为功能性空间和非功能性

---

[1] 朱子：朱熹（1130-1200年），字元晦，号晦庵，南宋徽州婺源（今属江西）人，是一位儒学集大成者，世尊称朱子。绍兴十八年（1148年）中进士，历仕高宗、孝宗、光宗、宁宗四朝，庆元六年卒。嘉定二年（1209年）诏赐遗表恩泽，谥曰文，寻赠中大夫，特赠宝谟阁直学士。理宗宝庆三年（1227年），赠太师，追封信国公，改徽国公。
[2] 道光《徽州府志》卷三《营建志·学校》。

空间两大部分。功能性空间包括大厅、门厅、讲堂、斋舍、食堂、藏书楼等,主要用于讲学和为讲学服务;非功能性空间一般包括泮池、泮林、泮桥、碑、文庙(或先贤祠)、祠堂等,充分体现了祭祀的功能。从建筑平面功能上可分为教学区、祭祀区、藏书区、生活区、游憩区五个区,分别形成以讲堂、祭祠、藏书楼、斋舍、园林为主的空间领域。

因为书院是传播中国传统文化的教化场所,因此书院的布局深受礼制的影响。书院的中轴对称的规整式布局体现了礼制的等级性、秩序性。书院的讲堂是教学和举行活动的主要场所,一般位于书院的几何中心位置,以突出其"尊者居中"的地位,同时以山门、院落作空间铺垫,烘托气氛。祭祠是书院的精神殿堂,多置于讲堂之后,于中轴线上的尽端,易营造幽静的环境;藏书楼一般为二至三层,位于轴线末端,体量较高,成为书院重要的标志。

书院除了主体建筑严格顺次布置在中轴线上外,其辅助用房根据需要自由组合,不严格对称,无明显主次之分,体现了"乐"的思想。因此,书院这种严谨而和谐的群体布局模式,深受中国传统"礼乐"思想、佛教建筑形制及官学模式影响。徽州书院较为有名的如歙县的紫阳书院、歙县雄村的竹山书院、黟县宏村的南湖书院(图3-2-23)、祁门的东山书院、休宁的海阳书院,等等。

图3-2-22 潜口方氏宗祠坊(来源:洪涛 摄)

图3-2-23 黟县宏村南湖书院与周围环境(来源:陈骏祎 摄)

（四）廊桥

廊桥，亦称虹桥，为有顶的桥。在中国历史上，汉朝已有关于"廊桥"的记载。虹桥盛行于北宋时中原地区，以汴水虹桥[1]为代表，但形象只能在《清明上河图》[2]中找到。

明清时期的徽州村落中廊桥很普遍，今徽州志书谱牒中，仍有大量关于廊桥的记载。廊桥是以桥和廊两种要素垂直叠加而成（图3-2-24），与亭桥、楼桥、阁桥、塔桥等建筑相似。廊不仅具有景观意义，还有遮阳避雨、休憩、交流和聚会等功能。有时廊中供奉观音菩萨、经幢等，用于趋吉避邪。徽州现存相当数量的廊桥实物。其中，婺源清华镇彩虹桥为宋代古桥，虽经多次重修，但仍保留了原有的建筑风貌。婺源浩溪桥和歙县呈坎廊桥均为元代古桥。明清廊桥遗存更多，典型实例如婺源县庆源村的福庆桥，此桥将两层楼垂直叠加拱桥之上。歙县北岸的风雨廊桥，桥身石砌三拱，廊为砖木结构，粉墙黛瓦硬山顶，廊的西侧开有满月、花瓶、桂叶、葫芦样式的八个漏窗，改变了长廊的单调感，也使廊内观景有优美的景框。

第三节　传统建筑结构特点及材料应用

一、结构特点

徽派建筑的结构特征大致体现在以下几个方面：首先，徽派建筑吸收了北方抬梁式木构架和南方穿斗式木构架的优势，形成新的结构体系，即抬梁式与穿斗式混合利用（图3-3-1）。徽州民居的中间开敞式厅堂因需要较大空间，常采用抬梁式木构架（图3-3-2），而两侧私密性的厢房因跨

图3-2-24　黟县屏山村廊桥（来源：喻晓 摄）

图3-3-1　抬梁与穿斗混合式木构架（来源：黄山市建筑设计院 提供）

---

① 汴水虹桥：北宋建都在河南开封，开封市内有一条汴河，气势磅礴，贯穿全市，这座桥就架在汴河之上，故称汴水虹桥，如长虹卧波，古朴典雅。
② 《清明上河图》：现存北京故宫博物院，作者是北宋著名画家张择端。张择端（1085—1145年）字正道，又字文友，东武（今山东诸城）人。画卷描绘的是当年汴京近郊在清明时节社会各阶层的生活景象，真实生动，是一件具有重要历史价值的优秀风俗画。全图规模宏大，结构严谨，大致分为三个段落：第一段是市郊景画，第二段是汴河，第三段是城内街市。

图3-3-2 抬梁式木构架（来源：黄山市建筑设计院 提供）

图3-3-4 青石板路面（来源：喻晓 摄）

图3-3-3 木质构架（来源：黄山市建筑设计院 提供）

度小而采用穿斗式木构架。穿斗式木构架也常用于山墙面，增强了山墙面的抗风性能。这种新的结构对复杂地形和特殊功能具有良好的适应性，不仅适用于民居建筑，而且适用于祠堂、戏台等公共建筑；其次，构成木结构的主要构件，其形态明显受到地域文化的浸润。比如柱主要都为梭柱[①]，柱础以鼓状较高的柱础居多，梁枋常加工成月梁[②]，斗栱保留了唐宋做法，而且大量出现各类斜栱；第三，由于徽州村落的封闭性，更重要的是徽文化形态本身的稳定性，明代建筑仍保留若干宋式做法。

二、材料应用

徽派建筑的建造与装饰一般以砖、木、石为原料。徽州森林覆盖率高，雨水充沛，适合林木的生长，充裕廉价的木材决定了徽派建筑大量使用木结构体系。内部结构中，梁架多用料硕大，且注重装饰（图3-3-3）。其横梁中部略微拱起，俗称"冬瓜梁"[③]，两端雕出扁圆形（明代）或圆形（清代）花纹，中段常雕刻多种精美的图案。立柱用料粗大，上部稍细。梁托、瓜柱、叉手、雀替等大多雕刻花纹、线脚。结构、构造和装饰三者使传统工艺技术与艺术手法相融合，体现了中国古代传统建筑的特色。梁架一般不施彩漆而施以桐油，古朴典雅。

徽州盛产石材，其材质朴实凝重、光泽深沉。路面（图3-3-4）、基座、墙角、栏杆、柱础等处要求坚实稳定防

---

① 梭柱：柱子上下两端（或仅上端）收小，如梭形，六朝至宋官式建筑上见之，明代仍见于江南民间。
② 月梁：在北方的木结构建筑中，多做平直的梁，而南方的做法则将梁稍加弯曲，形如月亮，故称之为月梁。
③ 冬瓜梁：断面为圆形的梁和额枋两端圆混，立面如冬瓜者，多见于赣皖一带。因形似元宝，又名元宝梁。

图3-3-5 石质柱础（来源：黄山市建筑设计院 提供）

图3-4-1 马头墙（来源：喻晓 摄）

图3-3-6 门罩上的砖雕（来源：杨燊 摄）

第四节 传统建筑细部与装饰

一、马头墙

马头墙的形成，源于徽州人对于防火的需求。在大多数建筑中，马头墙超出屋顶，屋顶被遮挡，因而徽派建筑失去单体形象，但在群体建筑中，建筑群统一于层层叠叠的马头墙中（图3-4-1）。

从建筑细部构造上看，马头墙主要有"坐吻式"、"印斗式"、"鹊尾式"三种形式。坐吻式马头墙等级最高，此类马头墙层次多，构造复杂，工艺要求高，因此主要见于宏丽的祠堂、社屋、禅寺中。印斗式马头墙等级次之，鹊尾式马头墙等级最低（图3-4-2）。当建筑群前后进马头墙制式不同时，按所谓"前武后文"分置，常以鹊尾式马头墙居前，印斗式马头墙殿后。

从建筑形式上看，马头墙的形状主要为阶梯状山墙，同一标高的一段，谓之一"档"，进深大，马头墙档数就多，但每坡屋面不会超出四档。多数马头墙的形式为二三档，俗称"三山屏风"、"五岳朝天"。因受当时江南地区建筑的影响，马头墙还有其他变体，如山墙两端横向，山尖部分成三角形、圆弧形，等等。

潮，常采用青石、红砂石或花岗岩等（图3-3-5）。黟县的古民居就地取材，柱础大多选用当地黑色大理石"黟县青"，民居风格更显深沉凝重，木柱直接放置在不设凹槽的石质柱础上，这种"浅基"的构造方式使整体结构异常坚固，在地震时不会产生结构损坏，这是皖南古建筑历经劫难尚能保存的秘诀。徽州的青砖多由采自当地的黏土加工成型，制作工艺复杂，砖主要用于建筑的维护结构如墙的砌筑，也常用于装饰，因砖雕耐风雨侵蚀，常用于门罩、门坊、照壁等处，雕刻精美（图3-3-6）。

马头墙因建筑群的组合呈现了各种韵律美。比如，"单坡、单栋民居的马头墙表现连续的韵律；单幢数进民居表现渐变的韵律；连续的数进或高低不同的相邻两幢民居，呈现起伏的韵律；不同轴向的民居或相邻两幢高低相错的民居组合，则产生交错的韵律"[1]，等等（图3-4-3）。马头墙之所以高低错落、变化万千，除了自身建筑群的变化因素外，也受到地形和环境的影响，村落沿着溪流弯曲延绵，地形本身有起落变化，因而也导致马头墙的形态起伏（图3-4-4、图3-4-5）。

二、门楼

徽州民居的门楼是入口的标志，强调了其体量感及重要性。作为身份地位的象征，门楼是建筑中重点装饰的部分，在大面积粉墙映衬下，能令人产生强烈的印象。

门楼肇始于驱魔辟邪的'符镇'，进而发展成固定的石砖雕门楼。徽州门楼按形式大体可分为三类：门罩式、牌楼式、八字门楼式。门罩式是其中最简洁的一种形式，位于门楣处，在徽州村落民居中广泛出现（图3-4-6）。牌楼式即

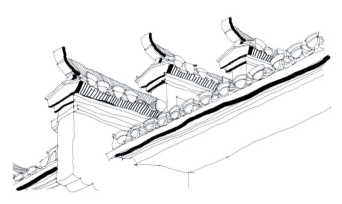

图3-4-2 "鹊尾式"马头墙（来源：郑志元 绘）

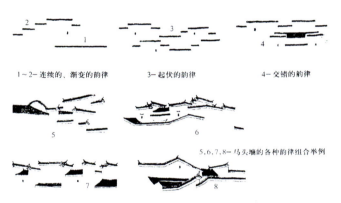

图3-4-3 马头墙的韵律美a（来源：《村溪，天井，马头墙》）

图3-4-4 马头墙的韵律美b（来源：肖飞亚 摄）

图3-4-5 马头墙的韵律美c（来源：高晨阳 摄）

---

[1] 单德启. 村溪，天井，马头墙. 建筑史论文集[J]. 北京：清华大学出版社，1984.

图3-4-6 门罩式（来源：杨燊 摄）

图3-4-7 门楼式（来源：喻晓 摄）

图3-4-8 八字门楼式（来源：纪圣霖 摄）

门坊，等级较高，常见的如单间双柱三楼、三间四柱五楼、三间四柱三楼（图3-4-7）。八字门楼是门坊的一种变体，从平面形制上看，大门向内退进一段距离，形成"八"字形，象征该户为做官人家（图3-4-8）。门楼上多刻有精致的砖雕和石雕。

三、隔扇

隔扇，又称"格子门"，最初是徽派建筑内部空间用于分隔的主要建筑构件，后来也用于山墙围合的建筑单体外立面。隔扇的高宽比没有严格约定，其高度由地栿至自枋下皮的距离来决定，其宽度取决于开间或进深的宽度（图3-4-9）。

明至清初，徽派建筑中的隔扇风格简朴（图3-4-10），以木格和柳条窗为多，雕饰有所节制。清中期以后，随着奢靡之风盛行，隔扇雕饰日趋华丽，花格图案和裙板木雕均趋于精巧细致（图3-4-11、图3-4-12）。现存建筑中以绩溪龙川胡氏宗祠隔扇最为精致，其隔扇数量达128扇之多。

图3-4-9 潜口吴建华宅内隔扇门窗（来源：洪涛 摄）

图3-4-10 潜口吴建华宅内隔扇门（来源：洪涛 摄）

图3-4-11 德懋堂内隔扇门（来源：杨燊 摄）

四、飞来椅

飞来椅，常见于徽派建筑楼层中的弧形栏杆，其形状由传统的鹅颈椅发展而来。因其栏杆身向外弯曲，超出檐柱的外侧，形状似倚靠背，所以又称"美人靠"。

飞来椅主要见于府第内部，由于处于视线集中处，因此雕饰精美。明代建筑中，飞来椅装饰较为简洁（图3-4-13、图3-4-14），因为飞来椅处于视觉中心，并非结构构件，其精美的雕刻，与板壁、柳条窗等处疏简风格形成一种对比。相比之下，晚清建筑中梁、枋、窗等均雕刻成"满铺型"。晚清以后，飞来椅也常在临街店铺的外立面中出现。

图3-4-12 隔扇门（来源：张家玮 摄）

图3-4-13 潜口方文泰宅室内飞来椅（来源：洪涛 摄）

图3-4-14 潜口胡永基宅室内飞来椅（来源：洪涛 摄）

五、三雕艺术

徽州的"三雕"艺术是具有徽派风格的砖雕、石雕、木雕三种民间雕刻工艺的简称，有时与竹雕一起也称为"徽州四雕"。歙县、黟县、婺源县的"三雕"艺术最为发达，其保存相对较好，常见于民居、祠堂、园林等建筑装饰中，也常用于古式家具、屏联、笔筒等工艺雕刻中。

砖雕在徽州三雕中最有魅力（图3-4-15），其材料主要选用徽州盛产的青灰砖，特点质地坚细，在徽派建筑的门楼、门套、门楣、屋檐、屋顶等处广泛使用。砖雕一般分为平雕、浮雕、立体雕刻，题材包含翎毛花卉、林园山水等，具有鲜明的地域特色与民间色彩。砖雕的用料与制作极为考究，一件砖雕的制作需要经过放样开料、选料、磨面、打坯、出细、补损修缮这六道工序[1]。在雕刻技法上，砖雕一般取高浮雕和镂空雕，明代砖雕手法构图守拙，刀法简练。到了清代，砖雕艺术从近景到远景，有七八个层次，最多甚至达九个层次。

石雕在徽州地区分布很广，种类繁多，不仅见于石坊、石桥和石亭，还广泛应用于祠堂宅第的台基、勾栏、柱础等建筑构件，属浮雕与圆雕艺术，享誉甚高（图3-4-16）。因受雕刻石材本身的限制，石雕的题材没有木雕与砖雕复杂，一般以动植物形象、博古纹样与书法为素材，而人物故事与山水环境的题材相对较少。从雕刻风格上看，浮雕大致以浅层透雕与平面雕为主，圆雕趋于整合，与细腻繁琐的木雕与砖雕相比，古朴大方。

明清时期的徽州地区的建筑绝大多数是砖石木结构，尤以使用木材特别多，内部主体结构和室内家具均以木材为主，因此徽州木雕常见于室内木构件（图3-4-17）及家具等处，如宅院内的屏风、窗榍、栏柱（图3-4-18），住宅内的床、

图3-4-15 砖雕（来源：喻晓 摄）

图3-4-16 石雕（来源：孙霞 摄）

图3-4-17 木雕a（来源：杨燊 摄）

---

[1] 姚光钰. 徽式砖雕门楼[J]. 古建园林技术，1989（1）：22.

桌、椅、案、文房用具上均有精美的木雕。木雕的题材广泛，有人物、山水、花卉、云头以及各种吉祥图案等。木雕一般依据建筑物部件实际需要，常采用圆雕、浮雕、透雕等技法。

六、色彩

徽州民居建筑群整体色彩不同于皇家建筑的色彩丰富，是一种粉墙黛瓦、质朴典雅、内敛含蓄的色彩，总体上呈现黑白灰的色调（图3-4-19），建筑局部及室内主要以天然木色为主，少量施彩（图3-4-20）。黑色的瓦主要用于民居的屋顶和马头墙墙脊等处，屋顶单坡向内，形成天井。俯瞰整个村落时，天井错落有致，大面积的黑色沉稳而厚重（图3-4-21）。在村落中行走时，徽州民居建筑群表现出的是大面积的白色，而马头墙墙脊上的线状黑色，偶有门罩、小窗等面状、点状黑色，加之层层叠叠的白色山墙，形成了平实自然的整体色彩。黑白灰的整体色彩基调与周围自然山水和谐相生、融为一体（图3-4-22）。

图3-4-18 木雕b（来源：纪圣霖 摄）

图3-4-19 黟县屏山村落色彩（来源：陈胜蓝 摄）

图3-4-20 歙县渔梁街色彩（来源：喻晓 摄）

图3-4-21 村落鸟瞰色彩（来源：纪圣霖 摄）

图3-4-22 黟县宏村南湖色彩（来源：高晨阳 摄）

第五节　典型传统建筑及村落分析

一、黄山市呈坎罗东舒祠

罗东舒先生祠（宝纶阁①）位于黄山市徽州区呈坎村，是安徽省迄今为止保留明代彩画及祠堂建筑最完整的一座家族宗祠。明万历年间（1573—1620年），呈坎人罗应鹤②曾任监察御史、大理寺丞等职，因政绩显著，常得皇帝御赐，"盖之以阁用藏历代恩纶"，即盖楼阁珍藏历代皇帝赐罗氏家族的诰命、诏书等恩旨纶音，故名"宝纶阁"③（图3-5-1）。后约定俗成地称整座祠堂为"宝纶阁"。

罗东舒祠占地3000多平方米，是一座四进四院的大型祠堂，坐落于呈坎村东北角、潨水西岸，坐东朝西，一座弧形照壁将河与祠分隔开。祠堂主体建筑最前面的棂星门为六根通天石柱，相连22扇棂星门，据说是仿照曲阜孔庙建造。整个祠堂平面主要分前、中、后三进，五层山墙，层层升高。第一进为仪门，仪门内是八丈见方的天井，天井两旁为廊庑。过仪门后为大厅，此为第二进，有庭院、露台、享堂。庭院中为宽阔甬道花圃，花圃中有8个树池，北花圃有一棵古桂。过露台入享堂，檐口有六根花岗石方柱耸立，堂内有两排二十四根圆木大柱，堂中四根大立柱。大厅照壁后为另一个天井，此为第三进——寝殿，即宝纶阁，这是整个祠堂的精华部分。

寝殿宝纶阁主体为九开间④，由三个三开间构成，加上两端的楼梯间，共十一开间，形制等级之高，在宗祠中实属罕见。明末歙县著名孝子吴士鸿手书的"宝纶阁"匾额高挂楼檐。石栏上、雀替上、瓜柱上的雕刻精美，美不胜

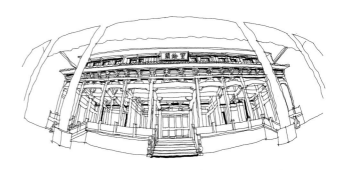

图3-5-1　徽州区呈坎村宝纶阁（来源：郑志元 绘）

图3-5-2　绩溪县龙川胡氏宗祠（来源：郑志元 绘）

收。此外，其木构做法上保留了梭柱、月梁、丁头栱等宋代做法。宝纶阁以其大、美、古、雅，成为中国古代祠堂之典范。

二、绩溪县龙川胡氏宗祠

龙川胡氏宗祠位于现宣城市绩溪县瀛洲乡坑口（龙川）村（图3-5-2），宗祠始建于宋，明代嘉靖年间（1522—1566年）兵部尚书胡宗宪⑤主持大修。清光绪二十四年（1878年）重修⑥。宗祠为明代户部尚书胡富⑦、兵部尚书胡

---

① 宝纶阁：原名"贞静罗东舒先生祠"，始建于明嘉靖间（约1542年），后殿几成，因遇事中辍，七十年后重新扩建。
② 罗应鹤（1540—1630年）：隆庆辛未年（1571年）进士，都察院右金都御史，诰封嘉议大夫、户部侍郎，享受开府仪同三司的殊荣，有感于仕途的险恶，中年致仕返乡，于壬子（1612年）秋主持续建东舒祠。著有文集《灶》10卷、《诗案》24卷、《祖东舒翁祠堂记》、《重修渔梁坝记》等传世。
③ 朱永春. 徽州建筑[M]. 合肥：安徽人民出版社，2005：295.
④ 为避免超越禁限引出的麻烦，开间被分为三组。
⑤ 胡宗宪（1512—1565年）：汉族，字汝贞，号梅林，徽州绩溪（今属安徽）人，明朝抗倭名将。万历十七年（1589年），因为严党失势而下狱并且最终自缢而死，但他忠义的形象依然深入民间，故御赐归葬故里天马山，谥号襄懋。
⑥ 朱永春. 徽州建筑[M]. 合肥：安徽人民出版社，2005：297.
⑦ 胡富（1454—1522年）：字永年，绩溪龙川人，官至户部尚书。成化十四年（1478年）进士。授南京大理评事。

图3-5-3　胡氏宗祠大门（来源：杨燊 摄）

图3-5-4　胡氏宗祠木雕（来源：杨燊 摄）

宗宪、清朝红顶商人胡光墉[①]的族祠。另外，绩溪还是近代学者胡适[②]等人的家乡，1988年被列为全国重点文物保护单位。

胡氏宗祠坐北朝南，东西对称，平面分前、中、后三进。宗祠前是一个矩形广场。房屋场基和广场的场地、栏杆全用花岗石砌成。大门为高大的重檐歇山式门楼（图3-5-3），门楼前后两向各有六根石柱，五根月梁和四根方梁，布局严谨对称。前进设大栅栏门，过黑色栅栏门为仪门和边门，仪门和边门中间各设一对石鼓、一双石狮。门楼后面为天井，进深约14米，宽13米，地面也是用花岗石铺成。天井两侧东西廊庑各有12根方石柱架，24根月梁。过天井后是祠堂中进祭典正厅，进深17米，面阔22米。正厅东西两侧各有12扇落地隔窗门，每扇隔扇门的上部为镂空花格，下部是平板花雕，内容以荷为主体。正厅上首为一排原24扇落地窗门，现存半数，花雕画面以鹿为中心，衬以山光水色，竹木花草。后进是享堂，上下两层，前有一个狭长的天井，东西两廊现存24扇高约3米落地隔扇门。隔窗门雕刻的全是花瓶，采用浮雕和浅刻技法。

为了烘托宗祠庄严肃穆的形象，胡氏宗祠在空间、体量、色彩等方面采取了各种有效措施，强化了空间感染力。在空间上，宗祠采取了逐级抬高地坪的方法，使宗祠高出周围民居，而且从视线上高出了周围的山峦。在整体布局上，祠堂的主建筑采用前松后紧、上开下闭的方法，使祠堂的空间重心落在正厅上，正厅成为祠堂空间序列展开的高潮。在色彩上，祠堂的大面积白墙和大屋顶黑色的对比，幽暗厅堂与明亮天井的对比，强调了祠堂的存在，增强了人们的注意力。

宗祠内部饰以大量的石雕、砖雕、木雕，特别是木雕之多、技艺精湛、艺术精美、内涵深远，实属罕见，有"木雕博物馆"之称。木雕基本分布于门楼、正厅落地窗门、梁勾梁托、后进窗门四大部分，均以龙凤呈祥、历史戏文、山水花鸟等画面为立意构图（图3-5-4）。祭堂中，东西二十二扇隔扇裙板上的"荷花图"，形态万千，无一雷同，不仅表现了出水芙蓉的高贵品格，也刻画出了几枝折断枯萎的荷叶以枯衬荣，显示了徽州工匠高超技艺和不同凡响的审美情趣。

三、黄山市屯溪程氏三宅

程氏三宅位于黄山市屯溪区柏树街东里巷6号、7号、28号，是明代成化年间礼部右侍郎程敏政[③]所建。三处住宅皆为

[①] 胡光墉（1823—1885年）：字雪岩，徽州绩溪人，中国近代著名红顶商人，富可敌国的晚清著名企业家、政治家；幼名顺官，字雪岩，著名徽商。
[②] 胡适（1891—1962年）：汉族，安徽绩溪人。现代著名学者、诗人、历史家、文学家、哲学家。因提倡文学革命而成为新文化运动的领袖之一。
[③] 程敏政（1445—1500年）：字克勤，明休宁篁墩（今歙县屯溪）人，时人称为程篁墩。明成化二年（1466年）殿试一甲第二名中进士，授翰林院编修。程敏政博览群书，熟悉历朝典籍，多次参加明英宗、宪宗两朝实录编写、校正。弘治初，擢少詹事，后被提升为侍讲学士。孝宗继位后，尊称他为先生。

图3-5-5 程氏三宅外观a（来源：黄山市建筑设计院 提供）

图3-5-6 程氏三宅外观b（来源：张家玮 摄）

图3-5-7 程氏三宅室内（来源：张家玮 摄）

图3-5-8 程氏三宅室内飞来椅（来源：黄山市建筑设计院 提供）

明代建筑，因户主皆姓程，故称"程氏三宅"。

建筑外观为灰白色调，屋面为青瓦盖顶，墙体底砌筑条石，正面用侧塘石，砌筑方式有顺砌、侧砌，粉白灰面，山墙做成马头墙跌落（图3-5-5、图3-5-6）。

在平面形制上，多进院落，三宅均为五开间，两层穿斗式楼房，前后厢房，中央天井，类似三合院。三宅中以程梦周宅为典型，平面大致呈凹字形，正屋五开间，两层楼房。进深16.1米，开间13.6米。明间为厅堂，厅堂两侧及三间厅堂后一进布置厢房，二层也布置有厢房，厅前都有天井空间（图3-5-7）。厨房多以附房靠正屋建设。

在建筑结构上，室内明间均用抬梁式构架，月梁穿入金柱，丁字拱插入主梁两端柱内，与梁平行，支撑梁架。粗大的木柱落在八角形石礩[①]上，礩面横垫一块覆盆式木櫍，木櫍横断面与礩石断面完全相吻合。楼层井檐裙板上装有40扇隔扇窗，外挑的垂莲柱四方抹角，内侧装置飞来椅（图3-5-8），柱侧上端，插栱两挑，托住檐檩。五架梁面上，均施有明代风格图案彩绘，技艺精湛，历经四百余年，仍清晰可见。

---

① 石礩：柱下石。

四、歙县许国牌坊

位于歙县县城的许国牌坊是明代万历皇帝为嘉奖内阁重臣歙县人许国[①]，而特别恩赐在其家乡古歙城中建造的石坊。许国牌坊现被列为全国重点文物保护单位（图3-5-9、图3-5-10）。

整座牌坊平面呈长方形，其类型为组合牌坊，前后为两座三间四柱三楼石坊，左右为两座单间双柱三楼石坊组合而成。石坊宽6.77米，长11.54米。高11.4米，石坊上遍布雕饰。十二根巨大石柱的台基上有12只石狮，整座石坊全部选用质地坚硬的青色茶园石（图3-5-11）。如此形制，世所罕见，此为第一绝。一般而言，纪念性建筑是坊主逝世后的建造之物，唯独此石坊是在其生前建造的，这在中国历史上也是绝无仅有的，此为第二绝。牌坊上的匾额题字皆出自明代江南书法家董其昌[②]之手，石刻技艺使得其书法更显遒劲有力。牌坊以牌楼和冲天柱两种样式结合，接榫固石，通体锦纹，此为第三绝（图3-5-12）。

图3-5-10 歙县许国牌坊b（来源：喻晓 摄）

图3-5-9 歙县许国牌坊a（来源：杨燊 摄）

图3-5-11 歙县许国牌坊内侧（来源：张家玮 摄）

---

① 许国（1527—1596年）：歙县人，历任嘉靖、隆庆和万历三代。据《明史》记载，隆庆年间，许国以一品服出使朝鲜，因其"馈遗一无所受，朝鲜勒碑以颂"。后因其"廉慎自守"，而官至武英殿大学士，成为声名显赫的内阁重臣。
② 董其昌（1555—1636年）：明代书画家，字玄宰，号思白，又号香光居士，汉族，华亭（今上海松江）人。"华亭派"的主要代表。明万历十六年（1588年）进士，官至礼部尚书，卒谥文敏。存世作品有《岩居图》《秋兴八景图》《昼锦堂图》等。著有《画禅室随笔》《容台文集》等，刻有《戏鸿堂帖》。

五、歙县雄村竹山书院

竹山书院位于歙县雄村，为清代乾隆年间兴建的家族举办的书院，保存相对完整。其选址在新安江岸雄村的桃花坝，视野开阔，建筑面积约1100余平方米，门前有广场（图3-5-13）。竹山书院主体建筑有教室、书斋居室，在廊道尽头有小庭园，名"清旷轩"。园东北角为"文昌阁"，又名"凌云阁"，平面呈八角形，攒尖顶，俗称"八角亭"。

整个竹山书院由清旷轩、文昌阁、桂花厅组成（图3-5-14）。主体建筑为二进三开间的厅堂式建筑（图3-5-15），庭院右方有一小通道连接"雄村上社"，院左为桂花厅庭园，厅前设有平台。桂花厅左前方为凌云阁，又称"文昌阁"（图3-5-16），为三层楼阁式建筑，平面为八角形，屋顶为八角攒尖顶，顶端宝珠部位设一锡质葫芦。

桃花坝、桂花厅、八角亭和竹山书院联为一体，而竹山书院是桃花坝上雄村建筑群的中心，选址奇巧脱俗，布局收放有致，建筑精致得体，景致雅俗共赏，为徽州书院之经典。

图3-5-12 歙县许国牌坊侧面（来源：张家玮 摄）

图3-5-13 竹山书院正门（来源：http://guide.yododo.com/014075DD939E10BE402881D34075D8DD）

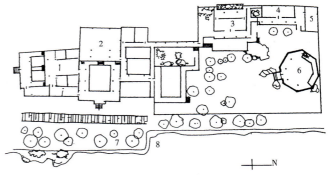

1. 雄村上院 2. 竹山书院正厅 3. 清旷轩——桂花厅
4. 百花头上阁 5. 四面楼 6. 文昌阁 7. 桃花坝 8. 渐江

图3-5-14 竹山书院平面示意图（来源：《冲突与转化——文化变迁，文化圈与徽州传统民居试析》）

图3-5-15 竹山书院正厅（来源：张家玮 摄）

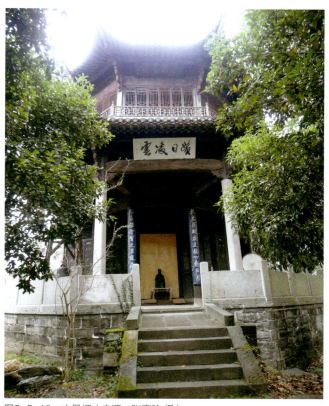
图3-5-16 文昌阁（来源：张家玮 摄）

六、黟县西递村

西递村位于黟县县城东南15里的胡氏聚落，因村中溪水向西流，原有"西川"、"东源"之名。后在村西1.5公里处设置驿站"递铺"，又称"铺递所"，故名"西递"[①]。西递村于1999年12月根据文化遗产遴选标准C[②]和同属黟县的宏村一同被列入《世界文化遗产名录》。

西递村的建村史据估计超过千年，现在的村落以明经胡氏为主的西递村奠基于北宋时期，发展于明代景泰年间，鼎盛于清代乾嘉年间，迄今也有900余年的历史。北宋年间（约11世纪），明经胡氏第五代胡士良举家自考川迁来西递，定居于程家里夯上。士良公迁居此地的目的在于"遗荣访道"。自此至十三世祖仲宽公，西递胡氏人口增长缓慢，以农业为主要经济来源，村落内部散布住宅，没有明确的道路和街区。从十四世祖起，西递人口激增，分出"九房四家"，并由于胡氏徽商的发达，大量的住宅、祠堂和牌坊开始兴建，村落的中心逐渐由程家里夯上移至汇源桥和古来桥之间，前边溪街初步形成，村落规模开始扩大至兴盛[③]。（图3-5-17）

西递村依山形、随地势，同自然融为一体，其村落的选址、建设遵循着周易风水理论，强调天人合一的理想境界和对自然环境的充分尊重（图3-5-18）。整个村落布局形态

[①] 单德启.安徽民居[M].北京：中国建筑工业出版社，2010：33.
[②] 文化遗产遴选标准C(III)(IV)(V)：根据《实施世界遗产公约的操作指南》，被列入世界遗产名录的项目满足6项价值标准中的第3、4、5条。
[③] 张晓冬.西递村落空间构成研究[J].小城镇建设，2003（10）.

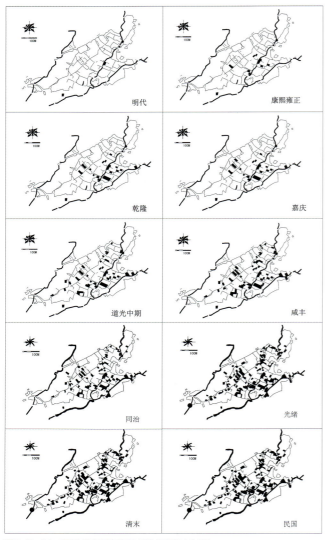

图3-5-17 西递明代至民国时期村落演变过程
（来源：《THE STUDY ON SPACE-SOCIAL TRANSFORMATION IN CENTRAL DISTRICT OF XIDI VILLAGE AS TRAVEL SITE》）

图3-5-18 西递村村落肌理（来源：《空间研究1——世界文化遗产西递古村落空间解析》）

图3-5-19 歙县西递村追慕堂（来源：陈骏祎 摄）

成船形。西递村是商贾云集之地，船形村落的布局正好迎合了西递胡氏家族外出经商、扬帆远航之意。位于村落中心的宗祠和大小支祠组成了船的中心，数百幢民居形成了船体。村头七哲祠象征着"眺台"，村头高大的乔木和旧时的十三座牌坊，宛如桅杆和风帆，西递胡氏正是乘着这艘"船"在商海中航行了数百年。村落的整体轮廓与所处的地形、地貌、山水等自然环境和谐统一，具有很高的审美情趣，体现了徽州古村落的特有风貌。

西递村在整体布局上，主要以敬爱堂、追慕堂为中心，整体沿前边溪与后边溪呈带状布局。构成村落主要道路有四条，分别是正街、横路街、前边溪街、后边溪街。四十多条保存完好的古巷弄贯穿全村。在公共建筑如敬爱堂、追慕堂（图3-5-19）、胡文光刺史牌楼等处前均留有广场（图3-5-20）。

村落所有街巷均采用"黟县青"的石板铺设，路两侧都设有排水明沟，街巷空间曲折多变，时封闭时开放，在街巷中不同的视角有着丰富的天际线，人行走在其中有步移景异的效果。村落中的民居大多临水而建，亲水性很强。精雕细刻的入口门楼，高低错落的马头墙，曲折变化的街巷，形状各异的石雕漏窗，街头巷尾的石凳、水井、横跨水溪的石板桥，在细节上处处保持着当时明清时期的原有风貌（图3-5-21）。

图3-5-20　黟县西递村村口（来源：陈骏祎 摄）

图3-5-21　西递村街巷空间（来源：喻晓 摄）

第六节　宏村及其周边村落空间解析

一、宏村村落空间解析

（一）村落选址

宏村，又名泓村，位于黟县县城东北，距离县城10公里，坐落于黟县盆地北缘，始建于南宋绍兴年间，距今已有900多年历史。据《宏村汪氏宗谱》记载："南宋绍兴间，雷岗一带山场属戴氏产。幽谷茂林，蹊径茅塞，无所谓宏村。"[1]南宋前期，歙县唐模汪氏有一支因遭火灾，举家迁往黟县十都奇墅湖。然而其中一支汪彦济[2]难舍黟地山水秀丽，沿河而上，行至数里，见一地背有雷岗山，基地前环溪，在雷岗山一带购基建宅，此后便在这块土地上安居乐业，世代繁衍（图3-6-1）。

宏村整个村落基本上坐北朝南，北倚雷岗山，东西分别为东山和石鼓山，南望吉阳山，村南地势开阔，处于山水环抱的中央，恰好处于"枕山、环水、面屏"的理想之地。村落的形成与发展是由北向南的逐步建设过程，最初是在雷岗山上选址（约1131-1403年）[3]，而后发展到以月沼为中心的大规模建设（约1403-1607年），最终以修建南湖（约1607年）为标志，村落发展到鼎盛时期。[4]

（二）村落布局

宏村平面以奇特的"牛"形规划布局，村落以雷岗山为"牛头"，村口的两棵参天古树红杨树和白果树为"牛角"，错落有致的徽派建筑为"牛身"（图3-6-2）。村落中开凿的人工水圳形成村落的"牛肠"，村落的中心——月沼成为"牛"的"牛胃"，而"牛肚"便是村落南部的南湖，旧时村边曾有四座木桥或为"牛腿"。整个村落依据其地理形势，形成了"山为牛头，树为角，屋为牛身，桥为脚"的状似卧牛的村落形态。

---

① 《宏村汪氏宗谱》，载舒育龄、胡时滨：宏村[M]. 黄山书社，1995.
② 汪彦济：宏村汪姓，是春秋战国时山东鲁成公次子颍川侯的子孙。公元1085年，六十六世祖遇大火举家迁往"雷岗之阳"，成为宏村始祖。
③ 单德启. 安徽民居[M]. 北京：中国建筑工业出版社，2010：37-38.
④ 家谱记载，公元1403年，族中长辈去休宁县聘请风水国师何可达先生为村落建设出谋划策，掘月沼，挖水圳。

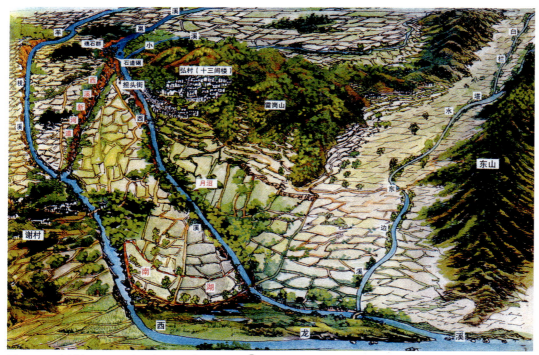

图3-6-1　宏村定居时期示意图（来源：《安徽民居》[①]）

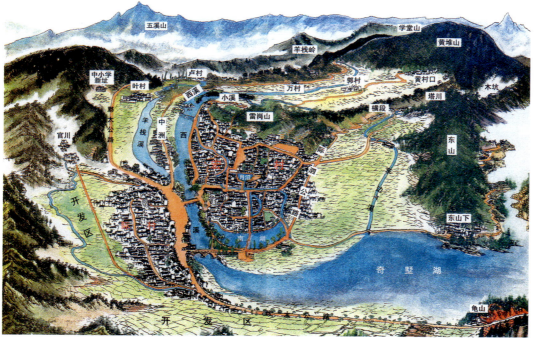

图3-6-2　宏村鸟瞰示意图（来源：《安徽民居》）

---

① 单德启. 安徽民居[M]. 北京：中国建筑工业出版社，2010：37－38.

宏村的街巷系统基本类似方格网，但因结合地形，有所弯曲变化。宏村自南向北有三条大致呈东西向的道路，分别是北边的后街、中部的宏村街和南部的湖滨北路，还有其他如外围的西溪路、湖滨南路、际泗路等东西向道路。南北向的道路主要联系村落内部大面积的住宅组团，如上水圳、茶行弄等，这些街巷的空间最为丰富、最具特色，常在街巷交叉口处形成较大的开放空间，为居民的交往提供聚集场所。此外，建筑与建筑之间的巷弄幽深狭窄，只能满足通过的功能，几乎没有停留空间。

宏村内保留了大量完好的明清民居建筑，有居住建筑如承志堂。公共建筑如南湖书院，私家园林如德义堂、碧园等，其中明代建筑1幢，清代建筑132幢。其中"承志堂"（图3-6-3）是保护最完整的古民居，位于宏村上水圳中段，建于清咸丰五年（1855年）[1]，为清末盐商汪定贵[2]住宅。全屋分内院、外院、前堂、后堂、东厢、西厢、书房厅、鱼塘厅、厨房、马厩等空间。正厅内，横梁、斗栱、隔扇门窗上的木雕，工艺精细、层次丰富、飞金重彩、人物众多、富丽堂皇（图3-6-4）。此外，其他的明清古建筑也保存较为完好，如古朴典雅的敬修堂，气度恢宏的东贤堂，宽敞端庄的三立堂，等等。这些建筑反映了明清时期昌盛的徽州儒家文化，具有很高的历史、艺术和建筑学价值。

（三）水系规划

宏村最成功之处是其水系的规划与建设（图3-6-5），具体的规划是"引西溪以凿圳绕村屋，其长川沟形九曲，流经十弯，坎水横注，丙地午曜前吐矣"[3]。开凿的人工水圳（图3-6-6）便形成了村落的"牛肠"，大多民居将圳水引入宅内，有的在住宅下暗沟中通过，有的形成水池，形成民居所特有的"水园"（图3-6-7）。水圳流经村落中心的"牛胃"——半月形的月沼（图3-6-8），在月沼周边围以住宅和祠堂（图3-6-9），具有很强的内聚性。水系出月沼流经村落后蜿蜒而出，最后注入村落南部的"牛肚"南湖（图3-6-10）。南湖呈半环形，弓弦朝向村中，弓背向外。南湖兴建完成后，湖面四周山峰、远景近景倒影在池中显现，村景美不

图3-6-3 承志堂正厅（来源：王达仁 摄）

图3-6-4 承志堂室内（来源：纪圣霖 摄）

---

[1] 单德启. 安徽民居[M]. 北京：中国建筑工业出版社，2010：81.
[2] 汪定贵：字廷魁，生于清道光年间，清末徽商，享年九十一岁，他是汪氏四房支祠后裔，九十二世祖。
[3] 舒育龄、胡时滨. 重浚南湖收支徵信录·月沼纪实. 宏村[M]. 黄山书社，1995：142.

图3-6-5 宏村水系图（来源：《空间研究4——世界文化遗产宏村古村落空间解析》）

图3-6-7 宏村"水园"（来源：纪圣霖 摄）

图3-6-6 宏村水圳（来源：纪圣霖 摄）

图3-6-8 宏村月沼景观a（来源：喻晓 摄）

图3-6-9 宏村月沼景观b（来源：纪圣霖 摄）

图3-6-10 宏村南湖景色a（来源：陈骏祎 摄）

图3-6-11 宏村南湖景色b（来源：高晨阳 摄）

胜收，村落环境品质得到了提升（图3-6-11）。

南湖、月沼、水圳、水巷、民居"水园"构成了整个村落的水系网络，水系不断变化着自己的形态，时而宽，时而窄，丰富了宏村的环境，构成了水景的整体空间特色。水系建设的完成不仅满足了居民的生产与生活用水，还起到了调节小气候的作用，使密集的建筑群有了活络开敞的空间，极大地改善了宏村的人居环境，促进了村落的发展。

二、宏村与周边村落空间发展解析

（一）宏村周边主要村落概述

图3-6-12 宏村风景（来源：高晨阳 摄）

宏村（图3-6-12）作为世界文化遗产，随着旅游业的大力开发，其自身空间已难以满足游客的需求。际村，与宏村仅一路之隔，现属黟县际联乡管辖，地处黄山西麓，距黟县城东北11km左右。因地处黄山余脉，村落周围山峦环绕，延续了黄山峥嵘的气势。省道、县道和多条干道交汇于此，距离黟县县城11km的路程，公路交通便捷。

宏村周边众多的景点形成了以宏村为中心的泛宏村大型旅游区域（图3-6-13），但是目前除宏村外，其他景点影响力和知名度相对较弱。就距其最近的际村来说，其比宏村历史更为悠久，但目前缺乏自身特色。广为流传的丹阳驿道是际村中的主要街道，明清时期其南北畅通，北至太平县，转水路即可抵达安庆、芜湖等地，交通便利；南至黟县，转

图3-6-13 宏村周围环境（来源：孙霞 绘）

浔阳驿道即可出徽州府甚至可转往江西（图3-6-14）。

自宏村被列为世界文化遗产以来，旅游业迅猛发展，也带动了际村旅游商业的大发展，尤其是学生写生公寓，农家乐为主。宏村镇府机关也已经成功转移到了际村。宏村，际村，官川镇和中洲等地区正在逐渐形成一个更大范围的以宏村旅游为核心的"新商镇"。

图3-6-14　宏村、际村及主街关系（来源：孙霞 绘）

（二）宏村及际村主要街巷空间概述

1. 宏村主要街巷空间介绍

宏村的街巷复杂交错，有一级、二级和次级街道三类，其主要的街巷如下：

宏村01段为宏村的村口所在区域，空间开敞，是宏村具有代表特色的部分，其村口古树代表牛形村落的角，是宏村的"头部"。宏村的头部通过架于邑溪之上的桥与际村、主街相连，以开放的姿态，吸纳游客以及村民，其范围内建筑以二、三层的高度为主，建筑形式统一、立面整洁、美观。沿街建筑使用性质主要为经营性的大小店铺——旅馆、饭店、纪念品售卖等，已没有原住民居住（图3-6-15）。

宏村02段所在的巷道为由宏村村口进出宏村的主要通道，为宏村街的西段，方向近乎为东西朝向，其街道较开敞，宽度在5米左右。建筑多为一、二层，建筑形式古朴，有少量新建建

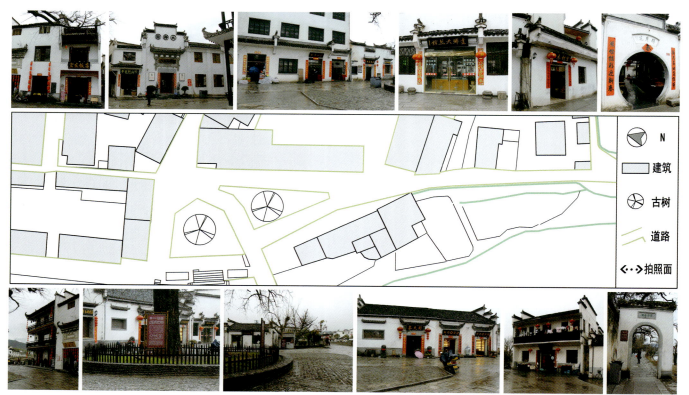

图3-6-15　宏村01段（来源：高敏 绘）

筑，形式较为统一，目前建筑的使用性质多为服务游客的商业类型，有中西餐饮店、纪念品店、商店等，规模都较小。作为宏村的主要巷道，连接了多条次级巷道（图3-6-16）。

宏村03段为南北向，是连接宏村街与月沼、居民活动广场的重要道路，也是游览的重要路线，道路较宽敞，路宽在3~10米之间，建筑地域特色浓厚。路两侧的建筑以商业建筑为主，界面较齐整，多为一层，少数为两层，主要是农家乐、纪念品售卖以及小吃店等，也有承志堂等历史建筑（图3-6-17）。

宏村04段即是村落的核心区域——月沼及其周边，月沼无疑是宏村的重要标志，它不仅连接了村落的水圳，与东侧的空地共同承担了防火、疏散的功能，而且其周围的建筑群也非常具有皖南代表性，汪氏宗族的祠堂——汪氏宗祠就位于此，除了作为重要观光景点的祠堂外，其他建筑主要为服务游客的客栈、茶馆、纪念品店等。月沼周边的建筑大多历史悠久，文化底蕴深厚，具有传统建筑的研究价值（图3-6-18）。

宏村05段是连接南湖与月沼的重要巷道，但是巷道较窄，宽3米左右，窄处仅有1米多，向北通向宏村街。巷道一侧有水圳，连通月沼与南湖，青石板路十分具有水乡气质。路两侧商业设施较少，是宏村内部较有特色的一条街巷，东侧还有敬德堂这一重要的参观景点。路两侧多是围墙，较少开窗，建筑也多是一层，部分两层，商业业态包括农家乐、纪念品售卖和特色小吃等（图3-6-19）。

宏村06段是宏村南湖北侧的巷道，宽度在2~3米之间，其巷道一侧的建筑立面是宏村的重要形象展示，也是宏村内保护较好的建筑，站在画桥之上便能看到南湖书院这一重要的历史建筑。同时可以看出：南湖沿湖界面层次丰富，建筑错落有致，且非常具有历史韵味和独特美感。现今其建筑性质除了南湖书院作为重要的旅游景点外，其他建筑多作为农家乐、客栈、纪念品店等为游客提供基本的旅游服务（图3-6-20）。

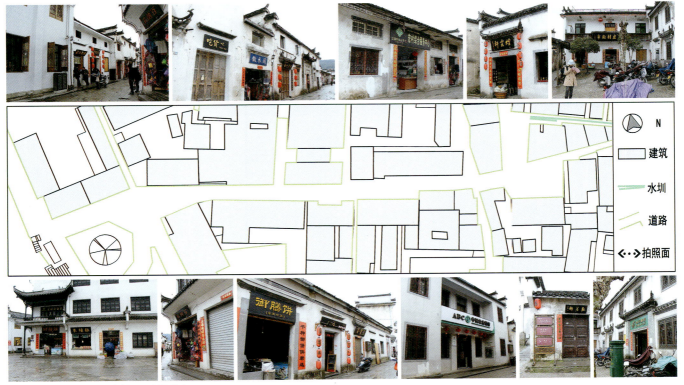

图3-6-16　宏村02段（来源：高敏 绘）

图3-6-17 宏村03段（来源：高敏 绘）

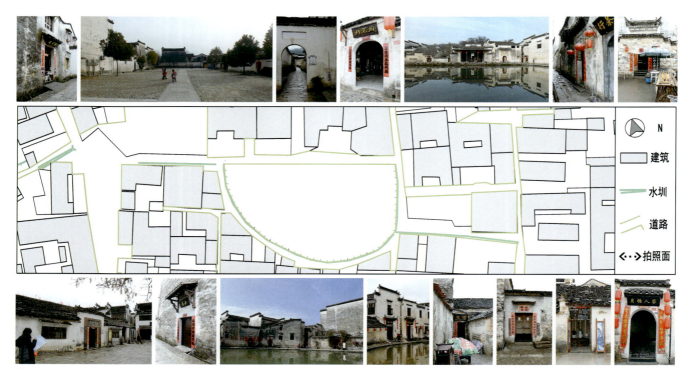

图3-6-18 宏村04段（来源：高敏 绘）

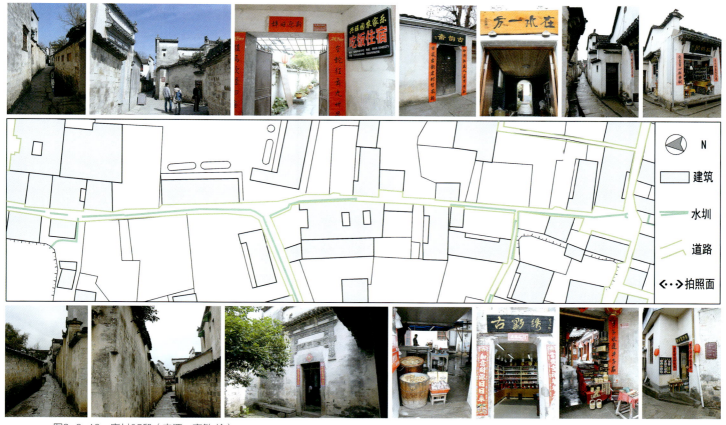

图3-6-19 宏村05段（来源：高敏 绘）

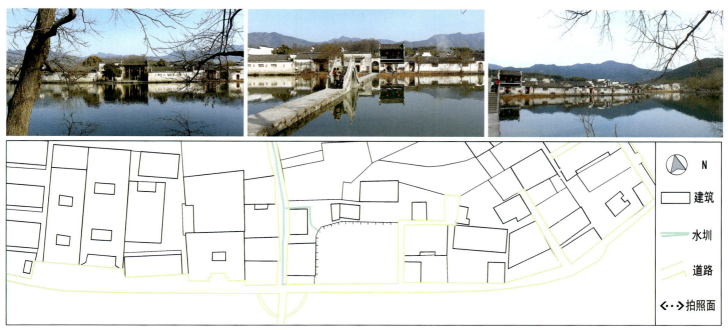

图3-6-20 宏村06段（来源：高敏 绘）

2. 际村东侧主街五段街巷空间介绍

主街是通往黄山风景区的必经之路，黟太公路的一段，也是分隔际村和宏村之间的道路，主街道路宽度都在10米以上，道路结构清晰，没有主次之分，故将主街的区域以长度进行分段，各段自北至南依次命名为主街01至主街05：

主街01段位于主街的最北部分，该段道路为西北走向，宽度10米左右，道路两侧建筑风格较杂乱，新旧相间，除了少数建筑，其他几无地域特色，建筑层数1至4层皆有，集中了为当地居民服务的基础设施，包括：医院、农贸市场、农业综合服务站等（图3-6-21）。

主街02段西南侧连接了际村内2条巷道，东北侧连接了乡道，南端还连接了宏村北桥，这一路段内基础设施复杂多样，逐渐过渡到以游客服务的商业设施为主。道路宽度10米左右，路两侧建筑立面形象较统一，但是较无特色，主要以两层的建筑为主，基础设施包括：农资服务中心、银行、饭店等（图3-6-22）。

主街03段道路呈弧线，宽度较宽，在15~18米之间，是位于宏村两桥之间的主街路段，商业店铺林立，建筑立面风格也较多样，是游客出入的主街段，建筑以两层层高为主，部分为一层和三层。基础设施种类繁多，主要包括：艺术馆、车站、商店等（图3-6-23）。

主街04段街道连接了宏村南桥，其内的基础设施基本都是为游客服务的，业态种类主要包括：饭店、小吃、书屋、超市、纪念品售卖、KTV、台球厅等。宽度10米左右，沿街西立面较新，且部分建筑较有特色，较能营造气氛。该段内建筑多以两层为主，少量一层和三层的建筑（图3-6-24）。

主街05段是主街最南端的部分，宽度10米左右，南部连接了县道，该段人流相对较少，其建筑风格较不统一，建筑层数一、二、三层皆有，内部基础设施种类主要包括：台球厅、饭店、小吃、网吧、纪念品售卖、酒店、写生基地、超市、国家电网、际村综合治理办公室等（图3-6-25）。

3. 际村街巷空间介绍

老街是际村骨架性道路，历史悠久，贯通村落南北，宽度在2~4米之间。选取老街空间，并根据长度选择，从南至北将其分为两段，现将其状况介绍如下：

其中际村老街01段为老街北段，其北部开口临近宏村北桥，与主街相连，沿老街部分居民开设有为游客服务的商业设施，如网吧、旅社、写生基地等，主要集中在北部开口与主街相连的部分，内部主要为居民住宅，建筑形式多样，新旧不一，层数多为2~3层（图3-6-26）。

际村老街02段为老街南段，南部端头与主街相连。与际村老街01段一样，02段老街两侧建筑密集，多是居民住宅，层数2~3层为主，高墙窄巷，新旧建筑共存（图3-6-27）。

（三）宏村及其周边村落的发展方向

际村及其他宏村周边村落，未来将发展成为为宏村提供旅游支持的大后方。宏村虽然整体建筑群保护完好，但是由于商业化严重导致原真的生活风貌丢失。在宏村内做生意的大部分人不是本地居民，而原住民则大多搬离到周边生活条件更好的水墨宏村。相对而言，周边的际村虽然没有保留老建筑的外壳，但却完好地保留了最原真的生活面貌。村民一代代在这里生活，旧的生活传统得到保留和延续，在这里游客可以感受到"乡土的真实"。所以，在未来的发展中，宏村周边的村落在发展商业的同时，要注意保护自身最淳朴的本质，即最难能可贵的生活气息。

对于宏村及周边村落风貌的发展定位，宏村保留了较好的传统建筑风貌，而周边的际村对传统建筑的保护较差，际村主街具有高可达性并在区位中起到至关重要的作用。结合实地调研发现，其业态分布着大量为宏村旅游业服务的基础设施，其中主街中南段的传统风貌保护较差，需对其立面进行合理修缮。

从游览路线角度来看，宏村是枕雷岗面南湖的村落，其与外界的联系通过架桥及停车场实现，村落自身结构以月沼为中心，通过巷道向四面伸展，结构错综复杂。其村落结构不利于游客穿行，其本身的空间体系阻隔了当地居民与游客的交流。际村作为宏村周边的主要服务设施，更利于为游客服务，但如果在际村的适当位置加强与宏村的联系，则使其能更好地服务游客。

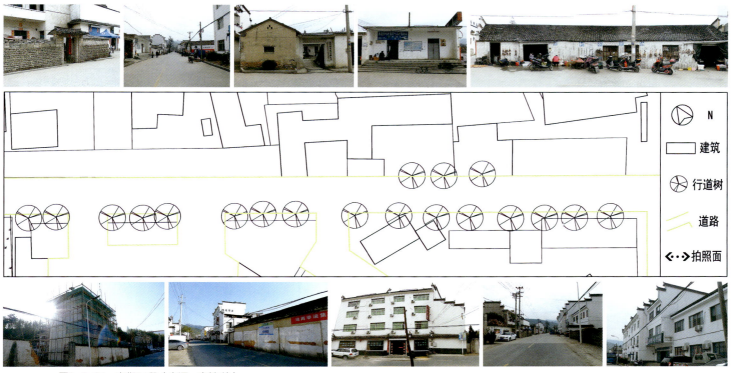

图3-6-21 主街01段（来源：高敏 绘）

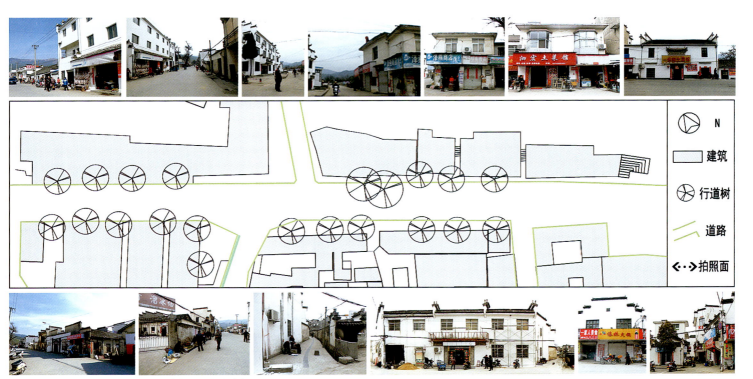

图3-6-22 主街02段（来源：高敏 绘）

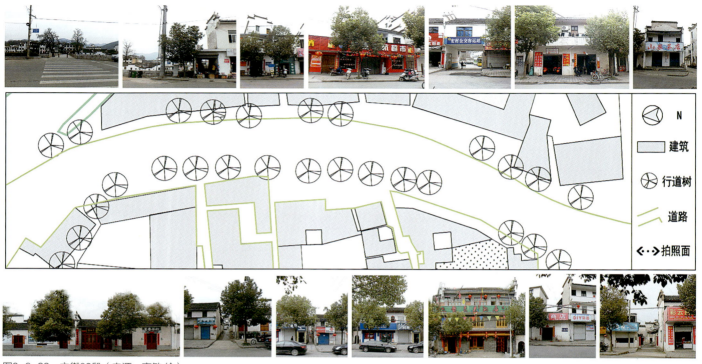

图3-6-23 主街03段（来源：高敏 绘）

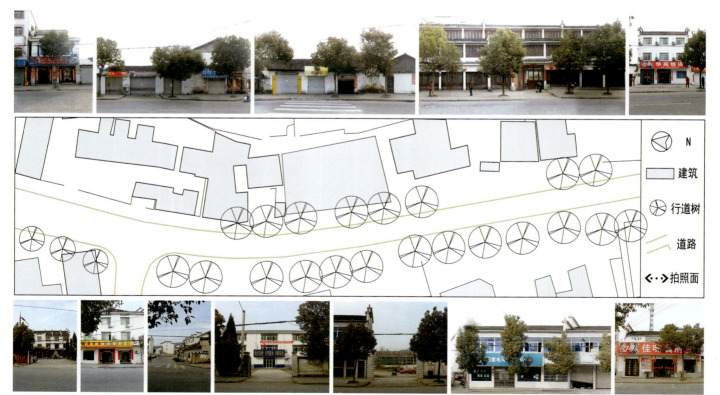

图3-6-24 主街04段（来源：高敏 绘）

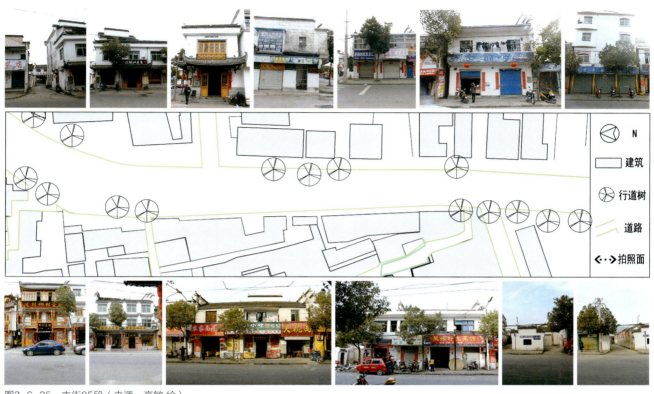

图3-6-25 主街05段（来源：高敏 绘）

图3-6-26 际老01段（来源：高敏 绘）

图3-6-27 际老02段（来源：高敏 绘）

对于际村未来的业态发展，既要很好的服务于宏村，又要尽量保护原村民的生活不受影响。建议以农家乐和学生写生公寓为主，保留村民原来自给自足的农耕生产方式，并且也可让游客体验到当地最原真的生活风貌。

第七节 皖南地区传统建筑特征总结

皖南地区传统建筑以古徽州地区及泛徽地区的传统建筑为典型，因其特殊的自然条件与生态环境，本土山越文化与移民的中原文化的融合，以及明清时期兴盛的徽商经济支撑，在明清时期形成的徽派建筑和徽州村落具有独特稳定的地域文化特征。皖南地区还包括靠近长江流域的皖南东部地区，但其传统建筑的特点没有徽派建筑明显，因此，以下主要对徽派建筑和徽州村落的特征进行归纳总结。

一、村落选址依据传统理念

徽州村落在最初村落选址上受到传统理念的影响，常选择"依山傍水、藏风纳气"之地，呈山环水绕之势。因徽商视水为财，对村落中水的入口与出口极为考究，在出口处设置"关锁"，形成徽州村落的水口景观。对非理想的村落基地环境采取引水补基的方式，形成良好的人居环境，满足聚落生产生活需要。

二、村落布局体现伦理观念

因当时中原贵族大规模的移民，带来的中原文化与本地山越文化相融合，形成了聚族而居，注重宗法礼制的聚落空间模式，在村落中形成了以宗祠为心理或祭祀中心，各支祠环绕宗祠，家祠围绕支祠的层层相套的团状结构。另外，村落的构成及空间序列也受到当时社会与人文历史因素的影响。强大的宗法制度、和谐的邻里交往、耕读的传统风尚以及寄情山水的生活情趣，形成了"理学文章山水幽"的文化特色。村落外部空间序列遵从着"启一承一转一合"这一章法，村落水口、牌坊、街巷、宗祠的安排表达了中国传统建筑文化中营造空间的理念，形成了尊卑有序、序列井然的科学布局。

三、建筑空间反映礼乐教化

徽派建筑的单体空间亦受到儒家礼乐思想的影响，民居以带天井的三合院主体单元为基础，通过不同的平面拼接模式，形成了民居的四种主要平面形制。单元以平整方正、中轴对称、"一明两暗"的空间形制体现了"礼"的特征，而自由灵活的生长方式与辅助用房、宅院等空间因地制宜、结合地形的布局体现了"乐"的特征。由于当时徽州地区人稠地狭，民居与民居的排列形式主要以相接与较小的相交错，形成了高密度的群体布局，天井的存在满足了每户居民日常生活中对于采光、通风等需要。除了民居以外，徽州地区还有众多的公共建筑，如祠堂、书院、牌坊等，无一不反映了当时徽州的儒家宗法礼制、道德观念、乡风民俗。

四、建筑样式体现地域风貌

徽派建筑的单体不仅在空间上特点明显，在形式上也显示了独特的地域特色。马头墙源于徽派建筑防火的需求，同时起到了防盗的作用。群体建筑的布局及地势的高低起伏造就了高低错落、平直层叠的马头墙，形成了独特的韵律美。作为建筑的门面，徽派建筑的大门及门楼形式是外部空间形式中特色最鲜明的部分，如祠堂的五凤楼形式、民居的门罩、八字门式等。在装饰方面，徽州"三雕"艺术雕刻精湛，精美绝伦。在民居、祠堂、庙宇等建筑的许多构件和局部上都饰以精致的石雕、木雕、砖雕，从建筑入口到室内，石、砖、木雕俯拾皆是，美不胜收。

五、色彩体系流露美学修养

"青瓦出檐长，白粉马头墙"，这是徽派建筑的特色，也显示了粉墙和黑脊形成的对比鲜明的建筑色彩体系，建造者们以黑、白、灰色调相互融合，让建筑与山水林木和谐相生。相对于外部的朴素，徽派建筑内部的色彩则趋向于华丽，在梁架、柱等部位上刷饰油漆，而在小木作的装饰上饰以暖色调的浅彩，辅以金漆、石青和螺钿，造成光彩闪烁、五色斑斓的美学效果，这是徽商的财富价值的体现。徽派建筑的色彩体系体现了徽州人中庸平和的性格和崇尚优雅的艺术修养。

六、设计构思重视人居理念

徽州村落及徽派建筑以上的各种特征不仅体现了当时徽州地区社会文化的繁荣昌盛，更体现了传统民居的人居环境价值。研究者将其归纳为四点："保土、理水、植树、节能"。保土就是珍惜土地资源，充分合理地利用土地；理水主要包括对水的规划与改造，充分利用地表水资源作为生产生活用水；植树是对重要地段种植树木、引入绿化，如"风水林"，以及对自然森林的保护；节能体现在多方面，如选址上的"背山面水"，从总体上便充分利用自然资源；单体建筑上的空间布局采用天井院，利用"烟囱效应"，解决了夏季炎热的状况；建筑材料上采用当地的砖、石、木，避免建材的长距离运输，同时也体现了地域特色等。这些理念是基于"天人合一"的传统建筑文化而形成的人对自然认识与实践的结果，对当代建筑及规划的人居环境建设有很大的启发和深远的意义。

七、徽派建筑的保护和发展

伴随着对于徽派建筑文化研究进程的深入，围绕古代徽派建筑的保护问题显得日益紧迫，古建筑的保护依赖人们的居住和使用，在使用中进行修缮和维护是最为合理和睿智的做法，因此一方面要提高皖南地区村民对于古代建筑遗存的保护意识，对一些重要建筑和位于规划节点的建筑，要立法进行保护，以防止村民盲目的改建、拆除和加建，也要防止许多雕刻精美的徽派建筑构件流入文物市场。更为重要的是，要维护村落的生态合理性，在进行适度的旅游开发的同时，要保护村落免受外来城市文明的侵袭和干扰。避免传统乡村风貌受城市化和郊区化的进程破坏，不仅是现代城乡规划的终极目的，也是保护美丽徽州乡村和古老建筑的重要手段。

在保护的同时，对于徽派建筑和聚落设计的学习和研究也刻不容缓，对此，一方面要运用古代徽州文化的生存智慧和先进的全息生态理念来缓解现代城市过快发展产生的诸多问题，目前在许多城市已经展开这样的设计实验，比如，将弃置的徽州民居经过修复后，植入都市空间，作为现代主义设计风貌的本土化补充，徽派建筑的平和、优雅和开放通透也柔化了粗糙冷硬的城市肌理；而另一方面也要使用城市文化的先进成果和过剩资源给徽州乡村带来新鲜的发展思路，在此方面，近年来方兴未艾的"新知识分子下乡"的民间运动为徽州乡村注入生机，前卫的设计师、策展人和艺术家从文化多元性的角度挖掘徽州乡村的潜力，通过举办音乐节、艺术活动和开办文化机构的灵活方式使徽州文化和世界前卫文化接轨，使徽州村民感受到异质文化的魅力，享受到现代都市文明的好处的同时，也使得徽州古代建筑获得更为深远和持久的社会影响力。

第四章　皖中地区传统建筑风格解析

皖中地区主要是指安徽省淮河以南与长江以北的地区，包括合肥、安庆、滁州、六安四市全境及芜湖、马鞍山两市江北辖地。皖中地区地处亚热带季风性气候地区，拥有悠久的历史，文化底蕴深厚，涉及众多历史重要人物和重大事件，以及文学、戏曲、书画、政治、经济、科技、宗教、民俗风情、生态环境等众多领域[1]。

由于皖中地区是南北、东西的文化交汇地带，人口流动频繁，文化撞击剧烈，江淮移民的大量流动带来了文化的变迁与融合。这种变迁与融合是社会文化形成的基础部分，也是江淮传统文化的主要特征。传统建筑在不同地区、不同文化交融的影响下也呈现复杂性和多样性，且具有强烈的兼容性，其建筑风貌在场所与空间营造、单体内部空间、外部造型处理、细部特色等诸多方面受到天然材料、建筑结构、意识形态、等级制度和建筑规范的影响，在这种交错综合因素的影响下形成了独树一帜的皖中建筑风貌。

---

[1] 何小祥. 传承弘扬 继往开新——《皖江历史文化研究年刊（2010）》序[J]. 安庆师范学院学报 社会科学版，2011，30（11）：1–2.

第一节　传统聚落规划与格局

一、九龙攒珠

从12世纪开始，宋元战争在江淮地区长期拉锯，当时的皖中地区人口流失严重，社会生产遭到毁灭性破坏。元末明初，大量江西移民迁入皖中，在传统户籍制度管理和屯种制度影响下，移民村落呈现出极强的时代与地域色彩。无论从建筑风貌、规划布局还是乡村景观，都与一江之隔的皖南村庄大不相同，具有代表性的是皖中"九龙攒珠"的村落布局形式。所谓"九龙攒珠"，是指村落分布在巷道间的狭长地块上，前后相连。巷道中修筑排水明沟，与民居天井的排水管道连通，并在村庄中部设置半月形的池塘，若遇大雨，九道激流滚滚直入池塘，宛如九龙戏水，百姓称此为"九龙攒珠"[1]。

皖中庐江县白山镇北端的齐嘴村即是"九龙攒珠"村落布局的代表性村庄（图4-1-1）。该村地处江淮丘陵地区，濒临巢湖南岸，村民选用周围高耸、中部低洼的船形地作为建村基址，根据地形特点，在低洼处开挖方形人工水塘，称为吴家大塘。再修建通向水塘的明沟、暗渠，明沟用于承接雨水，暗渠建于建筑下方以管道节节相连，形成科学的排水系统；民居则分布在修筑有明沟的巷道间，形成"一塘九巷"的建筑群。村内巷道围绕吴家大塘呈放射兼平行式布局，南北向与东西向道路数量相近，将村落用地划分为方形地块，民居布局其间，南北朝向贴临道路，其余为耕地。

"九龙攒珠"这四个字形象地概括了皖中地区的村落水系形态，水系由中心的"明珠"向四面辐射展开，蜿蜒曲折如同游龙，九龙的比喻也体现了皖中村落的性格并不是小家碧玉一般，而是有着更为有力与直观的轮廓。与皖南的曲径通幽有所不同，皖中地区的水系更为直接与大方地表明了水流的方向，水系也并未经过每家每户，而是通过几个较粗的流线勾勒出村庄的走向。如果说宏村的水系展示了一幅唯美

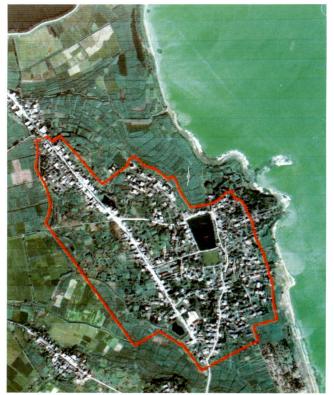

图4-1-1　齐嘴村九龙攒珠布局（来源：毛心彤 摄）

皖南村落的肌理，那么"九龙攒珠"的水系绝不是肌理的展示，而是村落发展趋势的体现。

二、圩堡

圩堡，俗称圩子，是皖中地区一类较为特殊的场地规划形式，是建在岗岭台地上或者以河设障的建筑，主要起防范外侵作用。皖中圩堡建筑大多是淮军将领回乡所建，他们在清晚期的军事斗争历史上留下了浓墨重彩的一笔，他们功成身退之后一般选择回到故乡，修建了圩堡型住宅（图4-1-2）。这些建筑大多依山傍水，占地范围较大，有着与众不同的城墙及城楼吊桥等军事防御设施，体现了这些退役军人较

---

[1] 张靖华. 九龙攒珠：巢湖北岸移民村落的规划与形成[M]. 天津：天津大学出版社, 2010：1.

图4-1-2 刘老圩场地外观（来源：陈骏祎 摄）

图4-2-1 江淮院落式民居（来源：毛心彤 摄）

图4-2-2 江淮院落（来源：毛心彤 摄）

强的保护意识。虽然历经风雨，但仍有部分建筑遗迹留存，这些圩堡建筑，对于研究淮军的兴衰史及皖中地区圩堡建筑形制都具有一定的意义。

皖中圩堡建筑始于清晚期，与淮军发展有着密切联系的圩堡在兴建伊始不仅承载了军事作用，更成为了显示家族威望的标志。这些圩堡建筑历经一百多年风雨，大多在20世纪50年代和70年代被拆毁，在后期的建设当中也没有得到很好的修复与重建，由于场地较为独立，往往被建设成为学校或者办公场所。仅有刘老圩、张新圩等少数圩堡建筑得到了修缮和保护。

随着时代的变迁，圩堡建筑已然成为地方文化的代表，也成为游客休闲参观的好去处，此时环绕圩堡的水系已不再承担防御功能，而成为一道独特的风景。

第二节 传统民居类型特征

一、江淮院落式民居

江淮之间是中国北方与南方两大建筑风格交汇融合的地带，而皖中地区恰恰处于这一特殊地理位置。江淮院落式建筑融合了北方的四合院布局与徽派建筑和江浙建筑独立院落的部分元素。家族的传承在皖中村落的发展中起到重要的作用，皖中地区的院落式住宅往往是大户人家的宅院，因此更能体现出家族制的内涵。

由于皖中地区地势平坦，江淮院落式民居建筑大多位于平地，在朝向上通常坐南朝北，建造形制具有独特的风格。平面布局较为规整，局部设置小空间，以满足家族聚居的居住要求，有轴线关系但不受轴线约束，室内分割自由灵活（图4-2-1）。古朴的形制及组织模式充分反映了家庭结构、家族关系和家族生活。皖中地区单体建筑局部有两层。进深通常在两进以上，有多个院落，形成房间—院落—房间—院落依次循环的布局，富有层次感（图4-2-2）[1]。建

---

[1] 中华人民共和国住房和城乡建设部编. 中国传统民居类型全集（上篇）[M]. 北京：中国建筑工业出版社，2014：398-399.

筑前后连通，门相向而对，有较好的穿堂风。

目前江淮院落式民居现存的建筑一般建造于清代晚期或民国初期。由于建造技术的提高以及建筑材料选择的广泛性等原因，当代新建的民居样式不再具有这种形式。因此保存完好的清末民初名人故居经过当地的保护修缮，逐渐以博物馆形式开发为旅游资源，吸引人们参观学习，张治中故居即是重点修缮保护建筑之一。

二、江淮天井式民居

江淮天井式民居是皖中地区分布最为广泛的传统民居样式之一，主要分布在今合肥肥东县、肥西县、巢湖市北部一带，在江淮地区南部也有分布，其中较为典型的民居建筑位于肥西县三河镇和巢湖市烔炀镇等区域。

江淮天井式民居形式受到皖南天井建筑形制的影响，布局严谨，设计精巧，在功能上具有采光、通风、引入自然环境的作用（图4-2-3）。民居往往以"天井"为中心，环绕着天井分布着厢房等其他生活居室，房间布局多为中轴对称，均匀分布。天井所采光线多为二次折射光，故光线柔和，给人以静谧舒适之感（图4-2-4）。

江淮民居的建筑外观一般以墙面的土黄色和青灰色为主导色彩，装饰较为简单古朴。外墙多采用青砖砌筑维护，一般与整个屋架脱离成为两个系统，建筑往往较为封闭。室内装饰风格具有江淮地方特色，门、窗、柱、梁、檐口、墙面等部位常有精美的木雕或石雕图案，并保留木质或石质材料的原色。

天井式民居结构一般为穿斗式木构架，墙体为夯土或砖砌围护墙体[①]。地面一般选用砖或石材铺地。建筑地面多采用石板或鹅卵石进行铺砌。厅堂内一般为木构架，砖墙面，正门两侧砖砌高柱，使其显得周正大气。

江淮地区建筑形式在发展过程中，因其地域、环境、

图4-2-3 江淮天井式民居（来源：周虹宇 摄）

图4-2-4 江淮天井式民居（来源：曾锐 摄）

---

① 何海霞，张三明. 中国传统民居院落与气候浅析[J]. 华中建筑，2008（12）：210-214.

气候的影响，在融合多种建筑形式的基础上，综合采光、纳凉、通风、集水排水等多种建筑功能为一体，建造这种小型环绕式天井住宅或大型环廊式住宅，是江淮地区民居建造与自然和谐共处的体现。

三、船屋

在安徽省的长江、淮河流域以及巢湖、瓦埠湖、女山湖等江河湖泊上，都有船民生产生活所用的船屋（图4-2-5）。一些船民历代以船为家，以船为宅，以捕鱼、采贝及水路运输为谋生手段[1]。生产生活、饮食起居几乎都在船上，船虽小，食住用具，一应俱全，停泊在一起形成水上聚落。船只、江面、两岸的风景，构成了船家独特的居住环境，成为他们物质和精神的家园，在长期的历史进程中形成了一种独特的舟居文化[2]。

对于以捕捞为生的船民，一般有生产生活共用船（称为船屋）和若干小型作业船。船屋多数为水泥船，主要分为甲板上和甲板下两层（图4-2-6）[3]。甲板上为主要生产生活场所，按功能布局可分为三部分。前甲板主要用于生产，对捕获的水产品进行分类和初步加工；中部甲板上设置驾驶舱，考虑到生活需要，可以对驾驶舱进行改装，作为就餐、娱乐、休息等生活场所，功能上拥有驾驶船舶作用的同时，融入陆上民居中的厨房、餐厅、客厅、卧室于一体；船尾为发动机组所在处，并搭建临时厕所。为了充分利用空间，船民们还在整个甲板的上部空间分段搭建网棚，既可以用来晾晒水产品，也可以起到遮阴防雨的作用。

甲板以下为底舱，通常分为两个舱位。一个位于前甲板下的船舱，主要服务于生产，用来储藏生产用的渔具、捕获的水产品等；另一个位于驾驶舱甲板下，主要用于生活方面，安置床铺、储存粮食、堆放生活用品和杂物。底舱在服务生产、方便起居生活的同时可增加船舶的底部重量，增强船体稳定性。此外，也有的船屋为木船，更为简朴。船屋一般为大通间，中间仅简单分割，较少开窗，避免影响船屋的整体性，兼防风浪天气和船屋进水。

船屋的建造主要有船民到造船厂定制和自己改装两种形式。以常见的水泥船为例，驾驶舱先立钢管作为支柱，起支撑舱顶作用。舱顶一般使用中国传统民居建造方法，但是又有所简化，不设椽子，在檩条上直接铺木板；在木板上再铺设油毡，起防水层作用。四壁在槛墙上安装槛窗，槛窗材质有木质、铝合金、塑钢等。

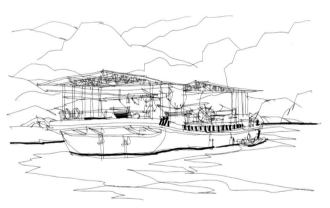

图4-2-5 巢湖船屋（来源：郑志元 绘）

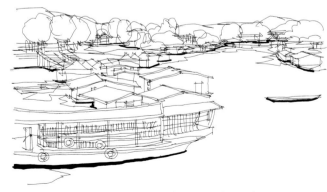

图4-2-6 巢湖船屋（来源：郑志元 绘）

---

[1] 刘群. 跨世纪的船民研究[J]. 五邑大学学报：社会科学版, 2008, 10（3）：62–65.
[2] 刘丽琼. 昔日桂江船家居住的民俗特色探析[J]. 广西民族师范学院学报, 2011, 28（2）：31–35.
[3] 中华人民共和国住房和城乡建设部编. 中国传统民居类型全集（上篇）[M]. 北京：中国建筑工业出版社, 2014：402–403.

第三节　传统建筑结构特点及材料应用

一、平面布局特点

皖中民居大多建于平地，平面布局紧凑，基本单元多为规整的矩形房屋。建筑单体沿袭古越巢居，局部有两层，形体上高低错落。建筑一般坐北朝南，开间采用三间或三间以上的单数间，进深通常大于两间，形成多个院落，呈现房间—院落—房间的院落式布局。民居的厅堂、卧室、厨房等功能房间，多数围绕内院或天井形成封闭式院落，以满足采光通风及保温需求。其平面形制大多有三种：集中式、单进院落、多进院落（表4-3-1）。

集中式：平面面阔三间，明间堂屋为敞厅，左右次间为卧室或储物间，以南北向或东西向轴线中轴对称。大门位于中轴线上，也有居室经山墙一侧的门道入户。如环巢湖洪疃村民居的厅堂即是坐北朝南，正对入户大门，东西两侧为卧室，围绕长方形院落布局，且均为单层建筑。

单进院落：多以天井式院落为中心，通常位于建筑中部，将不同功能房间分隔开，起改善采光通风条件的作用，同时承担晾晒、厨房、储藏等生活功能。

多进院落：大多为两进、三进院落，天井空间串联后组织不同生活房间，后期加建庭院，建筑前后连通，深宅内雨停水干，布局形制体现家族结构，强调伦理关系。

二、材料应用

在建筑材料方面，皖中地区古民居的做法具有较强的一致性，屋面铺小青瓦、墙身为砖石或土坯、墙基为条石或卵石、铺地为砖石或素土夯实。材料使用上能够体现出建造过程的本土性。

屋面主要材料为青灰色的弧形青瓦，底瓦、盖瓦一反一正合瓦铺砌，不铺灰，将底瓦直接摆在椽上，盖瓦直接摆在底瓦垄间，其间不放灰泥。建筑大多采用悬山青瓦作为屋顶的构造方式，且工艺较为成熟。建筑墙面材料主要采用呈现历史特征的传统材料，可分为两类：一类为由黏土烧制的青砖、红砖，青砖的使用多于红砖，砖墙采用一平一顺、一顺一丁、两平一侧等多种砌筑方式。第二类为夯土墙面，用黏土、稻草和石灰的混合物夯实而成，再以砖或石块加固墙基或墙身，不加装饰，与周边环境协调融合。作为墙面上的构件，该地区民居普遍采用木制门窗框，取材自然，少有加工（表4-3-2）。

平面模式分类统计　　表4-3-1

类型	平面模式	功能组合	模型示意
集中式		卧室—厅堂—卧室 / 前院	
单进院落		卧室 / 卧室—天井—卧室 / 厅堂	
多近院落		卧室—天井—卧室 / 厅堂 / 卧室—天井—卧室 / 厅堂	

（来源：毛心彤 绘）

皖中地区典型案例材质统计　　　　　　　　　　　表4-3-2

调研案例		洪疃村134号	洪疃村洪宅	洪疃村147号	张治中故居	杨岗村方宅	杨岗村管宅
屋面	图例						
	材质	平瓦	平瓦	青瓦	青瓦	青瓦	青瓦
墙面及围墙	图例						
	材质	砖石覆土	青砖	青砖粉刷	青砖	砖石混凝土	红砖
门窗及其他	图例						
	材质	木材	木材	木材	青石板	木材	青砖
调研案例		杨岗村杨宅	金家大屋	李克农故居	炯炀老街29号	炯炀南街32号	炯炀中街91号
屋面	图例						
	材质	平瓦	青瓦	青瓦	青瓦	平瓦	青瓦
墙面及围墙	图例						
	材质	红砖	青砖	青砖	红砖	红砖粉刷	青砖粉刷
门窗及其他	图例						
	材质	青石板	青石板	木材	木材	青石板	木材

（来源：毛心彤 绘）

三、结构特点

我国传统构架主要分为两大体系：抬梁式和穿斗式，而皖中地区的木构架在民居中多为二者的结合，抬梁式用于中跨[①]，穿斗式用于山面（图4-3-1）。在前店后宅或前店后坊的民居中，解决了手工作坊需要较大的操作空间与民居本身空间狭小之间的矛盾。就皖中地区而言，房屋的木构架形式主要有五柱三落地、五架梁式、七柱五落地等三种[②]。上述木构架最大的特点，是以短梁、短柱、用榫卯组合为一体，其结构的合理性自然毋庸置疑。木构架受力时荷载传递线路较短、较直接，杆件受力形式简单明了，充分地发挥了木材的力学性能优势，最大限度地利用了木材。屋面、楼层荷载由檩梁传到木柱，开始时柱间墙仅承受自重，只起围护隔断作用，当荷载较大，柱基下沉或木架梁倾斜时，墙体就开始起撑托作用，墙体和木构架共同承重，加强了结构。所以，即使在遭受到百年不遇的特大洪涝灾害时，许多传统建筑"柱倾墙未倒，墙倒屋不塌"，可见古代建筑技术的高超。

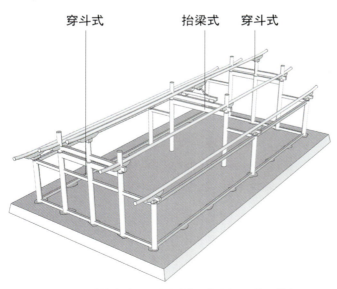

图4-3-1 抬梁与穿斗结合的结构形式（来源：许理 绘）

第四节 传统建筑细部与装饰

一、马头墙的语言符号

马头墙长久以来被认为是徽州民居的典型特征，而大多皖中地区传统建筑也使用了马头墙元素，但并不像徽州民居中应用那么普遍和广泛（图4-4-1）。在皖中地区李鸿章享堂、吴谦贞住宅（西路）、张治中故居、刘老圩这些著名的建筑中，就没有马头墙的身影。但马头墙的语言符号显然是皖中地区受徽州建筑文化影响的一个表现，其中地理位置越靠近南侧，受影响越明显，如在三河古镇，马头墙元素就有着较为普遍的运用（图4-4-2）。

图4-4-1 马头墙的应用a（来源：周虹宇 摄）

图4-4-2 马头墙的应用b（来源：陈骏祎 摄）

---

① 贾尚宏. 三河镇古民居之印象[J]. 小城镇建设，2002（4）：28–29.
② 潘国泰，朱永春. 安徽古建筑[M]. 安徽科学技术出版社，1999.

二、屋檐的形式

高脊飞檐是在徽派建筑中表现较为明显的语言符号，其在皖中地区建筑中使用更委婉些，主要在一些亭、台、寺庙、祠堂的屋顶转角处使用（图4-4-3）。民居中仅在建筑门头上有所使用，而且弧度较小，表现含蓄。

三、建筑装饰

皖中地区的建筑装饰更倾向于徽派建筑，多使用砖石雕、木雕（图4-4-4）。主要装饰不仅用于寺庙、戏台和园林中，在建筑体量较大的民居中也有使用。装饰题材有人物故事、山水风光、植物花卉、飞禽走兽等（图4-4-5）。其中，石狮、砖雕、门窗雕刻、窗棂雕刻及柱头装饰等，都综合运用了工艺、绘画、雕塑和书法的成就，使建筑具有浓厚的传统风格和地方特色。

四、屋顶和脊饰

皖中地区建筑屋顶多为灰筒瓦和小青瓦砌筑。建筑形式为硬山顶，突出山墙的墀头或者封火山墙。脊饰多为各种陶制加彩绘的人物、飞禽、吻兽及脊中宝顶葫芦，檐口的瓦当装饰，使屋顶显得庄严雄伟，起着美化建筑轮廓线的作用。

五、建筑色彩

建筑色彩是村落风貌的重要组成部分，材质的使用较大程度上决定了建筑色彩的特征。由于皖中地区的特殊的地理位置，气候较为湿润，故石灰的粉刷非常容易霉变、剥落，因此皖中民居大多以清水砖为墙体材料。典型的青堂瓦舍有李鸿章故居、六家畈古民居群、张治中故居等，偶有粉墙黛瓦穿插其间，如包公孝肃祠。

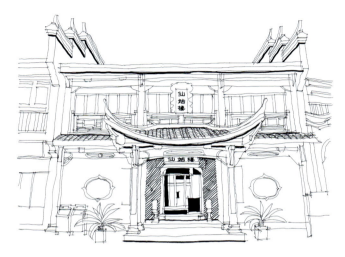

图4-4-3　皖中建筑飞檐（来源：郑志元 绘）

图4-4-4　皖中建筑装饰a（来源：杨燊 摄）

图4-4-5　皖中建筑装饰b（来源：孙霞 摄）

第五节　典型传统建筑及村落分析

一、肥西县三河镇杨振宁旧居

杨振宁旧居位于三河古镇南街的古巷内，是杨振宁教授在国内的唯一旧居地。整个旧居前后五进，前面两进现作为杨振宁教授的图片资料展览之用，第三进是杨振宁教授当年居住过的地方，按原样恢复，后两进主要用于展示杨振宁教授的学术成就。院落层次感较为丰富，院落中景观良好，配置以休憩小品，游览其间，倍感惬意（图4-5-1）。

该建筑原为三河孙大生老字号药铺，是一座典型的砖木结构的明清时期宅院，共有五进房屋和一个庭院。现有的建筑中，三进的杨振宁书屋和四进的科技厅是原有建筑（图4-5-2），一进、二进及五进的建筑都是按原制后期修建的。以"天井—院落—过堂—天井"为中轴对称的空间布局，天井一般面积较小，却营造出柔和的光影效果。外立面采用青灰色小瓦和青黄色灰砖，将砖石裸露在外面。马头墙迭落，端部有两三层微微出挑的线脚。内部结构也是明间为抬梁式，次间为穿斗式，柱子与梁架都刷涂朱漆，窗格中有梅花与冰凌花两种图案，雀替和枋上的雕刻也颇为精细，保存良好。

二、肥西县三河镇刘同兴隆庄

刘同兴隆庄位于肥西县三河镇古西街，坐北朝南，又叫做"刘记布庄"、"刘记米铺"，是清末古西街一家著名的商家，"同兴隆"是这个庄子的商号。庄子的主人刘锦堂（1879~1941年）曾任三河商会副会长，兄弟五人。其中刘锦堂与二哥刘锦臣就居住在"刘同兴隆庄"。

建筑体量为面阔11.7米，进深41.8米。建筑形式为穿斗式、硬山青瓦顶、木结构建筑（图4-5-3）。建筑围护墙面为青砖，墙体为白色粉刷，随着时间的推移，墙体由白色变为土黄色，屋架为木结构，原木色。屋面为小青瓦屋面，建筑进深为五进。左右次间功能原为商铺。从进门开始，第

图4-5-1　杨振宁旧居院落（来源：叶茂盛 摄）

图4-5-2　杨振宁旧居建筑内部（来源：陈骏祎 摄）

一进右边为米铺，左边为布庄，第二进为裁缝铺，第三进为瓷器店，第四进左为银器店，右为当铺，最后一进是会所中堂，二楼为米铺。该建筑总占地面积为490.23平方米（图4-5-4）。

图4-5-3 刘同兴隆庄天井（来源：曾锐 摄）

图4-5-4 刘同兴隆庄院落（来源：孙霞 摄）

三、肥西县三河镇仙姑楼

仙姑楼位于三河古镇中街（图4-5-5），原为中和祥旧址，公元1898年，由施道生、彭钟乔、王良志三人合伙

图4-5-5 仙姑楼入口（来源：孙霞 摄）

投资的食品作坊"中和祥"正式创立。原地为"泾县会馆"旧址，迄今已逾百年。现存仙姑楼共五进，第一进是后期新建，作为当地居民的住房。二进到五进基本保持了原貌，2006年陆续有修缮。空间上也是中轴对称格局，三进和四进间的天井含东西厢房，四进与五进之间的院落有六角攒尖凉亭和石桥。外立面和杨振宁故居一致，青黄砖石裸露，青灰色小瓦，马头墙迭落，飞檐翘角，雕梁画栋，兼具皖中建筑风格和徽派建筑风格（图4-5-6）。

四、巢湖市烔炀镇金家大宅

金家大宅位于巢湖市烔炀镇中李村（图4-5-7），始建于清晚期，历经百年风雨，是一栋保存相对较好的皖中传统民居。整个大院南北长13米，东西宽23.8米，建筑面积292平方米，是皖中地区典型的多进合院住宅。

图4-5-6 仙姑楼院落（来源：陈骏祎 摄）

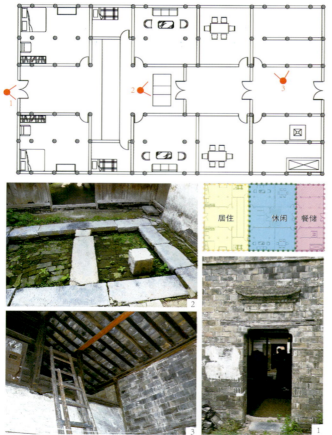

图4-5-7 金家大宅（来源：陈骏祎 绘）

建筑整体呈四方形布局，体量较大，且沿纵向中轴线对称，院落为二进三开间，开间形制与面宽均相同。第一进是门厅，左右分别是厨房、储藏间（包括农具及农产品的贮存空间），两侧房间内部均沿着柱网纵向分割，以达到空间利用的最大化。紧挨着第一进便是餐室，兼会客、起居功能，其一半面积位于两个内部庭院之间，形成半开敞式的公共区域。餐室亦可会客、娱乐，是金家大屋最重要的起居场所，也是以家庭为单位的主要活动空间。由于纵向通透，且房间门均开向共用的天井，使得通风较为流畅，金家一般聚集于此进行日常社交及娱乐活动。第二进环院四间，以家庭为单位作为卧室之用，柱网形制与金家大屋内其他房间均相同。

金家大屋主墙体由青砖砌筑而成，屋顶均为悬山顶式，青瓦合瓦屋面。该屋在结构上采用整体木构架，与传统皖中地区形制一致的是，建筑内部靠外墙一侧为穿斗式，而其余均为抬梁式木构架支撑。入口门槛较低，轻薄青石垫于木条门槛之下，门楣较高。室外屋面基础较高，外立面中段青砖以全顺式砌筑。大屋外部多以青砖固有颜色为主色调，而内部以黄土色的墙面为主导色彩，内外墙体斑驳均略有剥落。院中青砖铺地，厅堂木石共筑。建筑虽只有一层仍显高大宽敞，其砖雕、石雕留存尚好，工艺美观，室内雕梁画栋，门窗石雕细致。院落的天井排水系统科学独特，雨停水干。

五、金寨县天堂寨镇黄氏宗祠

黄氏宗祠（表4-5-1）位于金寨县后畈村，其地处群山之中，背靠青山，南面农田。祠堂作为宗族的公共建筑比民居更讲究风水，故选择风水宝地修建，体现了自然和谐之道；建筑平面严格遵循中轴对称布局，按照"仪门—下堂—天井—上堂"的序列展开；建筑主屋东西竖向排布，形成主屋的护厝，西侧两跨、东侧一跨[①]。建筑空间处理上，厅堂、

---

① 刘森林. 中华民居——传统住宅建筑分析[M]. 上海：同济大学出版社，2009.

厢房、天井、檐廊等多样的空间相互渗透构成，灵活的空间布局体现出虚实有无之道。

在功能布置上，厢房分别为家训堂、光裕堂、德心堂和革命英烈堂。其中，家训堂展示出黄氏族人宣扬的"孝、悌、忠、信、礼、义、廉、耻"八字家训；光裕堂和革命英烈堂均为黄氏家族的历代或当代楷模；德心堂原为黄氏家族的私塾，现保存以提醒黄氏后人不忘勤学苦读。从严谨的传统家训可以看出建筑的伦理秩序之道。

在建筑外立面造型上，整个立面基本对称，马头墙脊线呈弓形，中部较高，两头翘起，整个脊线为弧形，形式优美。吸收并改进了皖南的马头墙，体现了皖中建筑的融汇和创新精神。

黄氏宗祠　　　　　　　　　　　　　　　　表4-5-1

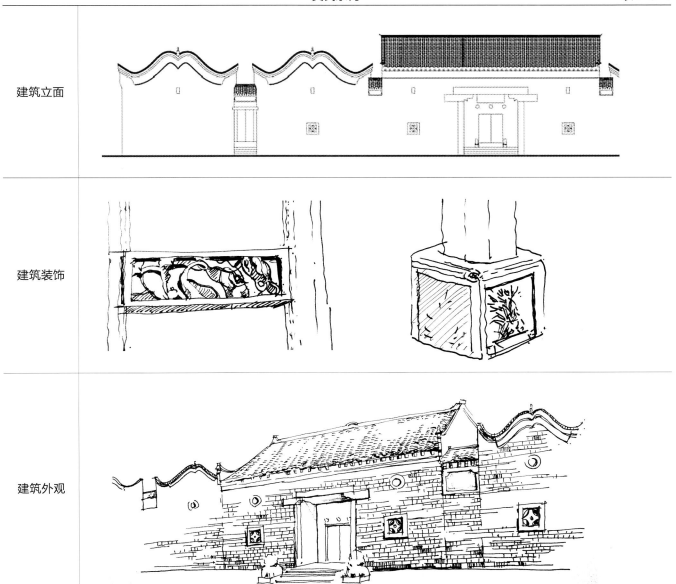

建筑立面	
建筑装饰	
建筑外观	

（来源：陈骏祎、邹汝波 绘）

六、肥东县长临河镇

（一）村落概况

长临河镇位于肥东县南部，总面积100平方公里，南濒巢湖，拥有巢湖岸线19公里，地理位置优越，水陆交通十分便捷。长临河镇内的四顶山、茶壶山、白马山、羊羚山、青阳山等众多景观，山水秀丽，均为皖中境内重要的自然资源。

古镇始建于三国赤乌年间，相传因青阳山北麓之水经长宁寺源源不断地流入巢湖，久而久之便形成长宁河。古镇因河而得名，后又因其濒临着巢湖，便更名为长临河。长临河镇古街位于巢湖岸边，距今有200多年历史，具有典型的江淮特色，交通便捷，曾是合肥的一个水运码头。由于城镇十分繁华，当年被誉为"小上海"（图4-5-8）。

图4-5-8　长临河洼地吴村卫星航拍（来源：百度地图）

（二）村落特点

长临河镇老街主要由东街、老街两条街道组成，全长600米，东街与老街垂直交叉，形成了"丁"字形的街巷空间，保持了历史古镇的风貌，长临河老街在鼎盛时期，有店、行馆、庄、堂、铺、房、坊、摊点等各类商业近百家，以米行、布庄、药店、酱园、酒馆、五洋百货为主。古村落依照地势，形成了半围合的村落布局特点，在古村落周围地势低的位置有水塘，便于雨季来临之际，雨水的排出（图4-5-9）。

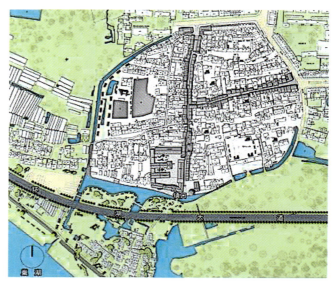

图4-5-9　长临河镇空间布局（来源：郭雯雯　根据规划图补绘）

图4-5-10　长临河古镇街道示意（来源：郭雯雯摄）

（三）街道特征

长临河古镇沿街多为商铺，后院为居住或者货仓，与三河古镇类似，建筑以聚落、围合的方式进行组合。古街沿街的店铺，尽可能大地开门，保存至今的隔扇门板和青石板路面依旧能让人感受到当时的繁华。沿街一面为店铺的形式，背面为居住的形式，体现了"前店后坊"的布局模式，也是该老街最大的特色（图4-5-10）。

（四）建筑特色

长临河古镇建筑秉承了江淮传统建筑特色，青砖粉墙黛瓦的古民居，原色的木门、雕花的木窗、流线型的马头墙、高悬的匾额，造型古朴，色彩清丽。

1. 屋面

长临河古镇传统建筑屋面均为两坡硬山屋面，少部分房屋为小悬山屋面。屋面为传统的布瓦（黏土瓦、片瓦或青瓦屋面），而在建造工艺上，普通民宅采用的是合瓦（阴阳瓦或蝴蝶瓦）干垒法屋面建造工艺，这也是相对较为简单的建造工艺。而在吴氏旧居等多处看到的建造工艺较为完整的合瓦（阴阳瓦或蝴蝶瓦）屋面，即在仰瓦和盖瓦间用白色灰泥填充，也证明了当时长临河古镇与周边地区相比经济较为发达。屋脊采用黏土瓦混合石灰堆砌而成的"片瓦脊"，大都没什么花饰。有些建筑屋脊两端则采用了鹊尾装饰收头，而且屋面出现了老虎窗这一形式。在檐口的处理上，长临河古镇的建筑大都极简单地利用屋面木构架出挑的方式来处理。但有一部分房屋采用的是砖悬挑，而且设有瓦当和滴水，瓦当和滴水纹饰多为植物类（图4-5-11）。

2. 墙体

长临河古镇传统建筑墙体大都为灰砖墙和石块墙。老建筑外墙在砌筑方式上样式较多。在外墙墙基部分除采用石块砌筑外，多采用灰砖席纹和简化的玉带墙砌筑方式。在墙体上半部分则是典型的空斗式，而在空斗式里又是单丁斗子与花滚相结合，在保证牢固的前提下，省时省料。这里也出现了纯木质墙

图4-5-11 长临河古镇屋面示意（来源：孙霞 摄）

图4-5-12 长临河古镇墙面示意（来源：郭雯雯 摄）

面，尤其是二层建筑部分，体现出当时城镇较为繁华，人口较为密集的现象。村子里的传统建筑大都为硬山墙或小悬山墙，马头墙形式为典型的鹊尾式（图4-5-12）。

3. 门、窗洞口

长临河古镇传统民居入户门洞大都为"八字"型，开门方向与街道形成一定角度，呈梯形凹口门洞。这一现象在多处

民居中均被发现，反映出商业的繁荣促使建筑的正立面尽力体现开放通透的特点，而沿街商业多是木板门，满足商户尽量大开门的要求。窗洞形式为极简单的方洞，大都用整木料做窗洞梁，窗扇的形式也是较为简单的方格扇（图4-5-13）。

第六节 三河镇肌理空间解析

一、三河镇概况

三河镇地处肥西县南端，位于合肥及六安交界处，因小南河、杭埠河、丰乐河贯穿其间而得名。三河镇是水路交通的要冲，商业繁荣，南北文化在这里汇合交融。聚落中街巷背水建立，因周围河水环绕形成了"外环两岸，中峙三洲"的独特景色。目前保存下来的建筑多始建于清朝晚期和民国时期，大多保留完好，具有南北文化兼容的特色，也是皖中地区现存比较完好的水乡古镇，其形态、结构、建筑形式都有鲜明的地域特色，因此可作为皖中村落的代表（图4-6-1、图4-6-2）。

图4-5-13 长临河古镇门、窗洞口示意（来源：孙霞 摄）

图4-6-1 三河镇（来源：张佳玮 摄）

图4-6-2 三河镇街巷(来源:郑志元 绘)

二、宏村和三河镇设计理念比较

(一)布局思想:"引水入村"和"向水而聚"

现代规划学主张"因地制宜"的设计理念,古人则以其朴素的自然观,讲究天人合一,将建筑与自然环境交融在一起。

皖南地形以山地丘陵为主,因此皖南村落多讲究枕山面水,营造出一种既迎合地形,又具有趣味性的空间。宏村背靠雷岗山,西傍西溪,山明水秀,被称为画里的村落。在其发展过程中,汪氏族长带领族人将西溪水巧妙引入,建立从月塘到南湖,最后流入河流的完整聚落水系。

如果说皖南村落是因势利导,将水系引入人们的日常生活中,那么对于皖中村落而言,水系就是聚落形成的原因。宏村是因村而引水,三河是因水而成镇。古镇街巷以鱼骨形结构为骨架,主要由纵向的西街、东街、中街以及横向的英王路构成骨架。其街道最开始是平行于水系建立,当聚落中建筑数量增加,无法全部沿河而建时,就形成了垂直于水系的街巷,最终形成鱼骨形的聚落平面[①]。

宏村和三河聚落的形成说明自然环境要素影响着皖南或皖中聚落空间形态的营造,不同的自然地貌会形成不同的聚落形态。

(二)发展模式:"血缘聚落"和"商业主导"

古代聚落形成有三种形态:业缘型聚落、地缘型聚落以及血缘型聚落。皖南村落都属于血缘型聚落。宏村由汪氏族人聚居而成,其聚落的核心为宗祠。村人具有强烈的宗族理念。人们受风水观念影响,认为中心处利于"延绵子孙",因此在中心处建立月塘。占主导地位的宗族聚居于聚落中心,形成一种辐射状的结构。同时商业也影响了宏村的规划。历史上宏村商业较为发达,大量商业活动聚集在村口北广场,使村口形成核心空间。此外,古人亦讲究自然与情趣。宏村巷道幽深,道路蜿蜒,符合古人"隐"、"逸"的思想,创造出一种半遮半掩的趣味空间。

三河地处巢湖岸高地,土地肥沃,三条河流途经此地,人们选择三河聚居体现了一种趋利避害的思想。在聚落发展中,三河地处皖中地区,吸收了来自皖南和皖北的建筑文化,聚落形态和建筑风格也南北交融,在这里不仅有南方的天井,也有北方的合院。同时,三河是水路交通要塞,是商品的集散地和中转站,大量商业活动在这里云集。商业的聚集极大程度地影响了它的空间结构,使其路网结构更为通畅。

(三)空间流线:"封闭内聚"和"开放通达"

聚落发展过程也受到了战争因素的影响。皖南地区相对比较安宁,如宏村几乎没有受到过战乱影响,人们在这里就如同世外桃源一般的生活,因此村落形态封闭而内聚。但是皖中地区曾屡次遭到外部侵扰,如三河古镇曾多次爆发过农民战争,为了方便逃逸,大门通常开在巷道一侧,并且几乎家家相通,道路系统简易可达,形成了一种四通八达、便捷度较高的空间。

综上可见,安徽古聚落的产生和发展是历史发展中各种复杂条件共同作用的结果,其形态和功能受到地形地貌、经济模式、风俗习惯和历史事件等因素的影响,并发展成风格迥异的村庄模式。

[①] 周虹宇,李早.皖中与皖南村落空间结构及其成因的比较分析[J].合肥工业大学学报:社会科学版,2015,29(2):75-80.

三、三河镇空间解析

（一）典型平原水乡特点的总体布局

三河镇内水系环绕、渠塘纵横，镇外河湖通航。在空间形态上最大的特点就是滨水而就。水上有小桥，堤上有人家，一派"小桥流水人家"的优美画面，具有典型的江南水乡聚落特色。三河古镇的街区充分利用了湖、河、港、塘、路的自然条件，巧妙地将利用自然与改造自然有机地结合。

古镇街区的基本格局是沿河成街，因水得镇，临水建屋；岸上小桥相连，岸下轻舟荡漾；水、路、桥、石码头、石板街道、石头桥、传统民房，加以树木、花卉的点缀，构成"小桥、流水、人家"的美丽景象；由于地形地貌的原因，三条水系环绕三河。使三河成了三角洲，三条河的内河堤自然成了圩堤，堤的顶背为堤埂，此埂上分两边建了商店及住宅，中间一条路铺上青溜溜的石板便形成了街。

三河古镇就是由一条穿镇而过的弯月形小南河（地理学家称为杭埠河故道），加上两岸的"鱼脊"上排列的10街26巷组建而成。三河古街道路以青石板铺砌，呈鱼脊样式，加上定距离铺上雕刻精细的对称两孔式、环状三孔式、双排四孔式的下水石篦，通水良好，虽历经百年，其下水道依然完好无缺，主支管道层次分明。

三河古镇的核心区域集中在脊背的中街、东街以及垂直于脊背的南、北街上。三河的中街、东街和西街商铺密集，聚集了大量的人流，可见通达性好的区域与游客主要聚集区基本吻合。而皖南的宏村，其路网系统呈网状，由中心向外发散，空间具有内聚性。村口和月沼是宏村的核心空间，月沼不仅仅是村民活动的中心，也是游客聚集的中心，坐落在这里的乐叙堂、敬修堂等明清建筑都是吸引游客驻足游览的景点（图4-6-3）。

（二）以商业活动为主的单体功能布局

皖南地区交通较为闭塞，古代徽商更多外出经商，而后在故里建造住宅。而三河镇地处地形相对平缓、交通较为便捷的皖中地区，空间形态有别于皖南徽州地区，在功能上三河镇的建筑面街作为商铺、面水设置码头，中间部分多为库房和生活用房，充分体现商贸重镇的特色。而这种商品集散的特性形成了某些区域较为特殊的古民居分布模式，即"前店后坊"的功能组合形制。前面临街的空间当店铺，后面更

图4-6-3　区域核心空间——核心轴线（来源：周虹宇 绘）

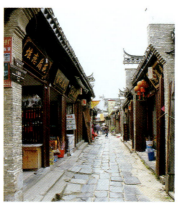

图4-6-4　三河镇前店后坊式布局（来源：张佳玮 摄）　　　　图4-6-5　三河古镇街景（来源：张佳玮 摄）　　图4-6-6　宏村街景（来源：孙霞 摄）

大的空间当作坊，加工产品供前面售卖。三河镇自古被誉为"皖中商品走廊"，是典型的中国水乡古镇，其中街、古南街、东街均采用了此种形式。

前店后坊建筑形式一般为一至两进的天井式。其建筑形态及装饰大体遵循皖中天井式建筑风格。然而一般临街的门扇是装饰的重点，后进门比较简单，门面一般为木板排门（图4-6-4）。

（三）低矮小巧的建筑体量

三河镇在建筑体量上以一层为主，局部二层（图4-6-5），而皖南建筑则多为两层。在总体建筑高度上三河镇也不及皖南村落（图4-6-6）。低矮的商铺群形式体现了三河镇的空间特征，呼应着皖中地带平缓的地形，而高耸的马头墙层层迭落则是皖南村落的特色。

第七节　皖中地区传统建筑特征总结

皖中地区位于安徽省中部，居淮河以南，长江以北。从地理位置上看，由于地处南北、东西文化的交汇地带，导致人口流动频繁，文化撞击剧烈。元末明初的江淮移民的大量流动带来了较多文化的变迁与融合，故皖中地区拥有悠久的历史及底蕴深厚的文化，并涉及众多历史重要人物和重大事件。"花开南北一般红，路过江淮万里通"，这便是宋代诗人苏辙所描写的江淮地区盛世之观。皖中建筑在该环境的发展背景影响下，形成了当地独特的地域建筑文化。

一、建筑文化体现多元融合

皖中传统建筑在不同地区不同文化交融的影响下呈现出复杂性和多样性，并具有强烈的兼容性，其建筑风貌在场所与空间营造、单体内部空间、外部造型处理、细部特色等诸多方面受到天然材料、建筑结构、意识形态、等级制度和建筑规范的影响，在这些综合因素的影响下形成了独树一帜的皖中建筑风貌。部分建筑出于防备多发战争的需要，依托山水丘陵的地势，形成了防御性强，风格粗犷的建筑风格。

受儒家思想、宗族思想影响，在村落群体组合上表现为敬宗收族、秩序感强、等级森严、聚族而居。村落布局充分尊重自然，讲究风水，整体表现为背山面水、藏风纳气，与自然和谐共生。

二、村落规划注重水系设计

皖中村落与徽州古村落的不同，也表现在水圳的设置形式上，较为典型的是巢湖周边的"九龙攒珠"独特水系组织模式，即在低洼处开挖方形人工水塘，形成中心水域，同时修建通向水塘的明沟、暗渠，从而形成独特的排水系统。民居则分布在修筑有明沟的巷道间，形成"一塘九巷"的建筑群整体。"九龙攒珠"形态的水系的形成与当地村民生活状态息息相关，不仅解决了村民的日常使用，满足了村落的排水需求，中心水塘还为集会与交流提供场所。这种独特的布局形式彰显了村庄的性格与村民的生活状态，也体现了村落肌理与性格的延续。除"九龙攒珠"外，皖中地区圩堡也是一种代表性的利用水系进行场地规划的形式。圩堡以河设障，兼具风水、防御、良好的环境与明确的功能等特征。

三、院落布局融汇南北特色

在建筑单体方面，皖中地区主要有江淮院落式、江淮天井式、船屋等形式。建筑选址上讲究风水布局，负阴抱阳。平面形制内向性强，以天井或院落为中心，轴线感强，等级森严。院落式住宅多为当地大户人家的宅院，更能体现出家族制的内涵，其形制古朴，组织模式充分反映了家庭结构、家族关系和家族生活。建筑风格融合了北方的粗犷与南方的细腻，院落尺度介于南北方之间。江淮院落式建筑融合了北方的合院布局模式，以及皖南徽派建筑，乃至江浙建筑独立院落的部分元素。

江淮天井式民居是皖中地区分布最为广泛的传统民居样式之一。其建筑形式受到皖南天井建筑形制的影响，布局严谨，设计精巧，在功能上具有采光、通风、引入自然环境的作用，皖中天井民居往往以"天井"为中心，环绕其布置上下房和厢房等生活居室，房间布局中轴对称均匀分布。此类建筑是皖中建筑乃至安徽传统民居的代表。

四、构造样式结合木构和砌体

从建筑造型角度看，皖中地区建筑屋顶多以对称形式出现，硬山居多，屋面主要材料为呈青灰色的弧形青瓦，盖瓦直接摆在底瓦垄间，其间不放灰泥。在建筑实体中墙体是构成房屋形态的基本因素，是组织建筑室内外环境空间的重要手段。在皖中地区，墙体是砖土砌筑做法的集中体现，根据砌筑材料又分为夯土墙及青砖墙两种形式。色彩上，由于广泛使用青瓦屋面及青砖墙面，皖中地区民居建筑大多以青色、深灰色为主要色彩，整体色调偏冷，素雅沉稳、古朴宁静。木质门窗与结构体系为暖色系（深棕色、浅棕色、原木色），起到一定的点缀作用。结构方面，皖中民居结构多采用外围砌体结构，内部采用木构架的形式。屋架为大木作榫卯结构，围护墙体采用开线砖结合石灰泥浆切成灌斗墙，自成体系承重。屋架结构体系由南方干栏巢居的穿斗式木构架与北方合院住宅的抬梁式木构架融合而成，吸取众长，相得益彰。皖中地区的建筑装饰都较为朴素，仅在入口、屋面、门窗、柱础等部位做了简单的装饰，主要强调建筑材料本身的质感。

五、皖中建筑的保护和发展

由于经历了长期的经济衰落，加上战争、自然灾害等因素，皖中传统建筑的整体保护程度比徽派建筑差之甚远，历史建筑均受到不同程度的破坏，故目前多数重点保护建筑，例如名人故居、历史纪念馆均采用复建形式。在今后的重要复建工作中，应当严格按照原有建筑的风貌进行考察与研究，尽量选用与原有建筑相同的材料，注重建筑细节、色彩、质感、肌理与原有建筑相同。对于缺少参考资料的古建复建工作应通过文献资料、建筑功能、建筑年代、工艺流派、民俗风貌及建筑风貌特征进行科学合理的考察与推断，反复论证最终确定复建方案。

随着皖中经济圈的建立与发展，传统村落的风貌受到很大的冲击，亟待进一步研究与保护。同时，随着时代的发展，皖中地区村民的生活模式也发生着巨大变革，传统的建筑空间及其功能也产生相应的变化。传统空间的功能置换及合理的生活空间组织应在建筑设计中着重考虑。建筑设计在满足现代功能需求、符合时代变迁的同时，也应充分体现当地的材质与文化特征，从而唤醒人们对皖中地区整体风貌的记忆。

第五章　皖北地区传统建筑风格解析

皖北地区通常指安徽省淮河以北的县市及跨淮县市，主要包括淮南、淮北、阜阳、亳州、蚌埠、宿州六市以及涡阳、凤阳等县，在地理上与河南接壤[①]。皖北地区气候较为寒冷、物产丰富，历史上是兵家必争之地。

皖北地区处于江汉文化与黄河文化之间，具有十分明显的文化过渡性和边缘性特征。皖北地区还是道文化的起源地，也受起源较早的中原文化辐射，历史上名人辈出，如道家祖师老子、政治军事家曹操、名医华佗、明朝开国皇帝朱元璋等。皖北地区悠久的历史、灿烂的文化、独特的地理环境、宜人的气候等众多要素，孕育了韵味浓郁的皖北地区传统建筑。

古时皖北的水源丰富，河道纵横，形成了便利的水上交通。加之当地物产丰富，文物繁盛，使得皖北地区成为当时南北往来的重要枢纽。河洛、江淮、吴越、荆楚的建筑文化，都在此地碰撞、糅合。与此同时，皖北地区在其深厚的文化底蕴上，兼收并蓄，吸纳各式文化。通过不同文化间的碰撞、交融、积淀，最终形成独特的皖北地域建筑文化，展现出皖北地区文化的包容力。

根据皖北地区现有遗存史料及建筑看：无论是宏观的城市布局，还是庙宇、陵墓、殿堂等都留下了起源于中原地区的官式建筑印记，传统官式建筑的风格与技艺在某种程度上得到了延续。而皖北地区最主要的建筑类型，如民居、商业建筑、会馆等无论从型制或形式上都具有浓郁的晋陕民居风格，但也多见南方建筑细节。因此，皖北地区传统建筑风格深受中原地区建筑的影响，并融合了部分江南建筑元素的特征。

---

① 刘昱. 皖北传统建筑风格与构造特征初探——以亳州北关历史街区为例[J]. 合肥工业大学学报：社会科学版，2011，25（5）：154–157.

第一节　传统聚落规划与格局

皖北地区地势平坦，传统聚落规划主要分为棋盘式、象征式、分散式等，其中最为普遍的是棋盘式，亦称网格式。

一、棋盘式——以亳州城为例

古城亳州位于安徽省西北部，以其独特的地理位置和自然条件在历史上成为历代重要的政治、经济、文化中心，也是享有"中州锁钥，江淮门户"之称的皖北要塞。

古代军事要塞的规划格局与建筑形态具有传统聚落特征，往往是当时的自然环境、社会制度、宗教信仰、邻里关系和生活方式共同作用的结果。在建造上，依托良好的地形、地势、气候、水文等自然条件也有利于创造便捷的生产和生活环境。因此，地处黄淮平原南端的亳州城，由于城内平坦的地势（仅东部有少量低矮丘陵分布）以及横跨涡河两岸等自然因素，出于军事防御的考虑，采用集中的内向布局模式。此外，传统聚落是承载居民生活的主要空间，为居民生产、交往等活动提供了主要场所。由此可见，社会政治因素对于传统聚落格局的产生与发展也起了十分重要的作用。亳州作为一座拥有三千多年历史的古城，从商朝开始，一直是各朝代县、郡、州的政治中心。因此，亳州古城的布局在中央集权的背景下，采取层级明确的棋盘式网格布局，利用规整有序的道路架构系统，体现了严密的规划组织。此外，出于军事防御考虑，历代守御者均修筑城墙和护城河作为抵御屏障。

二、象征式——以阚疃镇为例

古镇阚疃，地处淮北平原南端，淝水之阳，境内河川汇流交错之地。以其优越的地理位置成为历史上著名的形胜之地，在众多古籍中均有记载："东连三吴之富，北接梁宋平途不过百里，西接陈许水陆不出千里。外有江湖之阻，内有淮淝之固。[①]"；"郊原四通，方轨并鹜，指顾徐宿，飙驰陈宋"；"衣淝襟淮，自古是兵家必争之地"[②]。

在"天人合一"理论的指导下，聚落的形态布局往往结合具体的自然环境特征，通过布局形态模拟自然物等物形营造出具有吉祥等隐喻含义的空间形态。阚疃古镇原址形似一只猛虎立于高岗，因此在古镇的平面布局上，东西四门像虎的四足，南北二门如同猛虎首尾。而白洋沟像白龙一样守护在镇西，西南而来的淝水至镇南折流南去，有着二龙盘虎之势。居阳俯阴，"沙"、"堂"抱于水口，形胜万千，合乎《易经》之理。"有山主人，山主财"，"九曲回流，明流暗拱之势"，因此又有"龙眉"之称。

第二节　传统建筑类型特征

皖北地区由于处于南北两方交界处，因此不仅保留了传统北方建筑风格朴实、厚重、围合度高等特点，也出现了多种南方建筑元素，如封火山墙，骑楼、穿斗与抬梁结合的木结构体系等[③]。按照功能类型来分，皖北地区的传统建筑主要分为民居以及公共建筑，如戏楼、会馆、钱庄等。

一、民居建筑

亳州是皖北地区的重要城市之一，具有悠久的历史。亳州城内的古建筑主要为民居，其次是会馆、戏楼、钱庄等。皖北地区传统民居建筑的鲜明特色在于除了用作住宅之外，还可商可坊，是功能复合型的建筑，通常由商铺、宅院、作坊、后院、储藏等构成。可以根据经营需求，具体环境的不

---

① 晋伏滔. 政淮论.
② 李兆洛. 凤台县志[M]. 1892（清光绪十八年）.
③ 刘昱. 皖北传统建筑风格与构造特征初探——以亳州北关历史街区为例[J]. 合肥工业大学学报：社会科学版，2011，25（5）：154-157.

同，改变建筑内部功能布局。建筑高度在两层以内，临街一侧以及临近公共活动区域的底层店铺多为整开间，并且设置木铺板门，为使用过程中的变动增加了便利性。

这种建筑常适用于自产自销的作坊式经营模式，如豆腐坊、榨油坊等。这种作坊与住宅相结合的建筑，因其功能性的差异性而产生建筑空间形式的不同。总体上可分为三进，一进为"销售"，二进为"作坊"，三进或二层为"居住"。具体分布又可分为如下四种主要类型（表5-2-1[①]）：

第一，前店中坊后宅。一进为"铺"，空间开敞；二进为"坊"，层高较高，有的还设有屋顶采光天窗，以改善工作环境；三进为"宅"。"铺"、"坊"、"宅"之间通过庭院相连，庭院左右设厢房，此类建筑大多为作坊类经营方式。第二，前店后宅。一进为"铺"，二进为"宅"，二楼为储藏[②]。"铺"和"宅"二者通过庭院相连，庭院两侧有厢房。此类建筑大多为商贸或服务类经营方式。第三，下店上宅后坊。底层一进为"铺"，二进为"坊"，居住的"宅"位于店铺二层。"铺"和"坊"之间通过庭院相连，庭院两侧有厢房。此类建筑大多为作坊类经营方式。第四，下店上宅。底层为商业店铺，二层为居住。此时期商业建筑经营类别大多为服务类。

二、会馆建筑

会馆建筑相较民居而言，其平面形成较为固定，一般由位于中轴线的纵向两进或多进院落组合而成。山门、戏楼、庭院、大殿等主体建筑位于中轴线上，两边对称设有厢房。庭院在戏楼有戏剧表演时，可作为大众的观赏席，两边厢房可用作雅座，大殿通常用作供奉诸神。

会馆一般有两种平面形式，分为"回"字形以及"日"字形（表5-2-2[③]）。其一，"回"字形平面以四合院为单元中轴纵向展开，基本型制按照"大门—戏楼—庭院—正

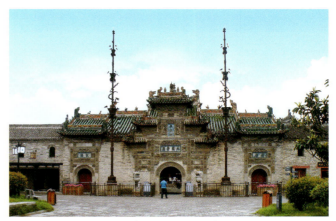

图5-2-1 亳州花戏楼山门（来源：王达仁 摄）

殿"的顺序展开，主入口的建筑两边有耳房，与楼上戏楼的功能空间相衔接，并为演员提供化妆休息的场所，庭院和两侧两层厢房为观演场所。正殿一般为单层建筑，体量较大，是供奉神明的场所。其二，"日"字形平面每进之间有庭院或天井，并多以三间式或五间式为一单元，沿中轴线纵向排列，庭院通过回廊连接。可演变为多单元延伸，如四个三间式单元，即可组合为"目"型形式。除此之外还可以组合成四进堂、五进堂等多进堂。

在遗存下的众多会馆建筑当中，保存最为完好的是亳州山陕会馆，又称大关帝庙，原来是一座用于传统戏曲表演的舞台，因戏台上有精美的木雕艺术以及绚丽多彩的绘画艺术而驰名中外，民间俗称为"花戏楼"（图5-2-1）。

花戏楼为庭院式戏楼观演场所，这也是中国戏台的最主要形式。此类型制起源于明朝，清朝时期走向成熟，戏场通常为四合院形式，戏台面向正殿，坐南朝北。戏场两侧有看廊或二层看台，戏场内庭院为观众站立观看处。戏台一般与神庙、宗祠、会馆的门楼相结合，台面变换即为入口。有的戏台位于门楼内侧中部，通道在戏台两侧，亦有庭院式戏场，即为整个神庙或其他建筑群环绕戏台构成一重院落，戏

[①] 金乃玲，沈欣. 皖北地区传统建筑的主要类型及型制[J]. 工业建筑，2012（5）：162.
[②] 刘昱. 皖北传统建筑风格与构造特征初探——以亳州北关历史街区为例[J]. 合肥工业大学学报：社会科学版，2011，25（5）：154-157.
[③] 金乃玲，沈欣. 皖北地区传统建筑的主要类型及型制[J]. 工业建筑，2012（5）：163.

皖北传统商住建筑型制			表5-2-1
型制	图示	案例	
前店中坊后宅	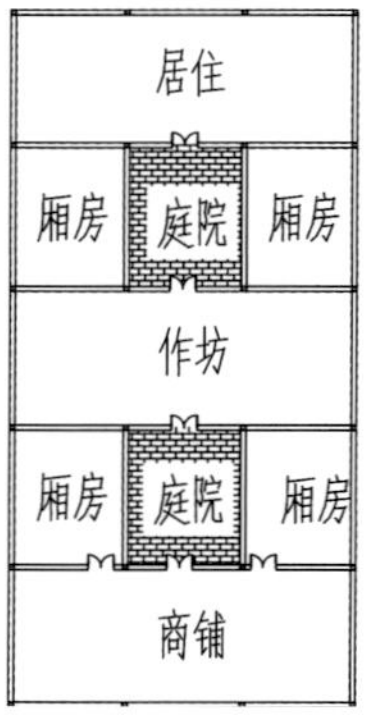 居住／厢房 庭院 厢房／作坊／厢房 庭院 厢房／商铺	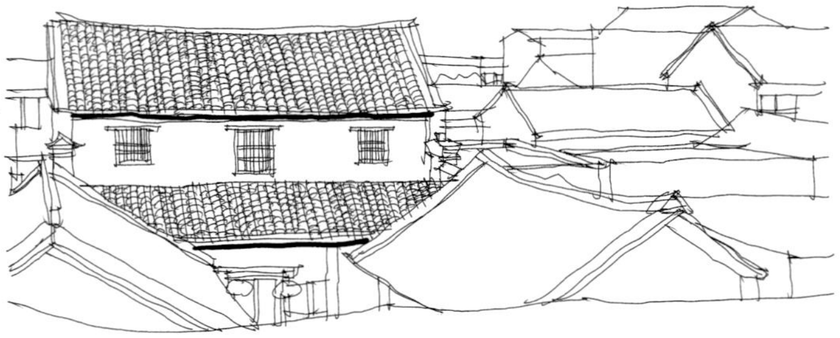 锯兴瑞药号（来源：郑志元 绘）	
前店后宅	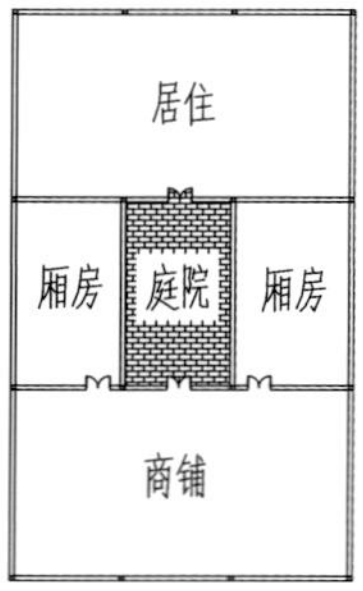 居住／厢房 庭院 厢房／商铺	 张记大槽油坊（来源：郑志元 绘）	
下店上宅后坊	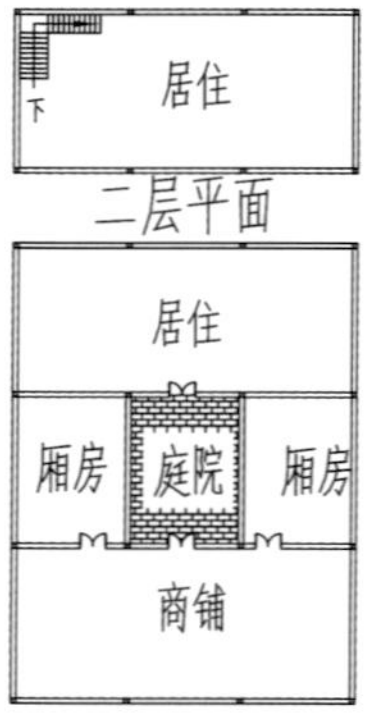 居住（二层平面）／居住／厢房 庭院 厢房／商铺	 蒋天源槽坊（来源：郑志元 绘）	
下店上宅	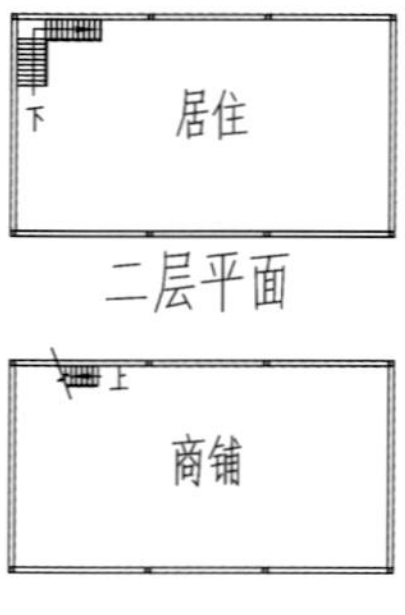 居住（二层平面）／商铺	 和泰恒绸缎庄（来源：郑志元 绘）	

（来源：《皖北地区传统建筑的主要类型及型制》）

皖北地区传统会馆型制　　　　　　　　　　　　　表5-2-2

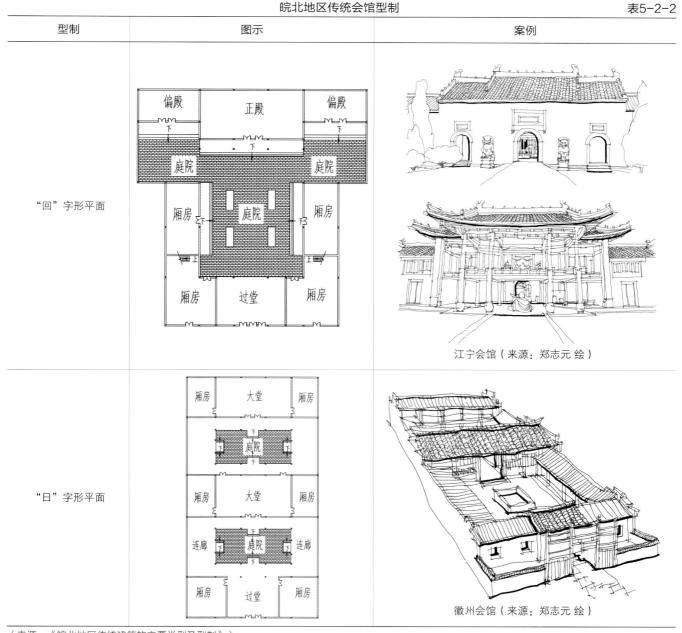

（来源：《皖北地区传统建筑的主要类型及型制》）

场只是其中的一部分，即多重院落中的一重或两重。

三、钱庄建筑

清代皖北经济受山西票号"平遥帮"的影响，因而钱庄建筑成为具有代表性的建筑样式。至清道光五年皖北各县已钱庄林立，在亳州仅百米长的耙子巷就有20多家钱庄。到1925年，亳州已有钱庄32家。钱庄的平面布局由纵向递进的四合院落组成，主要功能空间有信房、柜房、账房、掌柜房、门厅、正厅、后厅和灶房等。

钱庄的类型以从事业务类型可分为两类:一类主要是买卖银圆、汇票,从中取利;另一类主要是从事商业贸易,买卖银圆和汇票的业务不多。南京巷钱庄位于亳州北关南京巷19号,是以货币为经营对象的民间金融机构,于清道光年间建立的南京巷钱庄,为清末平遥"日升昌"票号的分号。钱庄为面阔三间的三进四合院,存有门厅、正厅、后厅、账房、掌柜房等建筑30余间,建筑风格具有皖北特色,布局严谨。钱庄的型制主要分为三类(表5-2-3):第一,前厅中厅后宅。前进为"厅",沿街开门,两侧设柜台;二进为接待"中厅",层高较高,装饰精美;三进为"宅",为掌柜房。第二,前厅后宅。一进为"厅",二进为"宅",二层为储物。"厅"和"宅"之间通过庭院相连,庭院左右有厢房。第三,下厅上宅。底层为"厅",二层为居住。①

皖北地区传统钱庄型制　　　　　　　　　　　　　　　　表5-2-3

型制	图示	案例
前厅中厅后宅	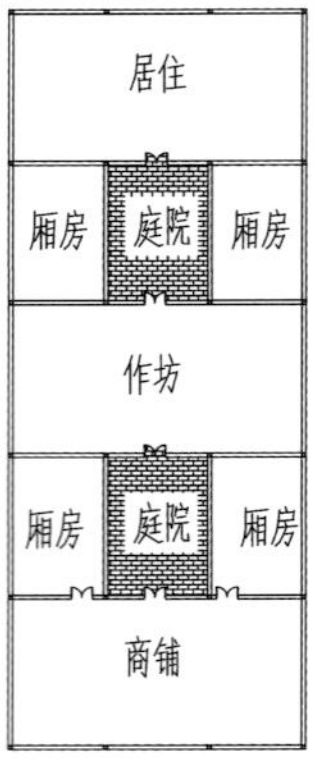 (居住／厢房 庭院 厢房／作坊／厢房 庭院 厢房／商铺)	 南京巷钱庄(来源:郑志元 绘)
前厅后宅	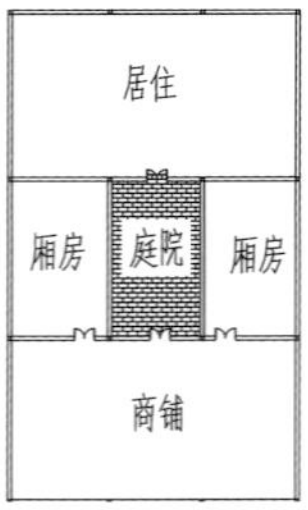 (居住／厢房 庭院 厢房／商铺)	 宜昌钱庄(来源:郑志元 绘)
下店上宅	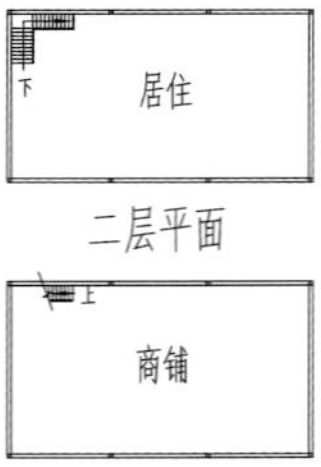 (居住／二层平面／商铺)	 晋泉钱庄(来源:郑志元 绘)

(来源:《皖北地区传统建筑的主要类型及型制》)

① 金乃玲,沈欣. 皖北地区传统建筑的主要类型及型制[J]. 工业建筑,2012(5):164.

第三节　地域建筑结构特点及材料应用

皖北地区一直以来都是重要的经济中心和贸易枢纽，优越的自然和社会条件，吸引了来自鲁、豫、苏、晋、陕、皖南等地区的商人来此经商、生活并且建造各省会馆，使得皖北地区的建筑博采众长，在当地建造传统基础上，糅合了南北建筑风格，形成了皖北建筑风貌。

皖北地区与山西、河南省部分城市在气候、水文等自然条件及人文风情相似，故其建造做法也具有一定的相似性。

一、材料应用

皖北地区建筑主要用材有：木、砖、石、芦苇、草、竹及木材等。其中颇具特色的材质运用方式是用竹代替木材作檩条和椽子，用草、芦苇、苇箔等材料代替望板。在小木作的制作工艺中，皖北地区建造充分利用木材的横向抗弯性及竖向的耐压性，完成了各式小木作的制作。

二、结构特点

皖北地区建筑承重结构分两种，其一是木架与墙体共同承重。这种承重方式的特点是柱与墙体共同承担来自屋顶的荷载。其二是墙体承重（图5-3-1），该类建筑一般不设置檐廊，前后檐墙直接承托屋架大梁，并由山墙直接承托檩条，四面墙壁都参与承重，这是由于皖北地区以平原地形为主，大面积的林地较少，缺乏建筑用木材大料的缘故。

在清末和民国初期，为节约木材，体量较小的房子四面封檐不再使用柱子，而是通过发展人字形的梁架，对房屋木构架进行了简化。皖北地区传统民居门窗的制作方法比较简易，通常是直接在墙上开凿门窗洞，窗格则通常采用简洁的图案。门面往往简单朴素，一般没有浮夸的装饰。

第四节　传统建筑细部与装饰

皖北地区的建筑装饰主要集中体现在会馆、戏楼等公共建筑上，装饰华丽，细节丰富，雕刻精致，而传统民居四合院中的装饰较为朴素。当地人眼中，建筑不仅仅是石块瓦砾堆砌而成的冰冷的房子，而是带有感情寄托的有机生命。通过对于皖北地区传统建筑装饰与细节的关注，可以很好地了解到皖北地区传统建筑文化。

一、建筑色彩

皖北地区受道家影响颇深。黑色在道家中象征着吉祥如意，所以当地一直沿用祖先流传下来的风俗习惯，民居的房门多以黑色为主（其中也有不少百年老房子用朱漆的门扇），与深灰的砖瓦组合在一起显得非常沉稳，这一建筑色彩特征也是深受山西建筑风格影响的结果。

二、雕刻与彩画

精美的雕刻和彩画是皖北地区重要的建筑装饰元素，众多细腻的装饰也丰富了建筑。雕刻与彩画多出现在会馆和戏楼等公共建筑当中，商铺和住宅的装饰则更为简明大方。建筑雕刻

图5-3-1　墙体承重房屋（来源：杨潇然 摄）

主要分为三类：木雕、砖雕、石雕，三雕艺术是建筑装饰的重要组成部分，而彩画则多见于藻井、主梁、挂落等。

砖雕通常是能工巧匠在质地细密的水磨青砖上雕刻具有美好寓意的物像或图案。皖北地区的砖雕清新素雅（图5-4-1），大多装饰在照壁、大门、门楼、花墙、屋脊等处，可使建筑物显得精巧、雅致。皖北民间砖雕造型和题材来源非常广泛，并且具有十分强烈的装饰性、艺术性。在明清时期达到了巅峰，通常采用浮雕和透雕的手法，刀法简练、粗放、不加修饰。

木雕就是在建筑的木构件上进行雕刻装饰，或是用木料雕刻成独立的工艺品（图5-4-2）。中国传统建筑以木结构为主，皖北地区木雕通常用于装饰梁枋、垂花、立柱、雀替等构件。公共建筑内的木雕多以精妙绝伦的装饰手法，表现出耳目之娱的趣味。皖北地区民居建筑中木雕通常出现在窗扇木格窗等处，公共建筑内的木雕装饰相较于民居建筑更为丰富。

皖北地区民间石雕较多出现在柱基装饰当中，柱基虽然体积小，但所处的位置比较明显，所以它的装饰也是重点（图5-4-3）。柱基的样式大致可分为覆斗式、基座式、圆鼓式、覆盆式等形式。装饰花纹多为卷草纹、如意纹、荷花纹等传统纹样，也有人物纹、动物纹等。常见的雕刻手法有线雕、阴刻、浮雕等。

彩画（图5-4-4）是中国传统木结构建筑的重要装饰

图5-4-2 亳州花戏楼内的木雕（来源：杨潇然 摄）

图5-4-3 柱基石雕（来源：杨潇然 摄）

图5-4-1 皖北地区砖雕（来源：郑志元 绘）

图5-4-4 亳州花戏楼内的彩画（来源：杨潇然 摄）

手法之一，有着悠久的历史。彩画不仅能起到保护建筑木质结构的功能，同时也是建筑装饰艺术很好的表现方式。由于封建等级制度的约束，民间建筑彩画与宫廷建筑的做法大为不同，多由当地匠师自由创作、构图并着色，因此彩画题材的选取更加自由，且常常带有浓郁的地方特色。

与皖南地区在木构件上进行精雕细琢不同，皖北的木构件以施彩的方式进行装饰，热烈艳丽的色彩点缀了质朴的屋宇构造，反映了皖北炽烈的民风。

第五节 典型传统建筑分析

一、亳州市花戏楼

花戏楼为寺庙式戏楼，由位于中轴线的纵向两进院落组合而成。花戏楼是民间对亳州山陕会馆的俗称，因其原来是一座戏曲表演的舞台，舞台上有众多精巧的木雕与鲜艳的彩绘。花戏楼是中国戏台最为主要的建构形式，也是中国传统观演场所。

花戏楼的平面布局为典型的院落式，在中轴线上从南至北依次排列有山门、戏楼、献殿、大殿。中轴线上依次分布着钟楼、鼓楼、看楼。整个建筑平面基本左右对称布局，以戏楼、大殿为中心，附属性建筑围绕四周（图5-5-1）。

其中戏楼坐南面北，左右两侧与钟、鼓楼连成一排，琉璃瓦面，画角雕梁。舞台正北是一连三进高大雄伟的殿堂，遍布木雕、彩绘。大院东、西两侧各排有六间别致的"看楼"，组成一所清静幽雅的四合院。后台与坐北朝南的关帝庙山门连为一体（图5-5-2[①]）。亳州花戏楼承担观演空间功能的同时也承担祭祀的功能，当人们拜神时面北，此处便成为一个与外界隔绝的空间。同一空间蕴含的不同功能使得

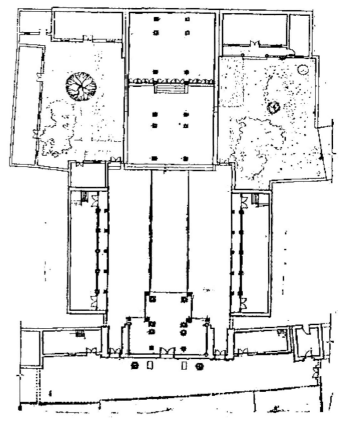

图5-5-1 亳州花戏楼平面图（来源：《亳州大关帝庙》）

戏楼形成了不同的场所感，复合空间的含义得以延伸。

建筑整体由戏楼与庙综合而成，庙门由三层牌坊架式水磨砖券拱门组成（图5-5-3），砖墙上遍布精美的立体透雕戏文（图5-5-4），像是一扇硕大永久的"戏剧海报"，引人入胜。建筑为歇山顶，飞檐斗栱，五色琉璃瓦面，脊饰极为精细（图5-5-5）。舞台正北是一连三进高大雄伟的殿堂，遍布木雕、彩绘。

亳州花戏楼是典型的院落式布局的建筑组合群体，遵循中轴对称的特点，通过体量形式等强调建筑的主次等级。院落之间的通廊强化了院内的联系，也对比凸显了建筑内外之间的封闭性。花戏楼的总体布局及单体建筑的处理都尽量与

---

① 陈从周. 亳州大关帝庙[J]. 同济大学学报，1980（2）：84-91.

周围环境进行融合,以达到和谐统一的效果,并且形成了独特的建筑风格。

二、亳州市钜兴瑞药号

"钜兴瑞"是清末民初亳州城内有名的药号,位于市区纸坊街5号,是当时亳州药号的代表性建筑(图5-5-6)。原来老宅分为三进院子,最前面是带有耳房的大门,前院里正对大门有影壁,三个院子两边各有厢房,院子之间有过道连通。

整座建筑为砖木结构,垛子梁(这种梁头是由三根粗梁和五个墩子构成,每两个梁间有两个墩子,最上面的梁上

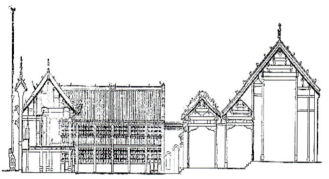

图5-5-2 亳州花戏楼剖面图(来源:《亳州大关帝庙》)

图5-5-3 亳州花戏楼(来源:郑志元 绘)

图5-5-4 花戏楼砖雕(来源:杨潇然 摄)

图5-5-5 花戏楼顶部装饰（来源：杨潇然 摄）

图5-5-6 亳州市钜兴瑞药号（来源：杨潇然 摄）

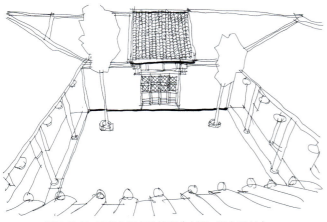

图5-5-7 亳州市张虚谷故宅（来源：郑志元 绘）

有一个墩子，俗称为"垛子梁头"）支撑房顶，青灰小瓦覆盖。雕花木门，上下层有木质楼梯相通，地面铺以厚木。

由于地震等原因，现在这座老宅仅保存有大门一间，中院一侧厢房，后院腰厅一间及东西耳房各三间，后院两层正房三间，两层东西厢房各三间。但其主体结构较为完整，具有较高的研究价值。

三、亳州市张虚谷故宅

张虚谷故宅始建于清朝末期，距今已有百余年的历史。它坐落于亳州市区老祖殿街23号（图5-5-7），坐北朝南，现存大门一间，东耳房一间，西耳房五间。中院过道一间，东西坐北朝南耳房各三间，后院东西厢房各三间，正房已经不复存在，建筑面积约为436平方米[①]。这座建筑做工考究，文物专家认为，其在皖北地区清代民宅建筑中具有较强的代表性。

相较于安徽其他地区，皖北地区的建筑风格与晋冀鲁豫地区更为接近，选材和建造方式相对敦厚粗放，具有鲜明的中国北方风格。该建筑为硬山屋顶，屋面坡度平缓，建筑结构不同于皖南建筑穿斗、复合式结构，采用抬梁式，墙面为清水砖墙面。

张虚谷故宅的营建从相地、定位到确定建筑的具体尺度，都严格依据风水理论来进行，体现着自然和谐之道（图5-5-8）。四合院通常为大家庭所居住，提供了比较隐秘的庭院空间，其建筑和格局依据中国传统的尊卑等级思想和阴阳五行学说，是伦理秩序与虚实变换之道的体现。亳州四合院建筑风格以北方建筑的朴实及厚重感为主，建筑整体基调平实内敛，体现着包容平实的人文气质。

四、濉溪县袁氏宅院

目前皖北现存成片的传统民居较少，少量保留下的民居

---

① 徐从广. 城市历史文化要素物化研究[D]. 合肥：安徽建筑工业学院，2010.

图5-5-8 亳州市张虚谷故宅（来源：杨潇然 摄）

图5-5-9 淮北民居袁氏宅院（来源：郑志元 绘）

呈零星状分布，而袁氏宅院是皖北民居的典型案例。袁氏宅院的整体空间组织方式和布局手法，体现着中国传统的伦理与秩序（图5-5-9）。建筑采用毛石基础，夯土墙，小青瓦屋顶，以青砖灰瓦，重梁起架，高墙四起为主。宅院临街房门的色彩以黑色或灰色为主。建筑装饰主要是在石块、木材上的简约雕刻，这也从侧面反映出了当地人中庸平实的性格特点。院内宽大，院外无太多装饰，简单、视野开阔。

该类型分布广泛，主要形式可分为三合院、四合院等。合院民居可以较好地适应皖北地区夏热冬冷、干燥少雨的气候，并适应皖北平原的地貌。这些民居多建于清末民初，随着现代化的发展，皖北地区众多古城宅院已遭到破坏，甚至消失不见。

第六节　皖北地区传统建筑特征总结

皖北地区位于安徽省北部，与江苏、河南、山东等省相连，地处在中国南北方交界处，在南北文化的交融下，皖北建筑既保有北方建筑厚重朴实的特色，又具有南方建筑温婉细腻的风格。明清时期随着西方建筑文化的流入，皖北建筑还创新性地加入了一些西方建筑元素，形成了独具特色的皖北建筑及村落特色。

一、序列明晰的棋盘式聚落

聚落格局形成往往是自然环境、政治制度、宗教信仰、邻里关系和生活方式等因素共同作用的结果。具体的自然环境特征，对皖北地区聚落格局雏形的产生起到一定的诱导作用。依托淮北广阔的平原以及平坦的地势，皖北村落以集中内向的聚落模式为主。同时，皖北地区作为历代重要的政治、经济、军事中心，中央集权的社会制度对该地区聚落关系和格局形式起到了至关重要作用。这决定了皖北地区规整有序、层级明确的布局模式，以及军事抵御屏障作用的城墙和护城河的修筑。因此，以亳州城、寿县古城等为代表的棋盘式的布局模式是皖北地区最为常见的传统聚落布局形态。

二、结合山水的象征式聚落

"山为骨架，水为血脉"是古时皖北人民在风水学思想的指导下对于聚落环境构建的总结。由此形成了皖北地区另一种常见的聚落布局模式——象征式，结合当地独特的山形水势等自然环境特征，模拟自然物或其他物形营造出具有吉祥等隐喻含义的空间形态。强调聚落的布局形态与基地地形地势的高度匹配，人居环境与自然环境的高度契合，从而构建聚落共同体的新秩序。

三、厚重沉稳的建筑造型

由于皖北地处中国南北方交界处，因此在建筑的单体空间上兼顾北方的厚重、围合度高等特点，同时也具有南方建筑的细腻、简约等风格特征。而在老庄文化、吴越文化、中原文化等多元文化的影响下，皖北建筑既沿袭了中原传统官式建筑技艺和格调，以及晋陕民居特色，同时又采用了吴楚建筑中常用的建筑结构和形式，如封火山墙、骑楼、穿斗与抬梁结合的木构架等南方建筑元素。此外，皖北作为各时期的军事要塞，使得该地区遗留了大量军事建筑，规模宏伟的"曹操运兵道"是军事文化与建筑完美结合的历史杰作。

可住可商可坊是皖北传统民居建筑最鲜明的特色，即它是功能复合型的建筑。皖北地区夏热冬冷、干燥少雨的气候特征，使得该地区民居多以四合院为主。而且院落的布局手法和组织方式体现着中国传统的伦理与秩序。民居建筑整体基调大体与中国北部地区风格相近，沉稳大方，平实内敛，体现着包容平实的人文气质。

四、严谨华美的会馆建筑

古有谚云"走千走万，不如淮河两岸"的皖北，作为历代重要的商贸中心，吸引鲁、豫、苏、山陕等地区的商人来此经商、生活并建造各省会馆。秩序井然，布局清晰的会馆建筑成为皖北特色建筑之一，特别是花戏楼（亳州山陕会馆）。作为典型的院落式布局的建筑组合群体，花戏楼空间层次丰富多变，内外空间虚实结合，并与周围环境高度融合，达到和谐统一的效果。其三层牌坊式山门建筑，雕刻精美华丽，堪称皖北建筑瑰宝。此外，皖北钱庄建筑也是皖北会馆建筑的代表。钱庄为面阔三间的三进四合院，建筑风格具有皖北特色，布局精妙严谨。

五、艳丽和深沉糅杂的建筑风格

由于皖北在地理位置上与山西、河南等省接近，受到相同气候、水文等自然条件及人文风情等因素的影响，在建筑材料、装饰艺术、建造方法等方面上也具有一定的相似性。在建筑色彩上，皖北地区受到道家文化和山西建筑风格的双重影响，以深灰的砖瓦奠定了整个建筑的色彩基调，而在建筑构件上又采用了艳丽的色彩，以此点缀质朴的屋宇构造，既表达了皖北炽烈的民风，又不失沉稳大气。在建筑装饰方面，以会馆和戏楼等为代表的公共建筑与商铺和住宅有所不同。会馆、戏楼等公共建筑，装饰华丽，细节丰富，雕刻精致，而在传统民居四合院中装饰建筑装饰主要是在石块、木材上的简约雕刻，这也从侧面反映出了当地人中庸平实的性格特点。

六、皖北建筑的保护和发展

皖北地区传统建筑遗存种类丰富、规格较高，城池、街巷、民居、会馆、戏楼、钱庄、地下建筑等都保存有完好个案。这些建筑遗存见证了皖北地区历史变迁，它们有着科学的结构体系与构造措施，有着精美的装饰艺术，丰富的文化内涵，形成了具有地域特色的传统建筑群体。对于皖北建筑保护，应当从维护与修缮工作做起，政府在加大对皖北传统建筑遗产保护力度的同时，提高当地居民对古建筑保护意识。在城乡规划工作中也应当采取合理的规划手段，防止古建筑遗迹的拆除与毁坏。

在保护皖北建筑文化遗产的同时，也应充分发掘、借鉴与学习皖北传统建筑及聚落空间中所蕴含的建造技术、科学智慧以及文化精神。皖北传统聚落空间与建筑单体重视空间布局与气候、地理等自然要素的高度契合，强调空间结构的实用性、艺术性和生态性，因此，设计者可以结合现代建筑功能空间的具体要求加以利用。在建筑高度发展的当今社会，大量建筑缺失其应当具备和传达的地域特色与文化内涵，因此应充分挖掘皖北地方建筑特色，将皖北传统建筑文化符号化，广泛运用于现代建筑创作之中，以重塑皖北城市风貌，增强皖北城市带的文化竞争力。

第六章　安徽省传统建筑人文总结

安徽省的皖南、皖中、皖北三地受不同气候条件、地理环境的影响，村落布局、建筑形式各具特色，特别在建筑风格特征的表现上，不同地域特色呈现出风格各异的建筑风貌。但"万变不离其宗"，无论是皖南徽州文化、皖中江淮文化，还是皖北中原文化，皆在继承中国传统文化的前提下变异发展，即以"以道为体，以器为用"，"道"的形态包容着建筑"器"的形式，并延续着该脉络传承与发展。

第一节 传统建筑元素归纳

一、功能性元素

（一）院落天井

天井是安徽地区传统建筑中最有特色的元素之一（图6-1-1、图6-1-2），其布局特征是天井的四面有房屋，或是三面有房屋另一面有围墙，抑或是两面有房屋另两面有围墙时的中间空地[①]，采光和排水是天井的主要功能。安徽传统建筑的平面组织形式一般都是以天井作为中心，讲究中轴对称。天井这一民居中心的特点不仅体现在平面上，更是体现在空间组织上。天井的主要功能是采光、通风、给水、排水、防火、防盗。此外，屋顶内坡的雨水从四面流入天井，所以这种住宅布局俗称"四水归堂"，隐喻"肥水不流外人田"，具有汇聚风水财气的美好寓意。

（二）马头墙

明清时期，安徽地区人口增长，使得人均土地面积变得紧张，而火灾对于密集的木构房屋来说是致命的。出于防火的需求，马头墙便产生了。从形式上来说，随屋面跌落的马头墙，既满足了防火的功能性，又具有一定的装饰性（图

图6-1-1　徽州民居天井（来源：王达仁 摄）

图6-1-2　徽州祠堂天井（来源：曾冰玉 摄）

---

① 石志藏. 走读宏村[J]. 浙江林业，2012（1）：37.

图6-1-3 马头墙（来源：王达仁 摄）

图6-1-4 "鹊尾式"马头墙（来源：纪圣霖 摄）

6-1-3）。侧面望去，马头墙错落有致，颇具韵味。因此，马头墙出于多种原因逐渐成为徽派建筑最重要的元素之一。其常见样式有"印斗式"、"雀尾式"（图6-1-4）、"座头"等数种。此外还有"金印式"、"朝笏式"，它是家人们对外出经商的亲人望远盼归的象征，以显示主人对"读书做官"这一理想的追求，也隐喻整个宗族生机盎然，人丁兴旺，这也是中国传统吉祥文化的具体表现。

（三）回廊

在安徽传统建筑中，楼厅亦作为主要活动场所。在明初楼厅层高于底层，为使楼厅内活动方便，采用"跑马楼"形式，使用"穿廊过厅"的做法（图6-1-5）。安徽地区民居天井两侧常设回廊阁道，较大的庭院四周也设有回廊（图6-1-6）。通常靠天井一侧有木质隔扇，冬季可将隔扇关上，起到避风保暖之作用，夏季隔扇可开启，凉风习习，有利于室内通风。也有部分建筑将回廊做成"半廊"，在柱间天井一面设置半截栏杆或栏板，另一面是围墙，一虚一实凸显出活泼风趣的特点。

（四）门头

在安徽地区，传统建筑中门头的大小和精致程度反映了当时建筑主人的身份以及地位（图6-1-7）。门头通常为传统建筑装饰的重点之处，用精巧细腻的砖雕以及石雕作为装饰。从空间感受上看，门头的设置强调了入口的体

图6-1-5 室内回廊（来源：曾锐 摄）

图6-1-6 庭院回廊（来源：王达仁 摄）

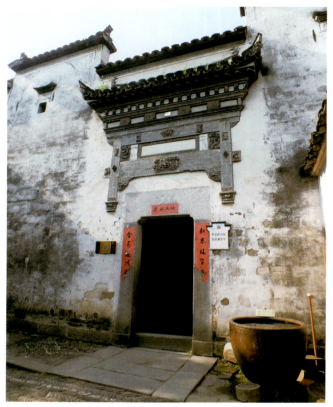

图6-1-7 门罩式门头（来源：纪圣霖 摄）

图6-1-8 八字门（来源：纪圣霖 摄）

量感，通常与入口的凹入相呼应，也反映了入口空间在建筑中的重要性。值得一提的是，安徽地区凹入八字门象征着身份与地位，只有官宦人家居所才能使用，象征着"衙门八字开"（图6-1-8），体现出民居对官衙建筑风格的模仿。

二、装饰性元素

安徽建筑多以砖雕、木雕、石雕为装饰特色，并称"徽州三雕"，极具象征意义，其作品有联想、谐音、隐喻等作用。在室内的雕刻装饰上，安徽人将传统的伦理道德、文化诉求等附注于其中，如常见的"忠孝仁义"的主题。

（一）木雕

安徽地区传统民居的结构以木结构为主，柱、枋、梁、檩、椽等构件是其主要组成部分（图6-1-9）。以上这些构件不仅仅起到建筑结构的作用，而且还兼具了重要的装饰性作用。在建筑的梁托、瓜柱、叉手、雀替、斗栱等部件上通常都进行精雕细琢，使用精致的纹样、线脚等加以装饰。木雕也常用于装饰室内天井四周的檐下撑木以及主梁架结构，木雕常以各种神仙人物、飞禽走兽和戏剧故事等为主题，生动有趣。例如承志堂前厅的月梁上，雕的是"郭子仪拜寿"及"九世同堂"图，其雕精致细腻，令人赞叹。

在众多木雕类型中，窗扇上的木雕艺术具有较强的代表性（图6-1-10）。安徽地区民居天井一周的回廊常采用木格窗或面向天井的窗扇，其功能主要有采光、防尘、分割室内外空间等作用。格窗由外框、绦环板、裙板、格芯条等部分组成。主要样式有方形（方格、方胜、斜方块、席纹等）、圆形（圆镜、月牙、古钱、扇面等）、字形（十字、亚字、

图6-1-9 主梁上的木雕（来源：王达仁 摄）

图6-1-11 挂落（来源：王达仁 摄）

田字、工字等）、什锦（花草、动物、器物、图腾等）[①]。

通常用暗喻和谐音的手法体现吉祥的寓意，如"平安如意"用花瓶与如意图案组成谐音表示；"福寿双全"用寿桃与佛手图案表示；'四季平安'是花瓶上插月季花，"五谷丰登"用谷穗、蜜蜂、灯笼组合；"福禄寿"用蝙蝠、鹿、桃表示等[②]。

除木格窗外，挂落在安徽地区建筑中常为建筑装饰的重点（图6-1-11），常施以透雕或彩绘。挂落是传统木建筑中额枋下的一种构件，常用木板经镂空或雕花制成，也可用细小木条拼接而成，兼具有装饰和划分室内空间的作用[③]。挂落通常与栏杆在外立面上位于同一视觉层面，且二者纹样相似，有着呼应成趣的装饰作用。而自建筑中向外观望，在建筑内部构建的框景中，挂落又好似花边装饰，使框景效果产生了变化，增加了层次感，具有很强的装饰效果[④]。

（二）石雕

石材质地坚硬耐磨，防水防潮，多用于建筑中易受潮或受力较大的部位（图6-1-12）。石材在建筑中最常见的是用在门槛、柱础、栏杆、台阶等处，这些地方也是石雕装饰的重点修饰部位。比如抱鼓石常见有浅浮雕图案，而方形、圆形、树叶形等形式的花窗，多由整块的完整石料进行雕刻加工而成。

图6-1-10 木格窗（来源：王达仁 摄）

---

① 赵清秀. 走进徽州看民居[J]. 城乡建设, 2009（2）：77-78.
② 赵清秀. 走进徽州看民居[J]. 城乡建设, 2009（2）：77-78.
③ 王玲. 传统建筑元素在现代室内设计中的运用——以山西民居为例[D]. 西安：陕西科技大学, 2011.
④ 周楠. 无锡荣巷古镇民居建筑装饰初探[D]. 无锡：江南大学, 2009.

图6-1-12 柱基上的石雕（来源：王达仁 摄）

图6-1-13 砖雕（来源：王达仁 摄）

（三）砖雕

砖材与石材相比价格更为低廉，质地也更为松软，易于雕刻（图6-1-13）。安徽地区的砖雕通常使用的原材料是当地盛产的质地坚硬细腻的青灰砖，经过精致的雕刻加工，普通的青砖成为了建筑装饰。这种装饰广泛用于传统建筑的门头、门楼、门楣、屋檐、屋顶、柱础、屋瓴等处，使建筑物显得典雅、庄重[1]。它是明清以来兴起的安徽地区汉族传统民居建筑艺术的重要组成部分。

总体来说，安徽地区的建筑元素是与当地的自然环境、历史文化密不可分的，是充分结合传统文化与自然地理环境，伴随着当地人的生产生活中逐步形成的。各种元素与中国传统儒家文化一脉相承，既满足生活的便利又突出人的精神需求，同时又反映出朴素的吉祥文化，完善并装饰出有浓郁地方特色的传统建筑。

第二节 传统建筑风格概括

一、皖南地区·徽州特色

皖南地区属亚热带季风湿润性气候，四季分明，雨水充沛，受地理区位的影响，皖南建筑多利用自然环境的有利因素，注重负阴抱阳，布局因地制宜，在民居建造上力求达到与自然环境的完美融合[2]。与此同时，徽州文化培养了古徽州人乐山悦水的高尚情怀，感染和熏陶了村民生活情调，并始终贯穿着营造适宜的人居环境理念。

"八山半水半分田，一分道路和庄园"[3]的自然环境对徽派建筑的形成有重要的影响[4]，同时，徽派建筑吸收了中原建筑所蕴含的礼制秩序与格局，注重群体组合，形成庭院式布局，融合山越文化的干阑式技术及自由布局的形式。在建筑单体设计上，大多坐北朝南，依山面水，并采用砖雕和石雕等工艺，在反映出皖南典型山地特征的基础上，表现出美化装饰的倾向。

徽州村落的选址受风水观念的影响，常选择背山面水、负阴抱阳之地。在村落的整体布局上，一方面结合地形环境，注重水系的规划，另一方面因聚族而居、宗法礼制的特

---

[1] 张亮，解诚诚. "中国山水画里的乡村"——徽州民居的审美分析[J]. 安徽科技学院学报，2010，24（5）：43-46.
[2] 钱进. 皖南"生态"型民居适宜技术研究[D]. 合肥：合肥工业大学，2010.
[3] 姚邦藻. 徽州学概论[M]. 北京：中国社会科学出版社，2000.
[4] 张亮，解诚诚. "中国山水画里的乡村"——徽州民居的审美分析[J]. 安徽科技学院学报，2010，24（5）：43-46.

点，村落内部往往以宗祠、支祠为精神中心，民居均围绕其建设布局。村落的外部空间布局呈现出模式化的空间序列，尤其注重"水口"空间的营造，对村口牌坊、廊桥等标志的设置也较为重视。

徽州单体建筑布局中轴对称居多，体现出较强的内向性与封闭性。徽州民居主体部分以中轴对称的带天井的三合院单元拼接，附属部分则结合地形或周围环境自由灵活布局，这使徽州民居在地狭人稠的环境下得以良好地规划与组织。民居建筑内部常以较为狭长的天井采光通风，调节小气候，雨季具有"四水归堂"的景象；祠堂、书院等公共建筑门前均有较大广场，内部则为多进较大院落，强调其公众性和仪式性。马头墙是徽州民居的典型风格特征，具有防火防盗的作用。由于徽州民居因形就势、自由灵活地布局，因此马头墙在建筑群体上呈现层次感与韵律感，变化丰富。在色彩及装饰上，建筑外墙色彩以黑白灰为主，粉墙黛瓦，建筑室内"三雕"艺术玲珑剔透，精美绝伦。

二、皖中地区·江淮特色

皖中地处江淮之间，安徽中部，融贯南北，形成了独特的皖江文化。纵观古今，江淮地区孕育着丰厚的历史人文及自然资源，皖中建筑风貌也极具特色。"花开南北一般红，路过江淮万里通"。宋代诗人苏辙[1]所描写的便是江淮地区的盛世之观。自然地理方面，江淮地区气候温和，雨量适中；从历史角度来看，江淮地区隶属中部地带，包容了南方的聪慧及北方的豪爽，具有强烈的兼容性。总的来说，皖中地区建筑风格兼容并蓄，大部分建筑皆属中原遗风，简朴且不奢华。

皖中地区建筑虽然受到周边多种文化的影响，但是主要受儒家思想影响较深，江淮天井式民居、院落式民居等类型从建筑尺度、轴线、群体序列上都体现出人们敬宗收族、秩序感强、等级森严等传统观念。建筑材料使用及建筑布局形式上，也可看出皖中人民在建造过程中充分尊重自然，讲究风水，以达到与自然和谐共生。

在建筑选址上，皖中地区建筑注重礼制秩序，平面形制内向性强，家族群体氛围浓厚。因地处安徽中部，建筑风格融合了北方的粗犷与南方的细腻，院落尺度介于南北方之间。在轴线关系上，建筑轴线一般较为明确，大多以天井或院落为中心，等级森严。皖中地区民居建造一般就地取材主要以青砖、红砖为主，色彩也以青灰居多[2]。

圩堡建筑是皖中传统民居中比较具有代表性的建筑类型之一，其建筑群体一般有大巷及内围墙相隔，形成了外壕、吊桥、城楼、内外匡墙、炮台、内宅围护，层层包围森严的军事防御系统。圩堡民居体量形式多以单层建筑为主，墙体为木板、夯土、石材围护墙体，地面为素土，屋顶形式多为传统的双向坡屋顶，主体延续的坡屋顶构成了皖中圩堡民居的整体风貌。正是这个系统使得圩堡在晚清时局动荡、盗匪横行的时期仍然可以偏安一隅[3]。

三、皖北地区·中原特色

皖北地区位于安徽北部，东靠苏北，西连河南，南临淮河，北接广阔的华北平原，与中原文化、吴楚文化交融渗透，形成底蕴深厚的鲜明特色。在建筑的表现上兼顾北方的大气与南方的细腻，既情寄霸王豪情，又饱蘸吴风楚韵。既沿袭了中原传统官式建筑风格与技艺，以及晋陕民居特色，又采用了吴楚建筑中常用的建筑结构和形式。

皖北地区建筑造型浑厚饱满，单体封闭，围合感强，严格遵循封建宗族礼法。因地理位置处在中国南北方交界处，建筑风格包容并蓄。在建筑结构的选择上有北方地区抬梁式结构体系的特点。建筑色彩以黑灰色为主，沉稳大方。

---

[1] 苏辙（1039–1112年）：字子由，一字同叔，晚号颍滨遗老，汉族，眉州眉山（今属四川）人，北宋文学家、诗人，唐宋八大家之一。
[2] 王翼飞. 皖南民居的设计理念对现代室内设计的启示[D]. 合肥：合肥工业大学，2009.
[3] 姜彬. 独特的皖中"圩"堡景观——刘铭传之故居刘老圩景观复原设计[J]. 园林，20015（10）：28–29.

四、三大地区传统建筑风格特征比较

三大地区建筑风格特征归纳比较 表6-2-1

	文化渊源	建筑类型	建筑特色	风格要素
皖南	徽州文化	徽州民居、土墙屋、树皮屋、石屋、吊脚楼、皖东南民居、祠堂	建筑一般有穿堂式、大厅式。设有门楼、大屋脊吻、飞来椅、隔窗等。正中开有天井，有四水归明堂、聚财积富之意。三雕：木雕、砖雕、石雕。素白墙面。	1）木构架 2）封火山墙 3）门窗栏杆 4）屋顶
江淮	江淮文化	皖西南大屋、皖西北圩寨、江淮天井式民居、合肥院落式民居、桐城世家大宅、船屋	平面布局以三合院四合院为主，院落沿建筑的中轴线纵向延伸，院落中主要房屋居中，坐北朝南，称正房，正房两侧，分列左右厢房，规模较大的民居中，二层常设有走马转心楼。多为清水砖墙，多为穿斗与抬梁的结合，综合了中国南方和北方古民居的结构特点。	1）门窗构件 2）天井空间 3）堂屋空间 4）墙体色彩
皖北	中原文化	亳州四合院、淮北民居	皖北地区由于处于南北两方交界处，因此不仅保留了北方建筑的厚重、围合度高及风格朴实等特点，同时出现了各种南方元素，如封火山墙、骑楼、穿斗与抬梁结合的木构架。	1）门窗栏杆 2）庭院空间 3）建筑色彩

（来源：杨绪波 绘）

第三节 传统建筑哲学凝练

一、自然和谐之道——因地制宜，天人合一，山水情怀

自然和谐之道体现的是建筑与自然的关系，皖南、皖中、皖北虽受不同气候及地理条件影响，但均能表现出因地制宜、天人合一的建筑文化氛围，面对地形和气候的变化，安徽地区的建筑师能够做出积极而微妙的调整：在风景优美、气候宜人的皖南，那里的人们俯仰天地，晴耕雨读，天生地热爱山水美景，拥有诗意情怀。这也促使皖南建筑逐渐产生负阴抱阳，枕山面水的选址理念，利用山与水的天然画卷，打造出独特的粉墙黛瓦的徽派风格建筑。徽派建筑的立面虽然堂皇而封闭，但是内部却奇迹般地拥有一个开敞通透的乐园：和自然融为一体的天井庭院。它不仅容纳了天光雨水和习习凉风，也成为家庭成员共同劳动促膝交谈的公共空间，通过天井庭院，古徽州的工匠找到了人和自然对话的有效途径，同时他们也赋予天井和庭院以美好的生命追求和人文情怀。除此之外，天井庭院用于家庭成员集会的功能和同处于亚热带气候的庞贝古城的民居产生了极为一致的碰撞，这更加说明皖南建筑理念的合理性和科学性；皖中与皖北地区经历众多历史文化的变迁与融合，同时受地域经济条件限制，多体现出内敛保守的风貌特征，虽没有徽派建筑影响深远，但从建筑的一砖一木皆能感受到当地人民积极乐观的生活状态以及对本土山水的浓厚情怀。

徽派建筑的天井（图6-3-1）和古罗马的天井（图6-3-2）都承载着采光、通风和接纳雨水的作用，同时天井下的空间也都用于家庭成员集会和供奉祖宗像和灵位。但不同之处在于徽派建筑的天井往往横放，而古罗马民居的天井纵放，在徽派建筑中有前天井和后天井，而古罗马民居在天井后是一个柱廊院，这才是他们活动的中心。

图6-3-1 徽派建筑的天井（来源：纪圣霖 摄）

图6-3-2 庞贝潘萨府邸的天井（来源：《弗莱彻建筑史》）

建筑在中轴对称的前提下，设置规律有序的功能用房。由于徽商强大的资金背景，徽派建筑的营造往往在建筑学的探索之路上走得更远，一些公共建筑形制巨大，不输官家建筑，装饰精美又胜过之。呈坎宝纶阁正面开间11间（图6-3-3），规模气势直逼故宫太和殿（太和殿也面阔11间）（图6-3-4）。[①] 而有些徽商大宅占地阔大，房舍众多，序列森然，如宏村承志堂建筑面积足有3000余平方米（而太和殿占地面积也就2380多平方米），全宅有9个天井，大小房间60间，136根木柱（太和殿的木柱为72根），难怪人们称此宅为"民间故宫"。浙系和湖湘建筑虽然在形制构造和徽派建筑多有相似之处，但规模和装饰却无法望其项背。徽派建筑巨大的规模和复杂的规划并非只是死板的轴线对称式布局，在众多的徽州宅院中，建筑入口往往正对着一个布置精美的狭小庭院，正堂面对庭院而不面对入口，在建筑内部又能够利用不规则的多余地块设置鱼池和花坛，并点缀以雕镂优雅的石刻漏窗，这种模糊建筑和庭院的设计在宏村的承志堂有着非常生动的体现。

皖中和皖北的建筑更多地和中国北方建筑格局相似，单体布局方正，在"一正两厢"的典型布局上，又衍生出众多子模式。民宅常以合院形式存在，并产生了"圩堡"这类重重设防，布局谨严的城堡式住宅。同时，建筑形制也具有模数化特征，在伦理秩序的引导下持续稳定发展并延续至今。

三、虚实有无之道——空间渗透，阴阳互生，物我一体

虚实有无之道主要体现在建筑空间的塑造上，丰富的空间变化效果是安徽地区建筑典型特征之一，建筑空间很好地由天井及院落组织在一起，尤其在皖南建筑中，以柱围合和分隔空间的手段灵活而通透，形成大量含义丰富的灰空间。多样的建筑空间不仅满足了建筑功能及采光的需求，还创造出灵动的建筑空间效果。

二、伦理秩序之道——布局严密，等级分明，礼乐并重

伦理秩序之道是指建筑布局具有较为严谨的排布方式，特别在皖南与皖中，多进院落都有着层次分明的排布形式，多数

---

① 宝纶阁和太和殿都拥有11个开间的面阔，但是宝纶阁的面宽要远远小于太和殿，太和殿立于三层须弥座上，而宝纶阁则立于一层须弥座上；太和殿立面的立柱是木柱，而宝纶阁的立柱是石质的。

图6-3-3 宝纶阁立面（来源：http://img3.tuniucdn.com/images/2012-09-14/h/h1R97h5332R0uXX6.jpg）

图6-3-4 太和殿（来源：http://www.761313.com/Public/bedit/php/upload1/20140925/14116144597389.jpg）

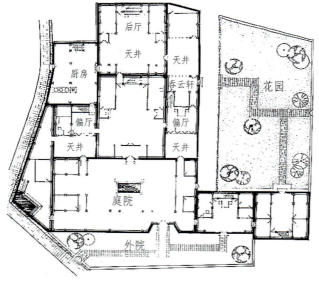

图6-3-5 宏村承志堂平面（来源：姚瑞 绘）

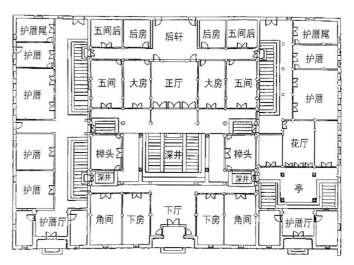

图6-3-6 闽南某民居平面（来源：姚瑞 绘）

相比皖北建筑严谨的对称布局，地狭人稠的徽州村镇并没有多少方正规整的地块，基于合理运用基地的目的，多样性的建筑空间布置被设计师精彩地呈现出来。在大型的宅院中，设计师遵循着模块化的设计法则，将大型空间分割为数个大小不一的小空间，每个空间都紧紧相靠，彼此相通，尽量减少柱和墙的设置，同时也减少了无用的过道和穿堂。每个小型空间都是相似的一正两厢和加上一个天井的格局，天井作为一个重要的控制体系，调节着居住空间的质量和性质，天井扩大，就变为一个合院，天井缩小，就变为采光窗，空间的私密性也就因此增加。在一个大型空间中由于设计的巧妙安排，往往没有死角和多余空间，所有房间和庭院的距离都是相近的，无论使用者在哪一个房间都能享受到天井、内庭院、花坛和鱼池等设施带来的怡人感受。徽派建筑的这种巧妙布置空间、灵活运用地块的手法（图6-3-5），是同样注重天井设计的闽南民居（图6-3-6）所不及的。[1]

---

① 承志堂平面规划注重对于基地的利用，讲究室内外空间的呼应穿插，而闽南民居过分注重轴线对称，导致空间琐碎、缺乏主次、穿堂过多。

图6-3-7　承志堂的中堂（来源：纪圣霖 摄）

图6-3-8　承志堂的门罩（来源：纪圣霖 摄）

四、中庸平实之道——淳朴内敛，兼容并蓄，勤俭古拙

中庸平实之道表达的是建筑整体特色古朴、精细缜密而不浮夸，无论从建筑群体外观效果还是建筑室内空间，都可以感受到古民居安静祥和的氛围。特别是皖中皖北建筑，建筑以青砖饰面，墙面粉刷较少，通过不同的砌筑形式展现出建筑淳朴内敛的一面。皖南建筑虽然雕琢精美，但装饰多集中于非承重的围合遮盖构件上，在承重构件上则不落一字，更得风流。许多装饰和住宅主题密切相关，并被抑制在面积极小的构件上，比如说中堂上的冬瓜梁，虽然位置显赫，但是并未产生过于炫耀的感觉，客人如想欣赏雕刻还须仰视而见。许多装饰似乎过于繁缛，但真实的目的是为了掩饰结构的厚重，使之产生轻快的感受。许多房屋的装饰在"文化大革命"中被毁掉，虽然结构仍清晰明快，但是整体效果黯然失色。

徽派建筑注重建筑的主立面甚于其他立面，在建筑的门脸上大做文章，富裕的人家都有雕刻精美，层次复杂的门罩，望之俨然。但是这种装饰仍然具有设计的科学性：门罩虽然精美，但是如果没有极为朴素的白墙作立面衬托，它的美学效果绝不会这样突出。这种以朴素映衬华美的设计理念不仅存在于立面，事实上在内部也有大量运用：镂空的挂落也是和仅仅刷上桐油的板壁结合在一起，一大片的白墙上仅有一个茶园青色的石雕漏窗，极简和极繁的美感颇具现代理念。

徽派建筑的建筑色彩体系则是黑白分明，这和青山绿水的自然界产生鲜明的对照和呼应，这是徽州工匠的高明之处，他们知道再低调平和的建筑也是对于自然的侵占，完全融入自然只是一种不切实际的幻想，展示人类造物的理性之美、与自然山水争胜、和而不同才是建筑之道。

以宏村承志堂为例，可以看见徽州的古代工匠非常强调装饰和留白的对比。在建筑内部，高悬而节制的装饰和清一色的板壁相映衬，消除了繁缛带来的消极感受（图6-3-7）；在建筑外部，装饰繁复的门罩和朴素的白墙对比（图6-3-8），产生了强烈的建筑美。

五、循环再生之道——师法自然，就地取材，周而复始

循环再生之道主要是描述建筑材料的使用，安徽地区建筑材料主要就地取材，发挥材料特性且不铺张浪费，天然材料的循环利用是安徽建筑较为广泛的利用方式。皖南多林

图6-3-9 宝纶阁的冬瓜梁（来源：黄山市建筑设计院 提供）

图6-3-10 宝纶阁的方石柱（来源：黄山市建筑设计院 提供）

木，在建筑中充分利用木材的抗拉性能，使建筑的月梁微微向上弯曲，形成一个类似于"减压拱"的结构，加强建筑的结构牢固度，这种做法源于汉唐，符合法度，但在北方地区已然消失，而皖南地区不仅继承了古代木作的优良传统，更加以发扬光大，这也显示了徽派建筑在继承和创新方面的强大能量。

事实上，在徽派建筑中看似清一色的木材，在使用起来却有着清晰严格的区分，中堂的额枋，俗称"冬瓜梁"，由于在视觉上有着统揽中庭空间重要的作用，一般使用整根白果木材，白果树生长缓慢，用作额枋的大材往往要生长数百年的时间，以此贵重木材显示郑重，但是屋子里的其余木材则使用普通的杂木，以免对于自然索取、破坏过多。建筑的门罩和窗户均使用砖雕的方式，这不仅是因为皖南地区多优质的制砖用黏土，也因为砖雕劳动强度轻，避免耗费过多的劳力。优质的石材虽然在皖南地区随处可取，但是对于石头的运用仍然是非常节制的，原因是它的加工过于费事，因此只用于柱础、门槛、门墩，以及公共建筑的立柱和须弥座。因此可以看出：虽然徽州乃至整个安徽地区，物产并不贫乏，但是在建筑营造活动中，人们依然严格地遵循着自然的规律，适度使用，爱物惜材，体现了对于自然资源的高度重视和保护意识，是现代绿色建筑的可贵前驱。

宝纶阁的冬瓜梁[①]（图6-3-9）和许多徽州祠堂一样使用了粗大的百年白果木，这种珍贵的树木成材极慢，材质细腻坚韧，有淡淡的香味，可防虫蛀，因此不用髹漆保护，只刷桐油就可以了。但是在图中可以看到冬瓜梁被施以鲜艳繁复的彩绘，颇有京作建筑的风韵，这是徽派建筑向官式建筑学习的罕见案例。徽派建筑一般在祠堂的天井庭院的四角檐柱使用黟县青石头方柱，但宝纶阁为显示自

---

① 冬瓜梁：又称明栿、阑额。

己规格之高，在立面也使用了石柱，这也是一个罕见的案例（图6-3-10）。

安徽省传统建筑受自然气候、材料技术、人文环境、历史发展等影响，在基地选址上体现"天人合一、物我一体"等传统哲学之"道"，在空间布局方面遵循聚族而居、空间有序、等级分明等儒家礼制和宗族意识，在营造过程中用当时的材料与技术以适应当地的自然与气候条件。所谓"形而上者谓之道，形而下者谓之器"，在充分研究与分析传统建筑之"器"的基础上，其背后深层次的"道"自然显而易见。"观今宜见古，无古不成今"，传统建筑的形成与发展是历史进程中的必然产物，安徽传统建筑遗留至今，具有鲜明的地域文化特色，对现代建筑展现其地域性与文化忴非常重要，也对现代建筑传承传统风貌要素有积极意义。

下篇：安徽传统建筑文化传承与发展

第七章　安徽省传统风貌的现代传承与发展概况

安徽地区浓厚的文化内涵，悠久的历史底蕴造就了琳琅多姿的传统建筑，反映了安徽地区社会生活状态、历史沿革特征及优秀的建筑文化传统。历史是不可分割的连续整体，现代的精品也将成为未来的经典，在建筑设计中合理地融入地方传统文化，可以延续历史脉络，展示古人的营造智慧，弘扬地方文化精神，唤醒人们的文化自信与民族自豪感，既符合当代人们的精神文化需求，也符合弘扬安徽古韵的时代需求。

安徽地区的现代建筑中关于延续传统文脉的探索大致分为四个历史时期：①1949－1966年为起步模仿期，该时期建设的一批优秀现代建筑已对传统建筑文化如何保留与延续进行了初探，主要传承方式为对传统的初探；②1966－1978年为探索曲折行进时期，该时期建筑创作渐止；③1979－1999年为建筑传统文化发扬时期，改革开放以来，以皖南徽派建筑为先导的风格探索为全国所瞩目，同时带动了皖中、皖北建筑的地域化萌发；④1999年至今为地区整体风貌繁荣时期，新世纪以来，随着安徽社会、经济、文化的全面发展，各地区建筑文化迎来良好的机遇，形成了空前的全面发展、整体繁荣的景象。安徽地区浓厚的文化积淀、独具一格的建筑风貌正是安徽建筑尊重传统、走向现代、面向未来、传承发展的伏线。在探索历程中虽有曲折，但安徽省各级政府不懈的努力、安徽全民文化自觉的不断提升，均成为安徽地区现代建筑传承传统风格特征的坚实后盾。从而保留了优秀的文化精粹、建造了大批优秀案例，为中国现代建筑传承传统风貌增砖添瓦。以下甄选不同时期的代表性案例进行梳理。

第一节 传承模仿起步时期

"路漫漫其修远兮，吾将上下而求索"，新中国成立以来，安徽省第一代建筑师在现代建筑传承传统风貌方面进行了初步探索。新中国成立初期时中国建筑的创作环境既与外界隔绝，又要统一步调，建筑主要强调纪念性与传统性。该时期的建筑创作或沿用传统符号与建筑形制，或在展示现代建筑形式美学的同时改良传统的建筑语汇。因此，该时期安徽省传统建筑的传承与发展的探索，主要表现在对传统建筑形式的模仿与改进。

安徽省图书馆，1962年建成，位于合肥市包河公园西侧（前身为1913年创建于安庆的安徽省立图书馆，1953年4月正式建立安徽省图书馆，1962年12月迁至合肥市包河公园西侧），建筑面积达6345平方米。安徽省图书馆整体风格端庄古朴，入口屋顶采用中国传统的歇山顶造型，并覆以琉璃瓦点缀。建筑主体采用简洁的几何形体，采用三段式布局凸显建筑入口部分，合理的形体组织与传统屋面相结合，体现传统屋面的古朴大气。入口柱式为简化了的中式柱式，暗喻了安徽传统木构架的斗栱形态。安徽省图书馆很好地融入了古典建筑要素特征，营造出浓厚的文化氛围，是安徽省民族建筑的代表作品（图7-1-1）。

图7-1-1 安徽省图书馆（来源：汪强 摄）

安徽农业大学第一教学楼，1954年建成，采用了歇山顶的形式，是歇山屋面与传统的坡屋面相结合的方式，建筑主体全部为传统样式坡屋面覆盖。屋顶所占比例较大，因此更显古朴气质。下檐口采用抽象化的斗栱作为点缀，使得建筑主体与传统屋面浑然一体，建筑采用素墙灰瓦，典雅朴素（图7-1-2）。

图7-1-2 安徽农业大学第一教学楼（来源：汪强 摄）

合肥江淮大戏院，1954年建成使用。这是由国家投资建设的省内第一座民族古典建筑风格的大型剧院，建筑面积为3590平方米。[①]江淮大戏院采用传统门楼的形式形成入口空间，同时具有传统意味的屋顶覆盖整个建筑。墙面采用富有装饰性的线脚环绕，比例和谐。柱头吸收了抽象且重构了的中国古代建筑中斗栱意象，形成了别具一格的民族古典风格（图7-1-3）。

图7-1-3 江淮大戏院（来源：汪强 摄）

蚌埠百货大楼，1954年建成，位于蚌埠市中心淮河路中

---

① 安徽省地方志编纂委员会.安徽省志·城乡建设志[M].北京：方志出版社，1998.

图7-1-4 蚌埠百货大楼（已拆除）（来源：http://image.baidu.com/）

图7-1-5 安徽省博物馆旧馆（来源：汪强 摄）

山街交叉口处。建筑面积4034平方米，整个结构形成两个半圆立面，各层楼地面皆为紫铜皮分隔图案的彩色水磨石。① 外立面装饰的二、三层条形立柱之间以斩假石底，配制回纹图案，观瞻古雅，色泽调和。整个建筑风格既现代，又蕴含古典装饰，成为当时较为经典的建筑形象（图7-1-4）。

安徽省博物馆旧馆，1956年建成，充分展示了现代建筑的风貌。建筑形体简洁明快，在建筑檐口采用了装饰性的线脚。正立面柱头上采用中式传统的装饰图案，成为整个建筑的点睛之笔（图7-1-5）。

现代建筑起步时期的典型案例充分体现了安徽地区现代建筑在传承传统风貌上的探索，也展示了该时期的社会文化风采，彰显了时代特征。安徽地区现代建筑传承传统文脉的设计理念，正是在此类零星建筑创作的探索中起步的。然而"星星之火，可以燎原"，新中国成立初期的探索开历史之先河，在艰难探索的同时，也为现代建筑传承传统风格和安徽地域建筑文化的发扬奠定了坚实的基础。

第二节 探索曲折行进时期

1966年至1978年期间，建设活动几近停滞，安徽地区传统建筑传承探索也进入了相对困难的时期，但是建筑文化的积淀却未停滞。

蚌埠科学文化宫，始建于1968年，1972年竣工，位于蚌埠南山腰部，面积11783平方米，共3层，建筑主体为矩形。该建筑正面设四座凸出于外墙的4层高的"角楼"。正面矗立六根钢筋混凝土斩假石圆柱，上端饰以齿轮和麦穗图案，隐喻中国传统的民族情结，体现了当时的时代特征（图7-2-1）。②

受当时经济、社会发展停滞的影响，这一时期安徽省现代建筑创作的探索之路艰辛曲折，然而十载磨砺，传统建筑风格发扬的意识也在历史长河中崭露头角，孕育着下一历史时期社会、文化特色的厚积薄发。

第三节 传统文化发扬时期

改革开放以后，安徽地区传统建筑文化愈发历久弥新，加快了走出安徽、面向世界的步伐。在几代规划管理者、设计者与研究者的不懈努力下，他们对安徽地区现代建筑进行了细致

---

① 安徽省地方志编纂委员会. 安徽省志·城乡建设志[M]. 北京：方志出版社，1998.
② 同上.

研究和大胆革新，创作了一批优秀的建筑案例。该时期的建筑吸收了新中国成立初期经典的建筑风格，并在此基础上进行发扬与探索。随着徽州文化、徽派建筑逐渐为人们认知，皖南地区对传统徽派建筑的继承与探索走在了时代的前列，灵动飘逸的建筑风格为全国所瞩目。在徽派建筑传承热潮的带动下，皖中、皖北现代建筑的创作也越来越注重文脉的传承与传统风格的塑造，安徽省迎来了建筑传统文化发扬的新契机，该时期很多经典案例在安徽地区建筑文脉传承中起着承上启下的作用。

图7-2-1 蚌埠科学文化宫（来源：崔巍懿 摄）

黄山云谷山庄于1981年设计建造，建筑群自北而南，逐渐随地势层层跌落下延。山庄建筑群汲取皖南民居中素瓦、白墙、马头檐、洞窗等构件相间组合、纵横交错的形象特色,建筑群随地形变化和环境限制，划分成不同大小空间的院落。[1] 从整体看,建筑体形的群势和地形的跌落基本一致,体现了建筑与环境的融合（图7-3-1）。

位于合肥市包河公园内的浮庄，1983年建造，原为包公书院。整个建筑群是由茶楼、曲榭、亭桥等景组成的依水而建的古典园林。庄内曲径通幽，环境优美，建筑掩于湖光碧影之中。建筑博采徽、苏园林之艺术精华，以粉墙黛瓦的形式再现了安徽古典文化意境，通过院落的组织与环境氛围的营造使得建筑与环境相互映衬，同时运用古典的造园手法，依水就势营造出安徽民族古典风格（图7-3-2）。

图7-3-1 云谷山庄（来源：设计单位 提供）

合肥市城隍庙市场，1984年开工建造，位于合肥市中心，与古城隍庙毗邻。通过天井组织建筑形体，庙街商场为骑楼形式，形成丰富的空间效果。庙前的茶馆、酒楼采用中国传统的歇山式屋顶，营造出浓浓的传统氛围。中心商场形态以台阶形式逐层增高，每层挑平台的檐采用偏坡式斜面形成传统建筑群错落有致的风格。通过中庭的多锥玻璃顶，使得建筑内部空间豁达开朗，展示了现代材质与传统风貌和谐统一的空间效果。整个商业街上部凌空架设五道渡桥，使街道两侧连成一气，上下廊道浑然一体，室内室外连成一片。建筑吸收皖南徽州民居的装修艺术，采用台阶形马头墙，青瓦压

图7-3-2 浮庄（来源：亳岩琰 摄）

顶，檐主墙面施以黑线纹样，墙的端部饰有搏风瓦、印头等陶制饰品。马头墙用色单纯，只用黑白两色，屋面铺设小青瓦形成自然合一的古典风貌[2]。合肥市城隍庙市场的建造是现代

---

[1] 汪国瑜. 营体态求随山势寄神采以合皖风——黄山云谷山庄设计构思[J]. 建筑学报，1988（11）：2-9.
[2] 安徽省地方志编纂委员会. 安徽省志·城乡建设志[M]. 北京：方志出版社，1998.

图7-3-3 合肥市城隍庙市场（来源：杨燊 摄）

图7-3-4 林散之博物馆（来源：徐诗玥 摄）

图7-3-5 琥珀山庄（来源：汪强 摄）

材料与传统材料融合的结果，展示了现代建筑技艺在传统建造方式上的革新，建筑整体风貌受到皖南徽派建筑的影响，城隍庙建筑群的建成带动了地方建筑文化的发展（图7-3-3）。

马鞍山林散之艺术馆，1991年建成，坐落于马鞍山市采石矶风景区，占地3800平方米。林散之艺术馆为传统园林风格，庭院绿草茵茵，安逸闲适，建筑形体尺度适宜，显示出优雅的古典气质。林散之艺术馆不仅营造了古典优雅的空间氛围，还对于传统材料在现代设计中的运用进行了探索，主馆及副馆均采用地方本土建筑材料凸显传统风格，茅草覆顶、粉墙饰面，红木造窗，置身其中能感受到浓郁的地方文化气息。反映出安徽省传统建筑文化自觉发扬时期的多类型探索（图7-3-4）。

合肥市琥珀山庄小区，1992年始建，采用了徽州传统建筑要素的简化形式，建筑形体随地形变化，自然舒展，与自然环境融为一体。建筑组合采取因地制宜、借坡就势的规划手法设计而成。建筑与环境层层融合，营造出跌宕起伏的空间与转折，道路蜿蜒曲折，水体点片相生，又有绿植点缀

图7-3-6 黄山国际大酒店（来源：设计单位 提供）

其间，意境盎然。建筑单体山墙采用马头墙形式以"五岳朝天"方式砌筑，再现了古徽派建筑意蕴。建筑顶部大量使用坡屋顶元素，小区景观中使用的攒尖凉亭都是对传统建筑符号的提取（图7-3-5）。

琥珀山庄是安徽省住宅类建筑的经典之作，包蕴着建筑与环境共生的哲学内涵，展示出安徽地区传统的天人合一的设计思想，建筑单体对于传统马头墙的简化运用，展示出安徽建筑创作的新风貌，是现代建筑古典传承的精品。该小区1994年荣获国家建设部城市住宅小区建设试点综合"金牌奖"和中国建筑质量最高奖"鲁班奖"以及规划、设计、工程质量、科技进步四个单项一等奖。[1]

黄山国际大酒店，1995年建成。位于黄山市屯溪区，风景宜人，背山面水，建筑营造出古朴的徽派建筑风格与原生态的自然风光，与古老的街市风貌相互映衬。该酒店建筑将传统马头墙简化后，进行镂空处理，形成具有意味的装饰墙，彰显了对传统建筑与文化的传承和发展。建筑单体现代感十足，虚实结合，风格浓郁。白色墙面体现了对徽州地区粉墙黛瓦意象的提取，建筑形象简洁大方。开窗采用正面大窗、侧面小窗的手法，不仅满足了室内采光要求，还暗示了古徽派建筑元素（图7-3-6）。

这一时期出现了鲜明的地方地域性特征，建筑创作以皖南徽派建筑风格为代表，并对皖中皖北地区的建筑创作产生了一定的影响。此时，皖中与皖北地区处于蕴蓄萌发阶段，随着地方文化研究的深入，建筑风格的探索迎来了新的历史时期。

第四节 整体风貌繁荣时期

1999年6月，国际建协第20届世界建筑师大会通过了吴良镛院士起草的《北京宪章》。《北京宪章》认为"文化是历史的积淀，存留于城市和建筑中……是城市和建筑之魂"[2]。同时提出"地区建筑学并不只是地区历史的产物，更与地区的未来相连。"[3]《北京宪章》在对建筑发展历程的总结与剖析的基础上，展望了21世纪建筑学的前进方向。面对新世纪、新机遇、新挑战，安徽省现代建筑创作继往开来，在总结历史精粹的基础上，展望未来，涌现出一批优秀的建筑作品，风格呈现多元化发展。

传统的地域性建筑形式在运用现代设计手法、满足现代设计功能的同时，也经历了"删繁就简"的过程，因而更多地吸取了现代造型精神或变形，透露出地域建筑的魅力[4]。该时期以皖南徽派建筑风格发展为主导力量，皖中、皖北创作实践渐次；在皖中地区以江淮文化研究为基础，形成了多样融合的地域建筑新风貌；在皖北地区受中原文化的影响形成了端庄大气的建筑风格形态。在新世纪的建筑创作中，安徽省无论从建筑类型、建筑规模或者营造方式、设计手法等方面均进行了创造性的探索。

1. 徽派风貌的延续

在地方建设风格的探索中，皖南一直作为安徽传统建筑风貌延续发展的表率，在新的历史时期，皖南现代建筑无论从设计手法还是表现形式上均有了新的发展。建筑创作也更为注重地方文化的精神内涵。

---

[1] 丰玮. 公共服务设施配置与居民出行间关系研究——以合肥市居民出行行为调查为例[D]. 合肥：合肥工业大学，2011.
[2] 吴良镛. 国际建协《北京宪章》——建筑学的未来[M]. 北京：清华大学出版社，2002.
[3] 同上.
[4] 邹德侬，刘丛红，赵建波. 中国地域性建筑的成就、局限和前瞻[J]. 建筑学报，2002（5）：4-7.

图7-4-1 徽商故里大酒店（来源：设计单位 提供）

图7-4-2 岩寺新四军军部旧址纪念馆（来源：杨燊 摄）

图7-4-3 天柱山茶室（来源：设计单位 提供）

图7-4-4 绩溪博物馆（来源：王达仁 摄）

徽商故里大酒店，2005年建成，位于黄山市，总建筑面积8530平方米。建筑风格为徽州地方传统建筑风格，设计运用了徽派商业建筑的构图手法，采用了最具徽州古建筑特点的建筑构成元素，使得整幢建筑质朴清雅、徽风盎然。徽商故里大酒店整体上仍采用模仿传统建筑形态的设计方式，其内部设计更注重体现徽州文化的精神内涵，在建筑中部设置了中庭，改善了建筑的采光通风效果，暗喻了徽派建筑中"天井"的形象，突出了徽派建筑中"四水归堂"的文化意象。在立面设计中简化了一些古建筑构件的处理，使其形神均似，而非照搬、照抄，达到了"徽中有新、新中有徽"的设计效果（图7-4-1）。

岩寺新四军军部旧址纪念馆，2012年建成，位于黄山市徽州区，建筑面积近2000平方米。纪念馆原为金家大院，建筑通过对原有建筑的修葺改造，恢复原貌，并加以重建。建筑保留了原有的建筑风格并在山墙部位加以展示，同时外部以现代表皮加以围合，形成了古今建筑肌理相互结合、相互嵌套的效果。新建表皮采用简化了的坡顶形式，同时色调与周边斑驳的古建肌理相互协调。广场通过照壁的形式形成传统建筑的格局，并通过照壁上的壁画展示主题。建筑风格与周边环境充分融合，通过传统建筑与现代建筑肌理的嵌套，探索了传统建筑肌理借用的创作手法（图7-4-2）。

天柱山茶室，2012年建成，位于安庆市潜山县，建筑面积约1000平方米。建筑以混凝土为主要材料，形成了一种

图7-4-5 亚明艺术馆a（来源：王达仁 摄）

粗犷的建筑形象，同时通过形体的组织变化，形成了高低起伏的效果，模拟了周围山脉的高低起伏的外表。建筑整体为灰色调，映衬在山水树木之中，与周围景观完美融合，仿若天成。多组方形的小窗形成了高低起伏的韵律，与山水形态相互映衬。建筑运用现代建筑设计手法，传达出与自然风貌完美融合的地域文化精神，体现出地域文化建筑空间组织与内涵发掘的新方向（图7-4-3）。

绩溪博物馆，2013年竣工，坐落于绩溪县华阳镇，建筑面积10000平方米。绩溪博物馆基地原为绩溪县衙旧址，功能几经变革。设计在对当地自然风貌、聚落形态、社会环境考察的基础上，组织建筑形体。以一个连续且变化的屋面统领整个建筑形体，起伏的轮廓与肌理形式充分体现中国画的山水意境。在建筑空间内采用传统街巷意象，并合理分布院落、天井空间，使得徽派建筑的传统空间得以重新演绎。建筑使用当地常见的材料，并采用灵活的使用方式结合当地传统的建造技术，创造出建筑的地域感与时代感（图7-4-4）。

黄山黎阳in巷街区，2013年开始运营，建筑面积60000平方米，项目内保留的黎阳老街至今已有1800年历史，且与屯溪老街一桥之隔，具有丰富的历史文脉。黎阳in巷的建设是传统建筑保护与现代空间更新的综合展示，一方面在商业开发的同时保留了八座传统建筑进行修缮与革新，另一方面为发扬徽州传统文化，整个街区的新建建筑均从不同方面展示了徽州传统文化的传承。传统空间的更新、新旧材料的叠合使用、新老风格的交织融合在此均被展示出来。入口处采用传统的石牌坊进行点缀，街区中的建筑创作处处可见传统风韵。街区整体展示的是一个从传统到现代的生活模式，整体风貌特征是一条绵延不断的脉络，充分地体现了传承与创新的契合。

2. 江淮风貌的崛起

随着长江中下游经济带的发展，以合肥为中心的江淮城市群，发展成为我国泛长三角的重点城镇群之一。皖中环巢湖文化的提出，赋予了环巢湖建设风貌新的内涵，形成了引领皖中地区地域文化特征的新格局，环巢湖风貌的提出对于皖中地区建筑风格的系统研究与创作探索有着深远的意义，有利于指导巢湖周边皖中城镇建设文脉的传承。皖中地区地处江淮之间，文化多样融合，因此在新时期的建筑风格特征结合了当地文化内涵，形成了丰富的建筑形态。

亚明艺术馆，2001年开馆，位于合肥市包河区，建筑面积2300平方米。亚明艺术馆抽象了传统马头墙的意象，高低错落形成别具一格的建筑造型（图7-4-5）。亚明艺术馆仍然借鉴了徽派建筑的传统要素进行创造，但在此基础上进行了风格的变化，蓝白肌理相互映衬，营造出清新淡雅、别具一格的建筑特色。建筑同时注重传统意境的营造，表达了中国画的内涵与意象。巧妙的光影设计透过建筑表皮形成了优美的光影效果，表达了线条韵律内涵。[1]建筑采用了现代的建筑材料，轻钢框架结构增强了建筑空间和表皮处理的灵活性，立面墙体采用双层清水玻璃墙，在两层玻璃之间形成深浅不一、粗细各异纹理质感（图7-4-6）。

合肥金大地·1912商业街，2010年建成，位于合肥市蜀山区，总建筑面积100000平方米。金大地·1912是徽派

---

[1] 王绍森. 广义理性分析、综合、判断——合肥亚明艺术馆设计[J]. 建筑学报，1998（2）：27-30.

图7-4-6 亚明艺术馆b（来源：王达仁 摄）

图7-4-7 金大地·1912（来源：江涌 摄）

图7-4-8 安徽省博物馆新馆（来源：王达仁 摄）

建筑文化与商业街相结合的典型案例。整个街区展示了传统与未来交融的设计理念，内街以安徽传统建筑元素为主题，街道入口均点缀传统门洞，通过串联式院落形式形成连续的收放序列空间。内街强调了传统街道、广场与院落之间的关系，在流线的组织中营造传统氛围。外街面向城市道路采用较为现代的建筑风格，展示了简洁明快的立面效果。设计中注重交往空间的营造和关怀。传统建筑符号在街区中以点缀性符号的形式，形成若干展示区，入口处迁建的徽州古戏台成为街区的亮点（图7-4-7）。

安徽省博物馆新馆，2011年投入使用，位于合肥政务文化新区，建筑面积41000平方米。安徽博物馆新馆的设计创作中综合体现了对于传统风格的文化意境与元素符号的抽象与表达，设计借用传统徽派建筑四水归堂的意象，以"回"字形的参展流线，抽象隐喻徽州传统民居的天井空间。建筑采用金属作为表皮材料，并加工成传统印刻的纹样效果，透露出古朴厚重的历史情怀。建筑主体又被轻盈的"L"型玻璃幕墙分割，形成了局部晶莹剔透的效果，颇具传统与现代对话的意境。安徽博物馆的设计是运用现代建筑设计手法与建筑材料，整合建筑空间、营造人文意蕴的优秀案例。通过空间、材质、环境的融合与再现，传达地域文化的精神和建筑文化内涵（图7-4-8）。

安徽名人馆，2015年开馆，位于合肥市滨湖新区，建筑总面积共38000平方米。安徽名人馆采用简化了的传统坡屋顶的形式，出檐较深，舒展大方。建筑主体采用现代建筑的创作手法，形体简洁，体块之间高低错落。以黑线勾勒建筑主体轮廓，结合高低起伏的主体形态，与白色墙面形成对比，形成传统建筑马头墙意向。入口空间采用马头墙的意向引导序列，同时隐喻了传统牌坊的形式。入口广场运用大台阶引导序列对比强烈，更显建筑的恢弘气势（图7-4-9）。

3. 皖北风貌的探索

21世纪之后，皖北地区对建筑传统文脉的传承进入深化阶段，皖北地区受到中原文化的影响，建筑风格中正端方、大气恢弘，同时融合了不同地区的历史文化特征，其建筑创作大多体现了端庄、古朴的地方历史文化特征。

淮北市博物馆，2004年建成，位于淮北市新城区，建筑面积10670平方米。该建筑以展示隋唐运河的发掘为主题，融入了淮北煤文化与隋唐运河的文化要素。建筑展现了皖北传统建筑浑厚大气的风格特征，表达了地方文化内涵。建筑整体色彩以灰白为主色调，入口部分抽象简化城阙的意象，

图7-4-9　安徽名人馆（来源：高岩琰 摄）

颇具汉唐风采，充分展示了现代建筑设计中地方文化的延续与传承（图7-4-10）。

蒙城博物馆·规划展示馆，2012年建成，以传统的斗栱意象生成建筑顶部造型，同时抽象运用传统方印的形式为主体造型，营造出方正敦实的形态。深出檐表现了中国传统官式建筑的屋檐特征，而中国红运用其中，起到很好的点缀效果。蒙城博物馆·规划展示馆综合运用传统符号、传统肌理和传统色彩，是皖北地区现代建筑传承地方传统文化特征的典型案例（图7-4-11）。

21世纪以来安徽省各地区均重视现代建筑传承传统文脉的风格特征，从形体组合、建筑造型、室内空间、建筑装饰、建筑色彩等方面进行了探索实践，主要体现为皖南灵动飘逸、皖中多样融合、皖北中正端方，同时结合现代建筑设计手法，形成了百家争鸣、百花齐放、共同繁荣的格局。随着安徽省城市建设工作的深化、传统文脉探索，以及相关研究的进一步深入，安徽省的建筑创作探索必将拓出新的篇章。

以上安徽省不同地域风貌特征的典型案例，展示了安徽省在现代建筑传承传统风貌意蕴方面的既往探索，在70年来的安徽省现代建筑创作历程中，地方文化是贯穿现代建筑

图7-4-10　淮北市博物馆（来源：吴秀玲 摄）

传承探索的主要脉络，时而明晰，时而隐晦，最终历经风雨延续传承，并弘扬了地方传统文化，展现了社会人文风采。传统建筑的保护与传统风貌的传承面临着诸多困难与挑战，本篇优秀案例部分将成为安徽现代建筑传承传统建筑风貌，展示现代与传统建筑技艺结合的一个缩影。"雄关漫道真如铁，而今迈步从头越"，愿吾辈之探索，能萃传统之精华，展时代之风采，拓未来之篇章。

图7-4-11　蒙城博物馆·规划展示馆（来源：设计单位 提供）

第八章　安徽省现代建筑传承传统风貌要素解析

　　安徽现代建筑传承传统风貌的手法大致可以分为以下五种类型，即建筑肌理、建筑应对自然气候的特征、建筑空间变异、建筑材料与建造方式、点缀性符号的运用等方面。安徽地区当代的优秀建筑，一方面兼顾了现代建筑功能需求；另一方面从不同方面对传统风貌进行了传承，体现出传统建筑的神韵，彰显人文特色。下面分别从五个方面展开叙述。

第一节　通过建筑肌理体现建筑特色

一、传统建筑肌理的借用

传统建筑的肌理特征体现了古人的建构方式与审美倾向，且具有较高的美学价值。在现代建筑设计中可以通过现代手法对传统建筑的肌理进行保护，使得传统建筑片段乃至整个传统建筑历久弥新。在新建筑设计建造时，可以通过对比与融合两种方式，将传统建筑肌理呈现于现代建筑中。肌理的对比是指使用现代材料形成简洁明快的风格，与传统建筑肌理对比，凸显传统建筑的美学价值。肌理的融合是指在设计中借用和重现传统建筑肌理，或采用玻璃等透明的材质，反衬出传统肌理的质感，使得形式上从传统到现代的过渡自然融洽。传统建筑肌理的借用在新建筑中呈现出现代与传统的对比与融合，唤醒人们思古忆今的情结。

对于传统建筑肌理的借用最直接的方式是迁移、引入现存古建筑的片段，或在建筑场地原址上保留更新，来还原传统建筑的风貌特色，强化地域归属感和历史认知感。岩寺新四军军部旧址纪念馆[①]便是这一类型的案例。纪念馆是在原新四军军部——金家大院的旧址上建设的。纪念馆周边为岩寺老街及徽州古建筑群，建筑通过对原金家大院及周边古民居进行修葺改造，部分恢复原貌，并加以增建。场地内保留了牌坊、廊桥等原有建筑（图8-1-1、图8-1-2），以标识出纪念馆入口广场，并唤醒人们对场地的历史记忆（图8-1-3）。建筑在体量的处理上别具匠心，将建筑划分为前后两部分，沿道路部分为大体块，与道路、城市的肌理相呼应，同时形成建筑正立面的背景，后部入口处则为小体块分散式布局，相对错动，体块之间用玻璃连接，与徽州民居的尺度大体一致，与周围古建筑的空间肌理融为一体。

对传统建筑肌理的借用还体现在符号的肌理化上，建筑入口处（图8-1-4）借用柱式的牌坊体现皖南徽州的地域特色，在建筑小体块空间的立面上借用马头墙形式隐喻金家

图8-1-1　岩寺新四军军部旧址纪念馆廊桥（来源：杨燊 摄）

图8-1-2　岩寺新四军军部旧址纪念馆牌坊（来源：杨燊 摄）

图8-1-3　岩寺新四军军部旧址纪念馆鸟瞰（来源：设计单位 提供）

大院原有的建筑肌理，也与周边建筑山墙相呼应（图8-1-5）。建筑以坡屋顶和沿城市道路立面的连续屋顶的形式呼应了传统建筑的坡屋顶形式。

---

① 岩寺新四军军部旧址纪念馆位于黄山市徽州区，建筑面积近2000平方米，于2012年底建设完成。

图8-1-4　岩寺新四军军部旧址纪念馆入口（来源：杨燊 摄）

图8-1-6　岩寺新四军军部旧址纪念馆花岗石肌理（来源：杨燊 摄）

图8-1-5　岩寺新四军军部旧址纪念馆山墙（来源：杨燊 摄）

图8-1-7　岩寺新四军军部旧址纪念馆粉墙肌理（来源：设计单位 提供）

　　在借用传统肌理的同时，建筑并未采用传统的建筑材料，而是以现代材料体现传统特色并隐喻纪念馆的主题。建筑前部小体量的建筑体块外立面采用灰色花岗石贴面（图8-1-6），显得沉稳厚重，隐喻新四军艰难的创建和抗战历程。建筑后部大体量的体块采用白色抹灰，体现了徽派建筑粉墙特色（图8-1-7）。在装饰方面，建筑入口处的照壁采用浮雕形式展现新四军抗战时的场景（图8-1-8），入口处的广场地面雕刻出新四军在皖南地区的军事活动范围地图，室内入口正中放置新四军人物群石雕像，以契合主题。

　　对传统建筑肌理借用还体现为对原有建筑的重新利用、更新改造等措施上。1958香樟国际艺术馆[①]（图8-1-9）是一座由旧厂房改造而来的社区会所和艺术馆。该会所始建于1958年，最初的功能是合肥化工机械厂的厂房，是苏联建筑师设计的一处具有东欧特色的老建筑。设计师在原旧厂房的基础上进行改造，形成了独具特色的艺术馆兼社区会所。

　　建筑在改造过程中保留了原有厂房的结构体系和红砖外墙（图8-1-10），红砖砌筑的拱券式结构成为贯穿整个建筑群组的重要元素，拱券在建筑立面上形成出入建筑的洞口（图8-1-11）。裸露的钢结构和拱券连廊是建筑外部空间

---

① 合肥1958香樟国际艺术馆位于安徽省合肥市香樟雅苑小区内。

图8-1-8 岩寺新四军军部旧址纪念馆照壁（来源：杨燊 摄）

图8-1-9 合肥1958香樟国际艺术馆（来源：崔巍懿 摄）

图8-1-10 合肥1958香樟国际艺术馆钢构与砖砌（来源：崔巍懿 摄）

图8-1-11 合肥1958香樟国际艺术馆砖砌拱券（来源：崔巍懿 摄）

的标识，部分钢架上加入玻璃顶形成了半室外活动空间（图8-1-12）。在空间上利用原有工业厂房大空间高敞的优势，设计了羽毛球、游泳等活动场所，增加了空间趣味性，也让人感受到原有厂房结构与空间的魅力。

原老厂房的内部空间改造成艺术馆，主要功能已置换为酒吧和独立的展示空间，但老厂房的红砖依然保留，体现出原有建筑的工业气息，同时展示出现代设计手法与艺术气质的对比融合。改建中保留了钢铁、木头和红砖等原有建筑材料，以体现老厂房建筑质感，建筑通过对原有材料肌理与新材料的融合，达到保护传承传统建筑的目的。改造中也使用了现代建筑材料，如玻璃等透明材料，使现代改造部分与需要保留的传统建筑片段形成鲜明对比（图8-1-13）。在厂房改造中通过对传统肌理的借用，以各种现代的方式加以保护利用，保留传统建筑片段，使传统建筑焕发新生。整个设计将传统肌理融合到现代设计中，唤起人们对"钢铁时代"的记忆。

二、传统建筑肌理的模仿与简化

现代建筑多以简洁明快的风格凸显功能属性与时代特征。因此，在设计中通过对传统建筑肌理进行抽象、简化、再加工，提取最为典型的肌理特征融入现代建筑中。通过对传统建筑肌理与其组合关系及色彩特征进行简化抽象，再运用现代设计手法与施工工艺，彰显出现代建筑的简洁风格。简化的肌理通过不同的组合方式，形成独具特色的建筑表皮特征，在整体统一中体现人文内涵，在灵活变化中把握传承

图8-1-12 合肥1958香樟国际艺术馆钢架与玻璃顶（来源：崔巍懿 摄）

图8-1-13 合肥1958香樟国际艺术馆钢架、玻璃和砖的结合（来源：崔巍懿 摄）

图8-1-14 公园首府（来源：设计单位 提供）

图8-1-15 公园首府内部小径（来源：设计单位 提供）

精要。建筑肌理的模仿与简化兼顾了对传统的传承、对环境的尊重，同时，简化的传统风格肌理丰富了建筑设计要素，也对地域建筑设计的发展起到推动作用。

传统的徽州村落受自然环境、儒家思想、文化融合等方面的影响，形成了空间有序、布局清晰的村落肌理，呈现相对完善的空间形态，营造了良好的住区人居环境，这对现代居住区的规划与建设有很大启示。

对传统建筑肌理的模仿或简化的案例大量出现在皖南地区居住区的规划建设中。位于黄山市黟县的公园首府①（图8-1-14）住区内部环境借鉴了徽州村落布局方式，因地制宜、依山就势，追求自然风貌与人文景观相结合。公园首府在社区东面主入口引入一条通廊型景观水道，整个水系有规律地迂回曲折，不仅成为整个小区的主要景观，同时还与周边的黄士陵公园水系在形态上交相呼应，模拟出徽州村落的

---

① 公园首府位于黄山市黟县，2010年10月建设完成。总建筑面积为101000平方米，总占地面积为81000平方米。

图8-1-16 公园首府传统建筑符号的使用（来源：设计单位 提供）

图8-1-17 三元山庄内部环境（来源：设计单位 提供）

水系环境特征。住区内植物景观与粉墙黛瓦相互映衬，营造出徽州村落中石板路曲径通幽的意蕴（图8-1-15）。

住区单体建筑设计提取并简化了徽派建筑的典型元素，如白墙、黛瓦、檐口、雕花、花窗、柱饰等，使得整个小区富含徽州建筑文化底蕴，传承了徽派建筑的历史文脉。在传统徽州民居的色彩处理上，较为重视黑、白、灰，以白色墙面为主基调，公园首府也模仿了这一徽派建筑的色彩基调。在立面构成上重视点、线、面的有机构成。单体建筑主要采用双坡、半坡的黛瓦屋顶，形成错落有致的建筑天际轮廓线。花窗、门楼等传统装饰符号的沿用，使建筑高低错落、疏密有致、清新淡雅。建筑屋顶使用徽派建筑的标志性符号——马头墙，采用五岳朝天形式，层层叠叠，展现出传统建筑肌理特征（图8-1-16）。公园首府在传承传统徽派建筑方面，主要采用现代手法、工艺、材料，对传统元素加以重新演绎。如将马头墙变形，并非简单地沿用旧有符号，形成具有现代感的不对称形式，使得建筑形态更为丰富。此外，还利用槽钢、防腐原木等现代材料重新建构立面肌理，以形成简约挺拔的风格。

传统建筑肌理的模仿与简化不仅主要体现在皖南地区的居住区中，在安徽其他地区的住区规划与建设中也有所运用。位于六安市经开区的三元山庄住区①（图8-1-17）整体布局模式借鉴了徽州传统村落易经八卦的风水格局，以及聚族而居的社会特征，营造了邻里相依、世代相传的住区模式，空间组织体现出浓厚的居家生活氛围。整个社区规划边界清晰，由不同形式的住宅组成一个大村落肌理，各种联排别墅和多层、小高层住宅组成一个个小村落，各"村"内部都有曲径通幽的街巷或步行小径以及大小不一的内部院落，宜人的尺度构成了富有人情味的宅间环境。

三元山庄住区建筑单体的布局上同样延续了徽派建筑特征，每幢单体均结合住区内部地形和水系而置。而粉墙黛瓦、天井庭院、坡屋顶、马头墙这些徽派建筑的典型符号，与住区内曲径回廊、亭台楼榭、小桥流水等景观相互组合（图8-1-18），共同构成传统园林般山水诗意的空间环境。单体建筑利用高墙作屏障，营造出的深院构成了徽派建筑的天井院落。单幢建筑通过马头墙元素的添加，增加了建筑轮廓的渐变的韵律美（图8-1-19）。住区建筑整体色彩与徽派建筑一样以粉墙黛瓦为主基调，色彩上总体重现质朴典雅、内敛含蓄的黑白灰色调（图8-1-20），但在局部则创造性地使用跳跃性的色彩，如住宅大门采用暖调的木本色，更显温馨自然。

---

① 三元山庄位于六安市经开区皋城东路，2014年建成。总建筑面积约为14万平方米，总占地面积约为13万平方米。

图8-1-18 三元山庄内部景观（来源：设计单位 提供）

图8-1-20 三元山庄建筑色彩搭配（来源：设计单位 提供）

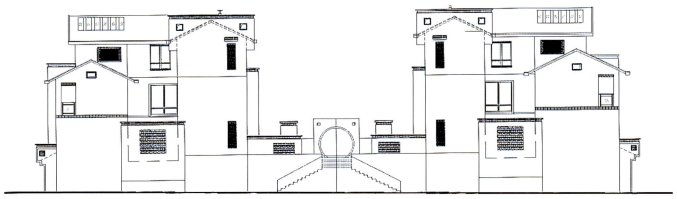

图8-1-19 三元山庄立面图（来源：设计单位 提供）

合肥市肥西县万振紫蓬湾住区[①]在设计时融入了皖中地区的传统建筑特点，对传统建筑肌理进行了借鉴与升华。该住区在单体空间上沿袭古越巢居，局部设两层，形体上高低错落。建筑一般坐北朝南，开间数采用三间或三间以上的单数，进深通常大于两间，形成多个院落（图8-1-21），呈现"房间—院落—房间"的院落式布局。这种依次循环的布局方式，使得空间富有层次感，内敛而含蓄地表达出皖中传统的居住理念。建筑墙面以传统的砖石材料为主，采用悬山青瓦作为屋顶的构造方式，显示出淡然悠远的皖中建筑的风雅意境。在建筑色彩肌理方面，不论是商业建筑还是住宅，在色调上均以灰、黑为主，不施重彩，并且尽可能保持材料的自然质感（图8-1-22），在紫蓬山景区

---

① 万振紫蓬湾位于合肥市肥西县紫蓬山风景区，建设于2013年。项目选址在紫蓬山中，包含一期商业街，二期别墅项目，总建筑面积约11万平方米。建筑背山面水，负阴抱阳，符合中国传统的居住理念。跌落组合的中式景观空间湖光山色，美轮美奂，营造了浓浓的传统人文风雅气息，同时也使整个建筑群体与紫蓬山景区基底环境完美地融合统一。

图8-1-21 万振紫蓬湾庭院环境（来源：陈薇薇 摄）

图8-1-22 万振紫蓬湾建筑色彩与肌理（来源：陈薇薇 摄）

图8-1-23 黄山国际大酒店入口（来源：设计单位 提供）

图8-1-24 黄山国际大酒店外观（来源：设计单位 提供）

山水之间及绿树丛中显得特别古朴文雅。为了满足现代生活的需求，住区在建筑材料和建构技术上采用了现代材料和方法，如门窗采用玻璃、铝合金等材料，更好地满足日常通风、采光、观景要求。

由以上几个住区可以看出，当代的住区在延续传统建筑肌理上主要采取模仿与简化的手法，具体体现在对传统村落进行模仿，在选址上尽量选择"背山面水"的格局，在布局上依山就势，并按照村落中"启—承—转—合"的空间序列营造室外环境，在建筑单体上采用马头墙、隔扇窗等的简化运用，在色彩上以黑白灰的色调为主，外立面适当采用木质色彩。

对传统建筑肌理的模仿与简化不仅在居住建筑设计中有所体现，在公共建筑设计中也不断地探索与发展。20世纪90

图8-1-25 黄山国际大酒店肌理与色彩（来源：设计单位 提供）

图8-1-26　阜阳市第三高级中学新校区入口（来源：设计单位 提供）

年代初建成的黄山国际大酒店[①]是对"新徽派"建筑的一次尝试。建筑基地西南侧紧邻横江，东北侧为山地，坐落在山坡上，基地平坦部分为六层宾馆客房，西侧的缓坡作为相对独立的办公及附属用房（图8-1-23）。主体部分保持了较强的整体感，而附属部分的处理则较为自由灵活，这与徽派建筑依山就势、顺势而为的布局理念是一致的。建筑内部围绕中庭布局，形成明确的中心，强化了"堂"的意象；而颇有江南风韵的小庭院是对徽州山水的另一种解读。

在符号肌理上，建筑沿狭长地形形成舒展、层次丰富的立面形态，简化和抽象了传统的马头墙形式，运用现代建筑的梁柱结构重构，将山墙实墙面局部挖空，因建筑体量的高低变化布局，呈现跌落的肌理，马头墙高低变化、错落有致，形成良好的天际线。这种处理手法有效地分散了建筑的实体感，尺度亲切，给人以舒展、轻盈之感（图8-1-24）。在材料肌理上，建筑外观以淡蓝色墙面、蓝色琉璃瓦屋顶与蓝色墙脊镶边的肌理取代了传统白墙抹灰与小青瓦屋顶的传统形式，以现代材料肌理表达了徽州传统建筑群总体外观色彩的神韵（图8-1-25）。新材料、新结构、新形式表现了建筑师对传统建筑文化的新思考。

阜阳市第三高级中学[②]（图8-1-26）是当地的一所百年老校，其设计从借鉴传统阜阳民居入手，并进行传统形式的现代转译（图8-1-27）。对墙、柱、屋面的元素进行抽象处理，然后把它们以并置的方式组合在一起，构件的独立使得单个传统元素的集合反而表现出了极强的现代构成感。材料的选择也是基于这一原则，对阜阳民居的研究确定了墙体材料为面砖、涂料和木材，墙面以清水青砖为主。小体量的民居转化到六层的大楼时，为了避免过于压抑，设计中对面砖的色彩（图8-1-28）进行了处理，随着体量的变大，色彩相应变浅，以减少对人的压迫感（图8-1-29）。

在明确的外部边界下，内部以一个均质的网格体系控制了整个校园。网格的序列空间是对传统中国书院空间的回应。传统书院具有一种研究院式的开放格局，而院落空间正是其中的核心。因此院落亦将成为新三中的灵魂，传统符号折射出的是现代的思想。所以不论是在建筑风格的选择上，还是在规划思想的基础上，都进一步强化了安徽的传统和地域的特点。

---

① 黄山国际大酒店坐落于黄山市屯溪区，1995年建成。
② 阜阳市第三高级中学新校区位于安徽省阜阳市，建成于2013年。

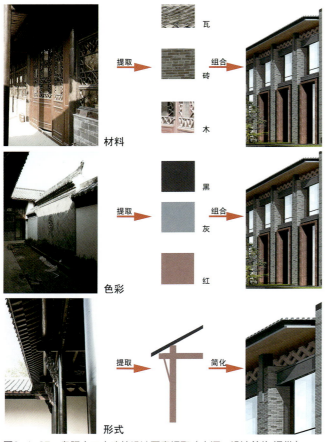

图8-1-27　阜阳市三中建筑设计要素提取（来源：设计单位 提供）

图8-1-28　阜阳市三中建筑肌理与色彩（来源：设计单位 提供）

图8-1-29　阜阳市三中建筑尺度感（来源：设计单位 提供）

在建筑空间布局方面，中国徽州文化博物馆、徽派艺术建筑博物馆、新安医药文化博物园都是以分散式的布局体现传统徽州村落的肌理。在单体建筑设计中，黄山市建筑设计院办公楼和徽州雕刻博物馆则是以集中式的布局模仿与简化传统建筑肌理的代表。

中国徽州文化博物馆①是对传统建筑肌理的模仿与简化的新表达。建筑以"天人合一"为主导思想，以徽州地理山水为背景、徽派建筑风格为基调，展示了徽州文化的各个方面，体现了徽州文化主题（图8-1-30）。建筑背靠山体，整体以分散式的空间布置来模仿徽州村落布局，建筑入口部分中轴对称，遵循儒家思想中礼制秩序。后部则结合自然环境，因地制宜，相对入口空间则较为自由。建筑内部空间模仿徽州民居中的天井，形成带有玻璃天窗的多进院落（图8-1-31），建筑门厅及序厅以玻璃和构架形成坡屋面，阳光在门厅的地面和墙壁上不停移动，形成富有传统意境的光影效果。

建筑入口前空间形成广场，类似于徽州村落祠堂前"坦"空间，具有较强的仪式性。在符号肌理上，建筑大门以徽州马头墙为背景，入口雨棚以徽派建筑祠堂的门楼抽象简化成钢和玻璃的飞檐（图8-1-32）。建筑外立面模拟徽派建筑粉墙黛瓦，形成白墙与黑色墙脊的现代材料肌理，立面上以竖向条窗体现墨色肌理，大小各异的矩形窗表达了徽州村落外立面窗洞的意象（图8-1-33）。

---

① 中国徽州文化博物馆位于黄山市中心城区，总建筑面积14000平方米，于2006年建成，是安徽第二大综合性博物馆，偏重于地方民俗。

图8-1-30 中国徽州文化博物馆正立面（来源：设计单位 提供）

图8-1-31 中国徽州文化博物馆总平面图（来源：设计单位 提供）

图8-1-32 中国徽州文化博物馆大门（来源：设计单位 提供）

图8-1-33 中国徽州文化博物馆立面肌理（来源：设计单位 提供）

徽派艺术建筑博物馆[①]在环境与建筑关系的处理上体现了传统徽州村落中的特点。建筑西靠赭山，东临九华中路。从总体上看，环境包围建筑，建筑围合院落，形成环境中有建筑，建筑中有环境的关系，这与徽州聚落处于自然山水之中的村落肌理相一致（图8-1-34）。建筑整体分为藏品馆、展览馆和古民居三部分，建筑主体部分有明显的中轴线，而建筑外围部分以自由灵活的布局与赭山公园的地形相适应。建筑以带玻璃天窗的内庭模仿徽州民居中天井的意象，形成多进院落的空间序列（图8-1-35）。建筑围合的庭院内以水系贯穿，形成池塘，在池塘周边叠山植树，营造传统徽州园林的景象，小而精致，古朴典雅。

从体量上看，夕围建筑高度较低，越往内建筑高度越高，马头墙的层次也越往内越高，形成层次感与韵律感。外立面依然选取白墙青瓦等传统建筑材料，与内部古民居的建筑材料肌理相呼应（图8-1-36）。建筑外观模拟徽派建筑群中窗洞的立面肌理，形成大小不一的方形窗（图8-1-37）。建筑与赭山公园周围环境相融合，却又不失徽派建筑村落的特色，是对传统地域建筑文化的现代表达。

新安医药文化博物园[②]建筑群在空间布置上注意呼应外部城市环境肌理，并整合传统的城市空间意象。博物馆与园区

[①] 徽派艺术建筑博物馆位于芜湖市赭山公园东门北侧，西靠赭山，东临九华中路。占地面积11000平方米，主体建筑面积6000平方米。
[②] 新安医药文化博物园位于黄山市休宁县。基地中的博物馆及会所是新安医药文化博物园中最精华的一组建筑群。博物馆及会所占地面积20150平方米，建筑面积111830平方米。

图8-1-34 徽派艺术建筑博物馆鸟瞰图（来源：设计单位 提供）

图8-1-35 徽派艺术建筑博物馆内庭院（来源：夏晓露 摄）

图8-1-36 徽派艺术建筑博物馆立面肌理（来源：夏晓露 摄）

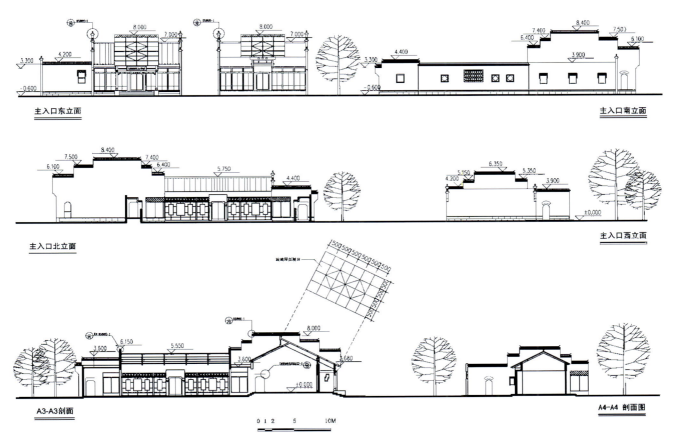

图8-1-37 徽派艺术建筑博物馆立面与剖面（来源：设计单位 提供）

图8-1-38 新安医药文化博物园正门外观（来源：汪斌 摄）

图8-1-39 新安医药文化博物园立面肌理（来源：汪斌 摄）

图8-1-40 新安医药文化博物园西北角外观（来源：汪斌 摄）

图8-1-41 新安医药文化博物园西北角外观（来源：汪斌 摄）

图8-1-42 黄山市建筑设计院办公楼（来源：设计单位 提供）

主入口基本位于同一条轴线上，两幢楼共同组成新安医药文化博物园最重要的建筑群（图8-1-38），包括两类功能，即博物馆展示功能和新安医药体验功能。博物馆建筑风格以传统徽派风格为主，整个建筑轮廓线丰富，徽派风格特征显著（图8-1-39）。建筑空间的营造也结合现代博物馆的需求，进一步诠释了徽派建筑构成要素的内在特征。博物馆主体形象由4个两层坡屋面与平屋面组合而成，坡屋面与平屋面的组合使空间丰富而多变，层次感强（图8-1-40、图8-1-41）。入口大厅两层通高，现代建筑材料构建的白色混凝土屋椽与玻璃的屋顶，使阳光在墙壁地面形成一道道的空灵的光影效果，体现出徽派建筑中天井元素的风格意蕴。整个建筑色调沿用了徽派青瓦白墙的古朴色彩，博物馆内部装饰用色较为大胆，建筑内外环境形成鲜明对比，更具跳跃性。入口大面积的玻璃幕将室外的徽派景观引入室内，使室内室外景色相融，达到对立统一的效果，体现了现代手法与传统元素的完美结合。

黄山市建筑设计院办公楼[①]（图8-1-42）位于黄山市城区内，用地较为方整，建筑通过南、北、东三面围合形成半围合院空间，一层沿东面外墙设置开敞半坡廊与庭院相结合，形成园林式传统院落空间格局；在小庭院中点缀各种休

---

① 黄山市建筑设计院办公楼位于黄山市屯溪区齐云大道东侧，占地总面积5094平方米；总建筑面积为10000平方米，高七层。

憩的亭廊及假山、铺地、石凳等多种古朴亲切的环境小品，充分体现自然生态、有机生长的理念，创造出一个尺度宜人的和谐空间；在周边的现代高层建筑相衬下，成为基地内环境中的一个"中心花园"，创造出属于自己的小环境。

建筑沿道路进退有致，取得较好的空间变化，同时灵活的布局也为建筑本身形体的丰富创造了很好的条件。建筑形态追求徽派建筑形式特点，总高七层的建筑体量通过空间、形体的穿插、组合，增强了建筑现代感及雕塑感；建筑结合不同材料、色彩的变化，如顶部深色线条的勾勒，与大片白色墙面的强烈对比，隐含着徽州传统建筑中粉墙黛瓦的意境；在建筑物适当部位，如主入口点缀徽派传统砖雕、石雕，与轻钢结构雨篷共同形成建筑的新徽派特色，提升整个建筑的文化品位。

建筑以现代的语言和手法，体现传统风格特点，造型简洁，色调清新明快，灰白对比，通过抽象马头墙符号及细部雕刻构件体现传统徽派建筑元素。同时，设计注重以人为本，考虑建筑造型及功能的同时充分考虑现代人的行为需求，创造一个自然和谐的、宜人的建筑空间。

徽州雕刻博物馆[①]（图8-1-43）与黄山市建筑设计院相对集中式的空间组织方式不同，采用了中庭空间的布局模仿传统建筑的空间形态。

从整体上看，建筑将大体量转化为小体量的体块，二层的小体块建筑空间错落有致地排列，表达了徽州传统民居的空间肌理。入口处以方形的构架拟化立体牌坊，顶部采用旋转45°的四坡顶（图8-1-44）。门厅屋顶以大坡度的格栅和玻璃形式将人引入室内，并在门厅空间内形成强烈的光影效果。入门厅后为一通高的带玻璃顶的庭院空间，内部模仿传统民居建筑内天井形式，庭院内为水池，每层走廊都能观赏到庭院中水池的景色。

建筑外观采用抽象的白墙、黑脊、片墙表达传统马头墙形式，米白色的墙面体现了传统粉墙肌理，与灰色的玻璃材

图8-1-43 徽州雕刻博物馆（来源：汪斌 摄）

图8-1-44 徽州雕刻博物馆内部门厅（来源：喻晓 摄）

质传达了徽州村落外部空间黑白灰的色彩肌理，同时利用玻璃的透射与反射性能，将外环境与内部空间相互融合，表达了"天人合一"的哲学理念。

在公共建筑群体空间改造方面，20世纪80年代，合肥市城隍庙[②]的改造在对于传统建筑肌理模仿上进行了初步探索，改造后的城隍庙整体呈徽派建筑风貌。2014年合肥市新一轮的城隍庙更新改造依据有机更新理论，从城市空间、建筑造型、建筑材料、商业业态等方面入手，在延续原有建筑风貌、保留城市记忆、传承街区历史文脉的同时，梳理城市开放空间脉络，以传统街巷空间为基底，创造尺度宜人的体

---

① 徽州雕刻博物馆位于黄山市新城区徽文化产业园内，西邻梅林大道，总建筑面积9150平方米。
② 合肥市城隍庙位于合肥市庐阳区，有"庐州城隍庙，三绝天下稀"之美誉，建于北宋皇祐三年（公元1051年），历史悠久。2014年城隍庙开始新一轮改造，改造建筑面积约100000平方米。

图8-1-45 合肥市城隍庙改造后效果图（来源：设计单位 提供）

图8-1-46 安徽省博物馆新馆总平面图（来源：设计单位 提供）

续了原有的风格特征，使新建筑表达了传统的含义。在颜色与墙面肌理上吻合徽派传统建筑，最大程度地保留合肥城隍庙原有徽派建筑的体貌特征，同时体现江淮传统建筑青砖黛瓦风貌，极力展现合肥特色。建筑材料也是尽可能使用青砖等具有地域特征的材料，并对传统材料的砌筑方式进行探索和研究，抓住主要肌理特征进行简化与抽象，运用现代建构方式与施工工艺，在彰显新城隍庙现代简洁的风格的同时不失传统韵味，在建筑细节设计中提取了徽派建筑的特色要素如：粉墙、黛瓦、骑楼、石狮、牌坊等，并进行重新组合，将最为精华的传统文脉融入现代改造中，提升城隍庙的整体历史感。

三、传统文化要素的肌理化运用

中国传统文化中尚有众多宝贵的非物质文化要素，在传统建筑建造中受限于经济技术水平往往未能淋漓尽致地体现，如书法、篆刻、水墨画、乐器等传统艺术形式，以及传统生活方式都体现着特定历史时期的社会文化。对于蕴含着传统文化精髓，但缺乏具体形体的传统艺术形式，在现代建筑的探索中加以抽象、重构、排列就形成了独特的建筑元素特征。在设计中常通过某一类文化艺术元素的变异与简化，并根据一定的韵律进行排列组合，运用凸凹有致、虚实变化等手法，构成了细节变化上丰富多样、整体特征上和谐统一的建筑肌理效果。此类肌理虽不是从传统建筑语汇中直接提取出来，却同样能够反映地域历史文化特征，通过建筑肌理的组织将传统非物质文化要素融入其中，并用现代建筑设计手法进行巧妙表达，可以使人们感受到传统文化的魅力及独具匠心的建筑肌理，以体现建筑发展的时代精神。

安徽省博物馆新馆[①]（图8-1-46）传统意象的体现来自于对传统文化要素的肌理化运用。

博物馆整体形态抽象传统建筑形态（图8-1-47），体

验式消费场所（图8-1-45）。在总体布局上，延续了原有城市的肌理，保留原有街道的巷道感和尺度感。空间布局上对传统民居院落肌理进行抽象简化，运用到改造设计中，延

---

① 安徽省博物馆新馆是安徽省规模最大的省级综合类博物馆，坐落于合肥市政务文化新区内的省文化博物园区，建筑面积41000平方米，其中展览面积10000平方米，于2011年9月建成开放。

图8-1-47　安徽省博物馆新馆外观（来源：王达仁 摄）

图8-1-48　逸夫建筑艺术馆（来源：设计单位 提供）

现了"四水归堂、五方相连"的徽派建筑风格。"四水归堂"即下雨时雨水从四面流向中庭，中庭开阔的空间营造出富有文化意味的动态景观，而"五方相连"则通过全玻璃建造的水堂序厅连通东、南、西、北四方，营造一种"天光云影共徘徊"的空间格局，与传统建筑形态肌理相吻合。外墙立面采用青铜纹理建材，将传统文化符号抽象地运用于建筑立面上，通过对符号肌理的抽象使用体现厚重的文化历史。内表面使用木质衬里，模仿传统建筑材料肌理，既让人感受到对传统的传承，又温暖且富有人性化。

在博物馆周边的景观设计中，将徽州传统村落"水口"空间的营造理念引入其中，与徽州传统村落空间布局肌理相呼应，使人们感受到传统村落布局的魅力及独具匠心的建筑肌理，同时，建筑结合引桥及竹海、人文地刻等造景元素，一气呵成，充分体现了独具特色的徽州地域景观风貌，实现了功能与审美的统一，烘托了整个园区的文化氛围。场地与空间的关键节点处点缀了深邃的竹海、静谧的水池、精雕的长廊、徽州牌坊的入口框景等，对徽州地区园林空间布局肌理进行了模仿与利用，彰显了安徽深厚的历史积淀和文化渊源。

在对传统文化要素的肌理化运用上，合肥工业大学翡翠湖校区的逸夫建筑艺术馆[①]也有其独特的表达手法（图8-1-48）。建筑艺术馆借鉴徽州传统建筑村落，对其空间

图8-1-49　逸夫建筑艺术馆中庭空间（来源：设计单位 提供）

布局、肌理和精神等进行重新解读，抽象和简化了徽州传统建筑的语言要素；通过合理的组织和重构，结合现代技术与时代特征形成了独特的神韵，体现了安徽地方建筑的意蕴。

建筑呈长方形，端正平稳，传达了地域文化的内涵。在空间布局上采用天井围合的方式进行组织（图8-1-49），传承了徽州传统建筑的空间布局，体现了"天人合一，四水归堂"的传统观念。一层院落及地下一层为开放的公共空间和报告厅，内部形成后部小天井，与整体布局一起形成了多层级的天井，有着传统徽派建筑格局的宜人尺度。建筑抽象了徽

---

① 逸夫建筑艺术馆位于合肥工业大学翡翠湖校区，建筑面积约30000平方米。建于2009年，于2013年投入使用。

图8-1-50 绩溪博物馆鸟瞰（来源：《绩溪博物馆》）

图8-1-51 绩溪博物馆公共空间（来源：《瓦壁当山——李兴钢绩溪博物馆研讨会纪要》）

图8-1-52 水口（来源：http://gb.cri.cn/18824/2008/11/14/1325s2323764_3.html）

图8-1-53 绩溪博物馆内街与水圳（来源：《瓦壁当山——李兴钢绩溪博物馆研讨会纪要》）

派建筑的屏风与门的元素，以架空墙面和木格栅的形式运用于入口，体现传统徽派建筑入口的空间特征。立面开窗规则统一，形成完整的面，在顶部高低错开，以简洁的新形式表达了传统马头墙肌理的特征。立面色彩运用了徽派传统建筑的黑白灰，外立面主色调采用灰色调，对黑白灰的关系进行了重组，通过重复和变化的竖向长窗形成富有韵律的立面；同时竖向的白色带高低错落，也反映了现代城市跳动的节奏。有效地将传统肌理和时代特征相结合。而建筑也借鉴徽派传统建筑点线面的组合形式，将点线面与颜色一起进行重组排列；黑与白的"线"竖向交错布置，在灰色为主的"面"上不规则点缀黑色的"点"，以丰富的语句诠释传统的精粹。

四、典型案例解析——绩溪博物馆

绩溪博物馆（图8-1-50）坐落于绩溪县城华阳镇良安路，位于绩溪老城区核心地带，紧邻江南第一学宫、胡雪岩纪念馆，背靠百年名校绩溪中学。馆址原为县政府旧址，同时也是明清两代老县衙遗址所在地。占地面积9520平方米，建筑面积10000平方米，展厅面积3500平方米，于2010年动工建设，2013年11月正式开馆，是一座融学术性、文化性和娱乐休闲为一体的地方历史文化综合博物馆。绩溪博物馆在总体布局、建筑形式、材料使用、景观设计等方面都对传统肌理进行了较好的呼应。

图8-1-54 绩溪博物馆内街（来源：王达仁 摄）

图8-1-55 筒瓦收脊（来源：邢迪 摄）

图8-1-56 筒瓦压边（来源：邢迪 摄）

图8-1-57 檐口细节（来源：王达仁 摄）

个庭院，模仿绩溪当地的徽、乳两条水溪，最终汇集于建筑的水院中（图8-1-53、图8-1-54），是"县北有乳溪，与徽溪相去一里，并流离而复合，有如绩焉"[1]的"绩溪之形"的充分演绎和展现。

博物馆内的街巷和庭院，与建筑周边的民居乃至整个绩溪古镇中纵横交错的街巷和星罗棋布的庭院同构共存，通过与周围肌理的融合从而达到和谐共生的状态。

但美中不足的是，博物馆体量过于庞大，与周边低矮的城市建筑未能完全融合，同时主入口紧靠城市道路，入口空间略显狭窄局促。

（一）徽州村落肌理的模仿运用

绩溪博物馆在主入口设计了一组公共空间，在为博物馆日常观众服务的同时也对绩溪市民开放（图8-1-51）。空间的创作灵感源自于像宏村、西递、呈坎等徽州古村落的布局形态，这些村落的村口都有一潭水面，被称作水口（图8-1-52）。村落中则有个被称作"水圳"的复杂水循环系统，水口中的水沿着村落内部的街巷延伸。水圳同时也有排雨的作用，将村落各处收集的雨水在整个村子中循环。

绩溪博物馆模仿徽州古村落布局，利用街巷和庭院的穿插来组织水系。沿东西内街形成两条水圳，连通并贯穿各

（二）传统建筑肌理的借用

绩溪博物馆的主要建筑材料及建筑色彩使用了在徽州古镇这种特定环境中所拥有的粉墙、黛瓦和青砖，但对于其使用方式、制作方法和使用位置又进行了现代化的转变。其中，屋脊和山墙的收口都采用了比较简洁的筒瓦收脊与筒瓦压边的做法，而不是传统的小青瓦竖向拼接的做法（图8-1-55、图8-1-56）；檐口处的瓦片同样采用了新的形式，传统的虎头滴水瓦被简洁凝练的曲线造型所替代，但依然保留了滴水瓦原有的功能（图8-1-57）。

绩溪博物馆中对传统建筑符号和肌理的采用，还体现

---

[1] 许治. 元和郡县志[M]. 江苏：江苏广陵古籍刻印社，1989.

图8-1-58 瓦窗（来源：王达仁 摄）

图8-1-59 瓦墙（来源：王达仁 摄）

在以现代方式对传统肌理进行更新上。设计上采用瓦作为部分铺地的主材料，将屋面肌理运用到铺地上，从而在建筑中产生了一些具有独特趣味性的走道；将传统建筑元素——木框漏窗的木质材料变成了瓦片，利用小青瓦自身所特有的弧形，交叉重合而形成一种特别的肌理——通透的"瓦窗"，将瓦片重构形成独特的建筑元素，使传统材料在现代技术的作用下焕发出了新意（图8-1-58）。

另一个模仿传统建筑肌理的特色细节是水院北侧的一个大面积墙面，这面墙的材质并不是传统的白石灰刷制而成，而是由屋顶的瓦片垂直向下延伸，使得屋面与立面连成一体，仿佛"屋山"的瓦片似瀑布般沿立面奔流而下，这面墙体被称作"瓦墙"（图8-1-59），其效果十分震撼。这片瓦墙的构造原理继承了传统的以檩椽体系为骨架，然后在其上铺瓦的做法，但由于这面墙如同陡峭山体一般的形态，用传统的做法很难实现。新的做法是以高低错落的轻钢龙骨为骨架，然后将瓦片打孔并用木质钉子固定在骨架上，再按自下而上的顺序相互覆盖叠加并用钢质网格和水泥粘合成一体，才能够形成最终的"瓦墙"效果[①]（图8-1-60）。

屋檐下的部分、地面、入口处的雨篷和外门窗框等处均采用当地盛产的一种青石作为材料，青石本身的颜色是暗灰色，但当建筑顶部的青石板表面被涂上防腐油漆之后，青石表面会变为黑青色，与徽州传统建筑元素——黛瓦十分贴合。

经过时间的洗礼和雨水的冲刷、消融，徽州传统的白石灰墙面会形成特殊的墙面肌理，绩溪博物馆为了重现这一视觉效果，采用水波纹肌理的白色涂料，这一做法实现后也成为绩溪博物馆一种极具特色的建筑元素——"水墙"（图8-1-61）。正如建筑师李兴钢所言："这一道道'水墙'，与池中的真水一起，映衬着'屋山'和片石'假山'，它们也是绩溪博物馆'胜景'营造中的重要构成"（图8-1-62）。

---

① 李兴钢，张音玄，张哲，邢迪. 留树作庭随遇而安折顶拟山会心不远——记绩溪博物馆[J]. 建筑学报，2014，546（2）：50.

图8-1-60 瓦墙做法（来源：邢迪 摄）

图8-1-61 绩溪博物馆水墙（来源：王达仁 摄）

图8-1-62 水墙与真水（来源：王达仁 摄）

绩溪博物馆通过对传统的材料肌理运用和现代化的手法抽象借用，使整个建筑既具有现代感，又充满传统韵味。

（三）绩溪山形水势的抽象运用

"随遇而安因树为屋，会心不远开门见山"[1]在博物馆水院旁的展厅里有这样一幅胡适亲笔手书的对联。

源于"绩溪"的名字与当地山水走势的灵感，博物馆的整体设计方法是基于一套"流离而复合，有如绩焉"的经纬控制系统，原先方方正正的平面经纬线，被东西两条因为绩溪当地山形水势的动态而引入的弯曲所扰动（图8-1-63）。

整个建筑被覆盖在这个"屈曲并流，离而复合"[2]的经线控制的连续屋面之下，并通过经由当地民居屋顶坡度而确定的一系列相同坡度（图8-1-64）但跨度多样化的三角形钢屋架，沿平面的经纬线进行排列组合（图8-1-65），加上剖面上不断的高差变化，自然形成错落有致的屋面轮廓，与绩溪周边的山水走势相互呼应（图8-1-66～图8-1-68）。

如果把层叠起伏的屋面比作"屋山"，则此时观"屋山"即为观真山。这样的话，绩溪博物馆不仅与周边民居乃至整个绩溪古镇肌理自然地融为一体，而且它波浪起伏的屋面走势也与周边的山川肌理相呼应（图8-1-69）。

但从尺度方面来说，绩溪博物馆却稍显欠缺，形成整体的屋面与周边城市肌理的融合程度不高。

（四）传统书画手法的抽象运用

主入口"水院"的视觉焦点，是一座由片状墙体排列而成的"假山"，并由浮桥、游廊越过水面与南面的茶室相连。这座片状假山，与呈马赛克形状的池岸、地面、树池等都是基于同一种模数生成的几何形式。它们之间互相漫延、交错，并且均由水刷石材质制作而成，从而使得山池一体，交相辉映（图8-1-70、图8-1-71）。随着岁月流逝，靠近

---

[1] 对联出自于清同治状元陆润庠.
[2] 出自《太平寰宇记》："以界内乳溪与徽溪相去一里，回转屈曲并流，离而复合，谓之绩溪，县因名焉。"

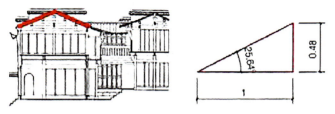

图8-1-63 三角屋架坡度源于当地民居
（来源：《留树作庭随遇而安折顶拟山会心不远——记绩溪博物馆》）

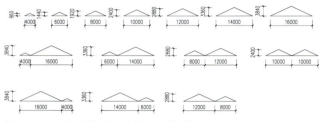

图8-1-64 基本屋架单元（来源：高翔 绘）

图8-1-65 局部被扰动的经纬控制线
（来源：《留树作庭随遇而安折顶拟山会心不远——记绩溪博物馆》）

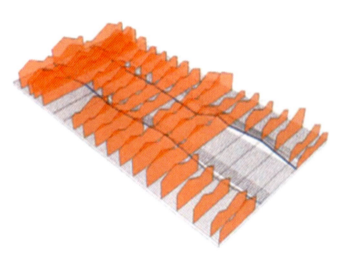

图8-1-66 叠加解构屋面，控制端墙高度
（来源：《留树作庭随遇而安折顶拟山会心不远——记绩溪博物馆》）

图8-1-67 生成屋顶连续曲面，控制屋脊走向
（来源：《留树作庭随遇而安折顶拟山会心不远——记绩溪博物馆》）

图8-1-68 保留树木的部分屋顶被挖空形成不同屋面
（来源：《留树作庭随遇而安折顶拟山会心不远——记绩溪博物馆》）

图8-1-69 树、屋、山（来源：王达仁 摄）

图8-1-70 池岸（来源：王达仁 摄）

水面的墙体和水岸边的台地会生长绿色青苔，土地中生长的青藤会延伸出触手般的藤蔓爬满高低错落的片墙和台地，如此这般，人工的雕琢才能成为与自然交融的景物。

"片山"形式的创作灵感源自于黄公望①的《九峰雪霁图》②，画中表现了中国山水画特殊的山石绘法（图8-1-72），画中的山体被抽象化，变成了一种更加符号化的图像，于是建筑师在看过这幅画作之后便设法将画中的山石移出画面，从而转化为庭院假山的几何做法。假山形态的灵感则源于明代《素园石谱》③中的"永州石"，本来也是为博物馆外面的大假山所作的小型试验，是有关"工物之自然性"④的尝试。

绩溪博物馆景观山石通过对传统书画元素进行抽象、重构和排列，形成建筑中独具特色的景观肌理。

图8-1-71 假山（来源：王达仁 摄）

---

① 黄公望（1269—1354年），元代画家。本姓陆，名坚，汉族，江浙行省常熟县人。后过继永嘉府（今浙江温州市）平阳县（今苍南县）黄氏为子，居虞山（今宜山）小山，因改姓黄，名公望，字子久，号一峰、大痴道人。晚年以草籀笔意入画，气韵雄秀苍茫，与吴镇、倪瓒、王蒙合称"元四家"。擅书能诗，撰有《写山水诀》，为山水画创作经验之谈。存世作品有《富春山居图》、《九峰雪霁图》、《丹崖玉树图》《天池石壁图》等。
② 《九峰雪霁图》：此画作于元至正九年（1349年），为黄公望81岁高龄之作。作者以水墨写意的手法汇集画出了江南松江一带的九座道教名山，时称"九峰"，体现了黄公望对于道教全真教的崇拜。
③ 《素园石谱》：为明代林有麟所作，该书共收集各种名石一百〇二种，被公认是迄今传世最早、篇幅最宏大的一本画石谱录。
④ 李兴钢，张音玄，张哲，邢迪. 留树作庭随遇而安折顶拟山会心不远——记绩溪博物馆[J]. 建筑学报，2014，546（2）：48.

图8-1-72 九峰雪霁图（来源：http://xieyqxie.blog.163.com/blog/static/1750201312012111194242109/）

第二节 通过应对自然气候特征体现建筑特色

一、建筑与自然环境关系

建筑与环境的关系一般体现为建筑与环境的融合，以及建筑对生态气候特征适应性等方面。在建筑创作时应充分考虑建筑与自然环境的关系，体现对自然环境的尊重，使得建筑与环境相互融合。在空间塑造上，使建筑室外环境渗透入室内环境，形成优雅宜人的空间效果。另外，通过建筑空间组织、建筑构件、建筑材料、建筑绿化等方面应对当地生态气候特征，也可以充分体现建筑设计对于自然气候的考量。

安徽全省划分为淮北平原、江淮丘陵和皖南山区三大自然区域，其中皖南山区奇峰峻岭，景色优美，以山地丘陵为主。一批优秀的建筑师在20世纪90年代期间便开始着眼于皖南地区的建筑实践，如黄山玉屏楼、云谷山庄和黄山西海饭店等。

黄山玉屏楼[①]（图8-2-1）在建筑上进行分层处理，在材料、虚实、色彩和立面凸凹上加以区别、分解和减轻体量：一层墙体和靠岩墙体采用黄山石石块墙面，与山体、平台融为一体；二层以仿木构挑廊形式加大片玻璃，与改建前比，虽然屋顶大，体量和尺度感却明显减小[②]。

在建筑的造型和色彩上，建筑形态错落有致，主体部分掩映在山石、树木之间，与环境融为一体。整个玉屏楼造型和色彩并没有采用徽州民居和马头墙的风格，而是采用了色彩对比的方式，以求摆脱世俗风情意味的徽州民居风格（图8-2-2）。海拔1600米上的玉屏楼如同仙山琼阁般的小楼掩映在绿树云海之中，让人感受到羽化登仙的意境。从光明顶、天都峰、莲花岭上远眺玉屏楼，红色坡顶在郁郁葱葱的林木簇拥之中，颇有"万绿丛中一点红"的效果。

在建筑与环境的关系上，玉屏楼的屋顶从文殊台正面看

---

① 黄山玉屏楼坐落于海拔1716米高的玉屏峰上，改建规划从1994年2月开始现场勘查和规划设计，到1995年5月基本完工，历时一年多，是饱览云海景色的最佳场所。
② 单德启.奇峰一点落笔千钧——黄山玉屏楼改建札记[J].建筑学报，1995（8）：12.

图8-2-1 玉屏楼（来源：设计单位 提供）

图8-2-2 玉屏楼主入口（来源：设计单位 提供）

图8-2-3 云谷山庄（来源：设计单位 提供）

图8-2-4 云谷山庄主入口（来源：设计单位 提供）

去，有着良好的比例尺度与形象；而从天都峰上看去，它作为建筑的"第五立面"对玉屏峰的点缀，对石狮和迎客松的映衬关系就非常突出。玉屏楼改建了建筑的布局、道路的走向、平台台阶的方位等，给在游览中不断行进的游客提供适当的观览视角，为游人创造与大自然交流的机会[1]。

云谷山庄[2]与玉屏楼同样是处于风景区的山地建筑，与自然地形地貌有着良好的结合。云谷山庄（图8-2-3、图8-2-4）北距云谷寺旧址约200米，东西两侧毗邻汉代"钵盂"两峰，谷间承上方东西"垂相"两源水，汇而成溪，流经其间，形成小泉潭多处。地势北高南低，高差近15米，形成坡状狭谷地带。区内遍布大小岩石，林木葱茏，平坦地貌极少，环境空间不大，但很幽静。[3]

云谷山庄地处峰峦叠嶂的山区，其院落空间为分散式布局，整体建筑群（图8-2-5）以位于园区中心的天井展开，松环竹抱，跨溪临泉，溪回九曲，石刻碑群与千年古木共处一家。徽派建筑与园区景观完美结合，营造了清幽淡雅的意境。建筑群采用化整为零的分散围合手法，既占有环境而又融于环境。建筑内形态各异、大小不同的围合空间形成千变万

---

[1] 单德启. 奇峰一点落笔千钧——黄山玉屏楼改建札记[J]. 建筑学报, 1995（8）: 13.
[2] 云谷山庄位于黄山风景区，建筑面积约8000平方米，建于20世纪90年代，是一座带有古徽州传统民居特色的建筑群。
[3] 姚彦彬. 20世纪80年代中国江南地区现代乡土建筑谱系与个案研究[D]. 上海：同济大学，2009.

图8-2-5 云谷山庄总平面示意（来源：《安徽民居》）

图8-2-6 黄山西海饭店鸟瞰图（来源：设计单位 提供）

图8-2-7 黄山西海饭店廊道（来源：设计单位 提供）

化的院中院、庭中庭，使体量分散而视界增大也不觉其小，清净幽合，意趣盎然。尤其傍水跨溪廊桥飞渡，更把东西两山涧不同朝向的自然环境空间拢近聚于一谷。东西互望，山在虚无缥缈间，屋藏烟云幽谷里，各得其景，相互映衬，大中见小，以小窥大，触目所及，频添画境，意之所至，要在寻幽。[1] 云谷山庄在空间环境中是以点、线、面的组合出现而占有空间并赋予空间变化的。将其选在涧谷之间的跨溪低处，也是着意从屋面穿插错落的视觉效果考虑的。从山腰公路上望下去，青山翠谷间，栉比鳞次，庐舍一片；田园山庄之气，耀然于眼。从室内窗中望出去，苍茫云烟里，高墙参差，巍峨俊秀之势，骋怀于目。有期于处处成景、处处有景，通过屋面的组合和布局，把建筑与自然间的空间环境联系起来。

黄山西海饭店[2]（图8-2-6）相比于散落式的玉屏楼和云谷山庄，其建筑体量较为挺拔，布局方式较为集中，但依旧运用了很多传统元素和建筑语言与周边的自然环境相契合。建筑采用徽派风格，建筑因地制宜、依山就势，整体掩映在自然山林之中，仿佛自山巅中长成，而非人工建造，达到了"藏而不露"、"露则生辉"的建筑效果，并隐约体现出传统聚落的空间效果（图8-2-7）。在百木丛中，西海饭店取与山石本色相近的灰色为主色调，力求与环境色彩协调统一（图8-2-8），建筑体层次分明，疏密相间。虚中带实，实中有虚。建筑立面传承徽州地区历史建筑文脉，运

---

[1] 汪国瑜. 营体态求随山势寄神采以合皖风——黄山云谷山庄设计构思[J]. 建筑学报，1988（11）：2-9.
[2] 黄山西海饭店始建于1987年，占地面积3000平方米，位于黄山风景区内海拔1600米处，毗邻丹霞峰，是西海大峡谷的入口处，同时也是观赏云海、日出日落、奇松怪石的最佳场所。

图8-2-8 黄山西海饭店外墙
（来源：设计单位 提供）

图8-2-9 黄山西海饭店室内（来源：设计单位 提供）

用了"坡屋顶"、"木构架"、"青砖黛瓦"等建筑符号元素，凸显建筑本身的地域性及时代性特点。

建筑周边山势高耸又树木葱郁，使得这里盛夏不暑，清新凉爽。建筑群内部更有从山上引水而入，泉流渠引，其上架设石桥一座、风雨连廊一间，不但巧妙地组合了建筑空间，形成户外驻留休憩空间，还有效地还原了徽州小桥流水人家的古典韵味（图8-2-9），寓情于景。整体建筑呈现出环抱之势，两侧体量略高，中间形体低矮，形成"山谷"之姿，有利于引风入内，去瘴清浊。从室内极目远眺，不仅可以感受黄山云海的壮丽无边，也可以领略陡山峭崖的巍峨壮阔。[①]

黄山狮林清凉别墅[②]（图8-2-10）与玉屏楼同处海拔1600米以上的山林中，其建筑如何与自然环境结合同样是设计的重点。本着尊重自然的原则，在原汁原味保留山、石、树、景的基础上，建筑采用层层跌落的形式，合理组合形体，主体部分依山就势，顺着陡峭的山体形态与山地环境郁郁葱葱的绿植丝丝融合。建筑师妥善处理了体量、山石、植被之间的关系，将人工痕迹与自然风景完美融合。建筑灰、黑色的屋顶、室外露台与山体间裸露的灰褐色岩石相互呼应，而提取自中国传统建筑色彩的朱红色主体建筑掩映在山间红花绿树中，起到画龙点睛的作用。

顺山势而上（图8-2-11），入口处的仿古设计起到起承转合的作用，将人们引入建筑，随后通过连廊串联组织、融会贯通空间，山景与建筑相互穿插，室外环境与室内空间彼此渗透，相互融合。建筑合理运用现代玻璃材质，将雾里看山、云中探树的景色进一步借入室内，风移影动，光影斑斓。建筑主体上现代、古朴两种风格的室外露台舒展大方，层层叠叠，为游客在山间提供了开阔的活动空间，同时也是休憩、娱乐、观景的好地方。建筑远离城市的喧嚣，结合山势，藏身在山巅树林之间，闲坐于云山雾罩之中，营造出宁静、淡雅的空间氛围（图8-2-12），给人以淡泊幽远之感，是一处休闲度低、修身养性的好去处。

[①] 文字资料由设计单位提供。
[②] 黄山狮林清凉别墅建于2008年，位于黄山狮子峰上的狭长山沟中，地处黄山风景区北海景区，占地面积254.3平方米，海拔1640米，地理位置优越、风景优美。

图8-2-10 黄山狮林清凉别墅（来源：设计单位 提供）

图8-2-11 黄山狮林清凉别墅远景（来源：设计单位 提供）

图8-2-12 黄山狮林清凉别墅休憩平台（来源：设计单位 提供）

琥珀山庄小区[①]（图8-2-13）建成于20世纪90年代期间，该小区位于市中心，场地高差较大。建筑师对于复杂场地环境的思考不是夷为平地，而是针对这些不利的条件，借鉴了地方民居的规划思想，因地制宜进行规划。正如徽州人在应对非理想的村落基地环境时，对自然环境进行积极改造、顺势而为，对基地进行有序规划设计，以形成符合聚居理想的人居环境。

琥珀山庄南村通过一条内部主路，有机地联系着小区的各个部分，建筑因地而建，因形而变，随高就低，随坡就势，形成了丰富多彩的居住空间。在南主入口以假山为标志，通过花坛、石雕逐步引入，在庐阳北街与环城公园间的带状高地上，布置四幢精巧的独院式住宅。庐阳北街的西侧是一块低于道路4米的洼地，在洼地上布置了七幢点式和板式结合的商住楼，楼层间由二层上下串连的商业长廊连接，组成一个下沉式的广场（图8-2-14）。把购物、娱乐、休憩、交往融于一体。下沉式广场向主干道及环城公园敞开，并以大踏步和花圃与主干道相连。形成了琥珀山庄"下沉式"的围合空间。

第二、三组团地势渐高，且处在向阳坡上，布置了中高档的住宅，低处布置二、三层，高处布置五、六层公寓，加深建筑群体的层次感，夸张山庄的山势。在三组团的西侧利用东西10米的高差布置了二组共六幢层层迭落、前后错开的住宅，这种因自然地形变化的组合，打破了呆板的行列式布置，富有韵律。创造了独特的山庄风貌，形成了琥珀山庄"跌落式"的组团空间（图8-2-15）。

第四组团地势较低，用地狭长，原为几口串连的鱼塘，住宅布置采用点式和板式结合，前后错开，南北入口，组成了三组围合空间，借鉴了皖南民居私家庭园布置的特点，用建筑物围合成较私密的庭院空间，为邻里交往、室外活动、休息以及室内观赏，提供了理想的"庭园"空间。

第五组团利用原有的洼地和一泓清水，建成以水景为主的敞开式琥珀游园，水边四幢点式住宅底层架空，扩大空间

图8-2-13 琥珀山庄区立图（来源：杨燊 绘）

图8-2-14 琥珀山庄下沉广场（来源：杨燊 摄）

图8-2-15 琥珀山庄（来源：杨燊 摄）

感，青年活动中心与老年活动中心隔水相望，亭、台、曲桥配以绿化山石组成了一个"围水"空间。

天柱山茶室[②]（图8-2-16）作为小型公共建筑，其与自然环境的融合恰如其分地彰显了安徽地区注重"枕山、环水、面屏"的建筑格局。建筑融入了中国的道教文化和理

[①] 琥珀山庄小区位于合肥市中心城区西侧，始建于1992年，总建筑面积60万平方米，为全国鲁班奖作品。小区原为水塘、菜地、宅基地，地形狭长，地势低洼，高低起伏，最大落差达15米，南高北低、边高中低。
[②] 天柱山茶室位于中国的安徽省，中国五大神山之一的九华山脚下，由建筑事务所Archiplein设计，2012年建成，其总建筑面积1000平方米。

图8-2-16　天柱山茶室外环境（来源：设计单位 提供）

图8-2-17　天柱山茶室餐厅（来源：设计单位 提供）

图8-2-18　天柱山茶室滨水餐饮（来源：设计单位 提供）

图8-2-19　天柱山茶室外廊（来源：设计单位 提供）

图8-2-20　天柱山茶室平台（来源：设计单位 提供）

图8-2-21　天柱山茶室室内细节（来源：设计单位 提供）

念，成为每年来此地信教者的餐馆和休息站。同时，建筑师试图设计一座与周围景观融合在一起的建筑，就像传统的中国山水画里的建筑，与环境浑然天成。

建筑内部由坡道连接，两层都包含了布满桌椅的大就餐区（图8-2-17、图8-2-18），并连通带有台阶的浅水池。混凝土构成的外表皮，赋予了建筑外观一种粗犷的质感，同时模拟了周围山脉的高低起伏的外表，与自然肌理融为一体（图8-2-19）。墙体在水平和垂直方向上根据自然的运动规律折叠延伸，这样的处理手法使得建筑沿湖形成一系列不同方向的面，削弱了其在自然环境中的尺度。并因此重新产生了一种自然的形态，使建筑与周围景观同质化。在这种特殊的情形下，设计者考虑利用建筑和现有地形的连续性来尽量减少对场地景观的影响。

设计通过处理建筑、平台（图8-2-20）与水之间的关系，将层层跌落的水池和自然湖面连为一体，形成水天一色。其室内外的模糊边界利用"漏"与"透"等传统建筑细

图8-2-22　翡翠湖迎宾馆（来源：王达仁 摄）

图8-2-23　翡翠湖迎宾馆主入口（来源：王达仁 摄）

图8-2-24　翡翠湖迎宾馆细节（来源：王达仁 摄）

部（图8-2-21）的设计手法，通过数十个方形的小窗散布在不同的高度上，与天窗相互映衬点缀着屋顶，营造出宁静深远的建筑意向。

翡翠湖迎宾馆①（图8-2-22）与天柱山茶室的场地格局均是临水，与水环境很好地融合，其共通的设计理念都是强调建筑与环境的共生，结合树木、石头的合理布置，将建筑主体隐匿于自然环境当中，在湖岸远眺，建筑与环境相映成趣、融为一体。

合肥翡翠湖迎宾馆具有"汉唐风格、徽风皖韵"的建筑风格。建筑主体采用大比例的坡屋面覆顶，大气磅礴（图8-2-23）。同时注重内部微观环境的营造，体现舒适逸趣的景观环境。建筑内部设计精妙地融合了简洁现代的装饰风格与精美古典的徽派装饰风格，且对徽派建筑要素进行简化与提炼，巧妙利用简化后的形体进行几何构图（图8-2-24），在徽派中显现现代，在现代中蕴含徽派，形成独具特色的现代徽派建筑风格。

楼间曲径掩映于绿树花草之中，建筑中绿化面积220亩（1亩≈666.7平方米），以乔木、灌木、草地相互搭配为主，拥有各类植物200多种。为使宾馆内部各楼之间的交通互不干扰，并保证车行道路隐藏、便捷，内部交通人车分流。周边景色与人行道路紧密联系、相互融合，取得"移步换景"的视觉享受。另外，为了保证每栋楼的私密性与景观性，宾馆内铺设种植了大片的绿化草植，并结合其他自然因素，如石块、树木等，一方面得以遮蔽建筑物，

---

① 翡翠湖迎宾馆位于合肥翡翠湖畔，建于2006年，占地358亩，总建筑面积48000平方米。

图8-2-25 浮庄（来源：高岩琰 摄）

图8-2-26 浮庄一景（来源：高岩琰 摄）

保护私密性，为室外步行的行人提供天然的荫蔽场所，引风纳凉，另一方面可增加生态度假宾馆的景观环境，平添视觉意趣。

皖中地区以淮河、巢湖为主，拥有丰富的水资源，合肥的包河是著名的护城河，与环城公园紧密相连，其水域宽阔，水中设有小岛数个，浮庄①（图8-2-25）位于其中最大的岛上，距水仅仅20厘米高。浮庄周边大树参天，竹影婆娑，苍凉廓落，古朴清幽；以巧妙的借景，高超的叠石，精美的理水，洗练的建筑，在当代园林中别具一格。②

古代香花墩"蒲荷数里，鱼鸟上下，长桥径渡，竹树阴翳"；浮庄内部河水涟涟，荷萍点点，紧邻清风阁、包公墓，与包公祠彼此呼应。远观浮庄好似一片柳叶静落漂浮于水面上，恍若轻盈无物；又因岛上建筑群与古代的村庄群落相似，故命名为浮庄。

浮庄设计融入园林艺术精华，清新淡雅，建筑与包河公园湖水清清、柳树垂绿的景致完美结合（图8-2-26），沿湖石道曲径通幽。浮庄内设茶社一座，临水而建，古朴典雅，掩于通幽之处，若隐若现；从院后东行，有一座莲舫，置于包河中，配以"穿过花世界，划破云水天"楹联，显得古朴典雅。从莲舫向东漫步，浮庄的建筑主体便逐步现于眼前，一组依水建造的亭台楼阁，其中第一座便是"镜中天"，内悬有对联："东西岛影含楼影，上下天光透水光"。建筑为传统的四合院形制，设计将徽派风格融入现代元素。整个浮庄的景观设置处处透露着精致和典雅，诗人更以"桃花浮庄溶溶月，柳絮包河淡淡风"的美句赞誉。其虽然身处繁华喧嚣的闹市区中，却能与公园美景融为一体，与亭台楼阁相互衬托，古色古香，成一处胜景。

由此可见，安徽地区从早期的山地建筑如玉屏楼等，到复杂地形的社区规划如琥珀山庄等，再到近期滨水建筑的建造如天柱山茶室等，在应对建筑与自然环境关系的建筑实践上进行了长期的有益尝试。归根结底，建筑设计离不开当时当地的自然环境，在建筑设计中宜将建筑与环境、生态、气候等统筹考

---

① 浮庄位于合肥市包河公园内，原为包公书院，重建于1983年，其占地20余亩，是一组由曲榭、茶楼、亭桥等组成的傍水而造的古典园林建筑群。
② 陈明明. 江南传统公共园林理水艺术研究[D]. 临安：浙江农林大学，2012.

虑，通过与自然环境协调统一、与生态环境和谐共生、与气候特征适应优化，充分发掘建筑空间与自然环境的联动关系，使之成为连接传统建筑和现代建筑创作的重要纽带。

二、建筑空间微环境的调节

传统建筑的空间组织很好地考虑到建筑与自然风水的关系，在安徽皖南地区，传统建筑讲求"天人合一"的建筑思想，即建筑、自然、人类生活相互适应。因此，传统建筑往往具有一定的生态属性，通过院落的组合、天井的围合、水系的梳理、冷巷的组织使得自然环境与建筑空间相互渗透，塑造了人与自然环境相得益彰的空间微环境。在很多现代优秀案例中，均采用了分散式的院落组织形式，造型上与自然山水融为一体，在建筑内部空间环境的塑造中，自然要素成为至关重要的部分，阳光、绿化、空气、水系被合理地引入与布置。对建筑的微环境考虑还可通过景观小品进行进一步优化，"清风徐来，水波不兴"。在塑造良好适宜的物理环境的同时，让人也能更好地体会当地传统的自然意境。

静安新城小区[①]（图8-2-27）采用了徽派建筑传统布局，其传承了徽派建筑中"三十六天井，七十二槛窗"的大宅风范，居住区中建造了36栋别墅，将天井、庭院空间有序穿插其间（图8-2-28）。同时遵循"天人合一"建筑意境，建筑、水景、绿化充分结合，营造出"小桥流水人家"的诗情画意（图8-2-29）。

每栋别墅内的天井，作为徽派建筑中空间组织元素，除聚集雨水不往外流，"聚敛财气"之外，更有保证室内空气流动，以清去浊的效用。墙身全身粉刷成白色，排布错落有致却不显杂乱无章，坡屋顶上青色小瓦密布而下，工整有

图8-2-28　静安新城水景（来源：高岩琰 摄）

图8-2-29　静安新城石亭（来源：高岩琰 摄）

图8-2-27　静安新城（来源：高岩琰 摄）

---

① 静安新城小区始建于1994年，位于合肥市龙茗路与宜山路交叉口，建筑面积20420平方米。

序，彰显徽派新式建筑的严谨精致（图8-2-30）。外部庭院以白色围栏分隔，大小露台高低环布宅外，小区内部布景有致，荷塘蜿蜒，青草密布，石块堆叠，并有八角攒尖的复古石亭及石栈道，房屋周边错落种植各类树木灌木，层次清晰，这些都有助于调节小区内部微气候，保持空气湿度和清新度。如此内外结合的环境调节手法可以有效地将室外清新的环境气候引入室内，形成天然氧吧，使户主生活在一个舒适干净的环境中。休息时极目远眺，室外的大叶芭蕉和小叶香樟相映成趣，湖水泛开层层涟漪，飞鸟相环，一派浑然天成的景象。

五溪山色旅游度假村[①]（图8-2-31）与静安新城小区同样沿用了传统徽州村落选址特点，负阴抱阳、远山近水，充分利用自然地形地貌，尊重环境、尊重地域文化，通过提炼、创新，将建筑、人与自然完美结合（图8-2-32）。

在功能布局上由动至静，注重内容与空间相契合、现代与传统相交融。建筑设计力求空间的灵动及与山水的共存，融入自然、服从自然。借助青瓦、白墙、石雕等皖南建筑基本元素（图8-2-33、图8-2-34），结合现代构图手法，营造具有浓烈地域文化气息、生态、亲和的建筑环境。群落仿照远处山体的层叠感，利用徽州元素中的高墙，片片交叠，围合出数条通风窄巷，既能创造出徽州古宅特有的"藏"的氛围，藏风纳气，藏景于墙，也能为建筑群增添层次感（图8-2-35）。

建筑内部以庭院、天井作为休憩型过渡空间，将室内外相互融合渗透，动静结合，引景入室，进一步优化了室内空间舒适度，并调解了相邻房屋的微气候。毛竹依墙而栽，以墙为纸，墨影斑驳，影随风动。建筑分布在不同的小岛上，以连廊相通，增强了建筑的完整性与景观的可观赏性，远处绿水湖畔碎石点点，青草依依，树木三五相依，各自成影，惬意自得（图8-2-36）[②]。

合理的总体规划布局可以调节建筑空间微环境，而建筑单体自身微环境的调节也与安徽传统建筑的人居理念相

图8-2-30　静安新城别墅大门（来源：高岩琰 摄）

图8-2-31　五溪山色旅游度假村（来源：设计单位 提供）

图8-2-32　五溪山色旅游度假村主入口（来源：设计单位 提供）

---

① 五溪山色旅游度假村占地10万平方米，总建筑面积3.2万平方米，由会议中心、庭院客房区、别墅区、野外拓展区、后勤服务区五个部分组成。
② 文字资料由设计单位提供。

图8-2-33 五溪山色旅游度假村立面（来源：设计单位 提供）

图8-2-34 五溪山色旅游度假村入口立面（来源：设计单位 提供）

图8-2-35 五溪山色旅游度假村窄巷（来源：设计单位 提供）

图8-2-36 五溪山色旅游度假村入口门厅（来源：设计单位 提供）

图8-2-37 城乡规划建设大厦（来源：程艺 摄）

图8-2-38 城乡规划建设大厦（来源：陈静 摄）

图8-2-39 城乡规划建设大厦平面（来源：设计单位 提供）

图8-2-40 城乡规划建设大厦细部（来源：设计单位 提供）

一致。在安徽省城乡规划建设大厦[1]（图8-2-37、图8-2-38）功能空间布局上，在标准层北侧每两层设置通高的景观厅，以利通风，同时每层在北向设置通风阳台，改善通风条件，形成"空中景观内院"，屋顶覆盖绿植，不但为办公空间提供良好的视野，更有效抵挡外部太阳强光对建筑的热辐射，提高室内舒适度。建设大厦总体布局上采用"两主两辅"的建筑布局（图8-2-39），主楼和辅楼、裙房围合形成入口主广场和绿化空间。裙楼内部留出内院和边庭，形成具有地方特色的庭院空间。裙房设置内庭院和边庭院，将安徽传统民居的天井融入建筑内，改善建筑微气候，有效解决建筑内部通风问题。

造型设计上采用高层架于基座之上的手法，通过建筑色彩与造型形成统一的整体（图8-2-40）。裙房尺度较小，力求宜人的空间感受，与安徽传统民居空间尺度相近，建筑造型提取地方建筑特色要素，富有韵律感，营造出传统建筑空间意境。[2]

---

[1] 安徽省城乡规划建设大厦建成于2015年，位于合肥市滨湖新区紫云路与包河大道交口东南角。项目占地面积17910平方米，总建筑面积55212平方米，是一座集办公、新材料展览、城建档案为一体的高层建筑。
[2] 文字资料由设计单位提供。

图8-2-41　蚌埠市规划馆、档案馆、博物馆a（来源：崔巍懿 摄）

图8-2-42　蚌埠市规划馆、档案馆、博物馆主入口（来源：崔巍懿 摄）

图8-2-43　蚌埠市规划馆、档案馆、博物馆b（来源：崔巍懿 摄）

蚌埠市规划馆、档案馆、博物馆[①]（图8-2-41）简称蚌埠三馆，其场地内的装饰展示了7000年前的双墩文化，建筑敦实厚重，展现了皖北地区传统建筑风貌（图8-2-42）。

三馆周边绿化层次丰富，在前方市民广场大面积栽植了银杏树和绿色植被，博物馆前的空地上建有蓄水池，屋顶上的雨水收集处理后汇聚到这个蓄水池中，通过储存和过滤后重新利用（图8-2-43）。该蓄水池可回收600立方米的雨水，基本能满足广场地面清洗和绿植灌溉的需求。建筑周围设有一圈护城河式的浅水池，与绿化带一起调节建筑物周边微气候，体现了建筑与自然的和谐共生。建筑功能的布置也处处体现了以人为本的设计理念。东侧的规划馆、档案馆外立面使用的是穿孔铝合金板，不仅可以自然采光，还可以利用室内外压差达到自然通风的目的。[②]

而安徽省源泉徽文化民俗博物馆[③]（图8-2-44）主要基于七座徽州古建筑的异地保护重建，该馆融合了周边自然山水，辅以水街、青石、亭台楼阁园林环境，直接地展示出徽州文化的建筑内涵（图8-2-45）。在建筑单体的形态处理上，博物馆既展现了现代性，又融合了地域性。博物馆采用徽派建筑中"粉墙黛瓦"的建筑色彩，采用徽州民居立面构成和传统建筑坡屋顶的设计手法（图8-2-46）。

馆内异地迁建的古建筑、古村落占地11亩（1亩≈666.7平方米），如崇善堂、雷氏宗祠、诗源堂书院、何向宸官厅、天眷有德门坊、古代路亭、临水长廊等完整的徽文化展区，真实再现了徽州人们的生活情景。馆内河道与廊道将层层建筑串联起来，增加了空间的层次感；天井、庭院的穿插设置不仅丰富了每栋别墅虚实体量的交互，还能保证建筑内部采光通风良好，让房屋冬暖夏凉（图8-2-47）。大小庭院中搭配种有青草、毛竹、乔木、矮灌木等植物，有利于调节馆内空气的湿度与洁净度，降低太阳光对建筑物的辐射，保证室内舒适度。

---

① 蚌埠市规划馆、档案馆、博物馆建于2011年，位于东海大道，总占地面积约20公顷，建筑面积为68000平方米。
② 文字资料由设计单位提供。
③ 安徽省源泉徽文化民俗博物馆始建于1981年，位于合肥市蜀山区现代农业示范园内，占地50余亩，展厅面积为8000平方米。

图8-2-44 源泉徽文化民俗博物馆（来源：陈薇薇 摄）

图8-2-45 源泉徽文化民俗博物馆主入口（来源：陈薇薇 摄）

图8-2-46 源泉徽文化民俗博物馆入口（来源：陈薇薇 摄）

图8-2-47 源泉徽文化民俗博物馆外廊（来源：陈薇薇 摄）

三、典型案例解析——德懋堂

黄山德懋堂位于世界文化遗产地黄山的南麓，在七十二外峰古徽州核心区的丰乐湖畔，建于2003年，占地面积54300平方米，总建筑面积20790平方米。德懋堂原本是黄山市歙县老街上的一栋清代老房子，将其与两栋散落在徽州的百年老宅以原拆原建的方式进行异地复原修护，[①] 使濒临坍圮的老房子涅槃重生，并重新组合成为新的聚落群体（图8-2-48、图8-2-49）。德懋堂的整体布局依山就势、尊重自然、顺势而为，反映了皖南地区传统聚落规划与布局的理念。建筑的空间组织也很好地考虑到建筑与风水的关系，利用天井、院落等塑造为舒适的人居环境。

（一）依山就势与自然环境的融合

中华传统文化讲究"天人合一"，徽州传统建筑也追求"天人合一"境界。这里的"天"既是自然的，也是人文的。

---

① 李倩怡. "山水之间"与"山水之边"——德懋堂设计的两种情境[J]. 城市住宅，2014（8）：66-71.

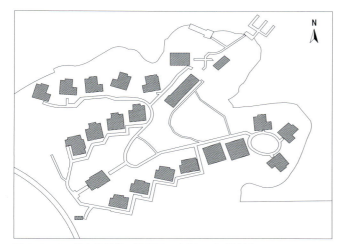

图 8-2-48　黄山德懋堂一期总平面（来源：杨燊 绘）

图 8-2-50　黄山德懋堂外景（来源：设计单位 提供）

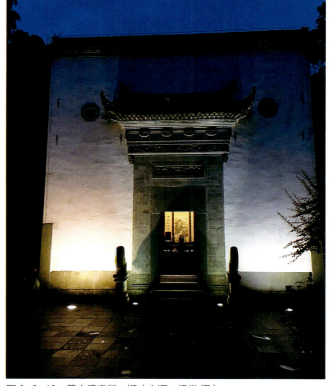

图 8-2-49　黄山德懋堂一期（来源：杨燊 摄）

德懋堂的规划布局沿用了古徽州民居在选址上的精要：枕山、面屏、临水。临高俯视，山居匿迹山半，若隐若现；处堂而望，山色葱郁，天际苍穹；坐湖而观，俨如画屏，山色有无中，山居画中跃（图8-2-50）。随山势高低错落、层叠有序的建筑与层次丰富的山林湖景丝丝融合，体现出建筑与自然的和谐环境。德懋堂的每一栋建筑都充分利用地形高差，标高随山体微妙变化，建筑仿佛自山林中沐雨而生，拥有独具特色的山水景观，建筑空间私密但视野开阔。建筑本身较多运用自然材料的色彩，以清新淡雅为基本风格，采用单纯质朴的黑白灰三色为主色调，素笔勾勒出的轮廓与当地清秀山川的四季景色融为一体，渲染出水墨般的隽永意境。①

画家石涛说："山川使予代山川言也……山川与予神遇而迹化也。"②德懋堂规划设计也正因追寻此般情境而将人与山川的"神遇而迹化"囊括其中。造景不如借景，大自然的赐予不经粉饰便可浑然天成。德懋堂的公共空间要素中有几个经典元素：电梯、石阶、竹桥、老房子。在一期建设的"十八学士"中，为了避免出现人工痕迹而放弃建设车行道，仅留九曲十八弯的步行道，房屋之间也舍围墙而取自然竹林作为分隔。德懋堂保留了施工之用的电梯，作为空间联系的工具。电梯不仅把山间的高差连接起来，更是将远山湖畔近林屋舍的景致联系在了一起。迈入电梯门，整片丰乐湖与青葱山谷的景象跃然于眼前，乘电

---

① 李倩怡. "山水之间"与"山水之边"——德懋堂设计的两种情境[J]. 城市住宅，2014（8）：66-71.
② 石涛. 苦瓜和尚画语录

图8-2-51 黄山德懋堂湖景（来源：喻晓 摄）

图8-2-52 黄山德懋堂细节（来源：喻晓 摄）

梯缓缓下降，湖面也随之慢慢由竹林遮蔽无踪（图8-2-51）。在这里，人与物的互动全都体现在"行"中，拾级上下，在行走中体验峰回路转、柳暗花明；水边漫步，在栈道上感受清澈明透、鸟鸣山幽。

（二）屋舍微环境的调节

黄山德懋堂"十八学士"入口狭窄，然而穿过窄门后，其内空间很大。穿门而过一路向下，距湖畔越来越近。从区域中心向南眺望，别墅依山而建，相邻两排建筑的户外景观都十分开阔，在后一排别墅内远观丰乐湖，前景就自然而然变成前排建筑。德懋堂以传统徽州民居特色为积淀，重现了其层层推进、互为景观的空间意趣。

每间别墅均坐落于方砖累石之上，墙面外搭配种有青草、毛竹、乔木、矮灌木等，尽可能保护现有地形和植被（图8-2-52），不但有利于保持水土，净化户外空气，平衡空气湿度，还能在阳光强烈时有效降低阳光对建筑物的辐射，进一步帮助室内调节舒适度，降低空调等外部能耗的使用，保护环境。建筑外部茂密的绿植则可以为户外行人在炎炎夏日提供天然荫蔽，引风纳凉（图8-2-54）。

天井、庭院的穿插设置不仅丰富了每栋别墅虚实体量的交互（图8-2-53），同时二者相对于户外大空间而言，是

图8-2-53 黄山德懋堂天井（来源：喻晓 摄）

图 8-2-54　黄山德懋堂内部景观（来源：喻晓 摄）

图 8-2-57　天井（来源：喻晓 摄）

图 8-2-55　黄山德懋堂外部（来源：孙霞 摄）

图 8-2-56　德懋堂室内（来源：孙霞 摄）

一类内向型的空间，在徽州古建筑中既能保证建筑内部采光通风良好，又能让房屋冬暖夏凉（图8-2-55）。在德懋堂中，天井除了仍有上述的功能性作用之外，还结合了落地的观景大窗设计，既保持了传统中国建筑的围合、内向特质，又能满足居住者接触自然的心理需求。

通过天井、庭院这两种过渡空间把闹与静、光与晦、里与外、狭与阔以及行为心理学中的封闭与开敞、公共与私密融会贯通在一起，形成一种非内非外、亦内亦外的复合式空间。再通过空间的彼此渗透交融、动静相生、缓和过渡、内外衔接的手法，不仅为日常生活增加了舒适感和安全感，其构建的凹凸、线面、虚实、障透等奇特微妙的视觉变化，也丰富了建筑室内外空间组合环境，并给人带来奇妙的视觉体验。

（三）循古喻今对皖风徽韵的传承

由于德懋堂最初为三栋古民居，异地复建而成，因此设计中使用的每种建筑元素，甚至建筑材料，都会沿用徽州传统古建筑做法，以求完整和尽最大限度保持原样，体现徽州传统古民居的原貌（图8-2-56）。在保留原有建筑形式的基础上，对德懋堂内部进行适度装修和现代化改造，以符合现代生活要求，如增加盥洗室、照明、电话、空调等设备[①]。

---

① 刘苗苗，卢强. 徽居再生与徽派创新，黄山德懋堂度假徽居[J]. 建筑创作，2012（7）：196-199.

建筑翻修的格调、材质、色调也均采用与老宅整体风格协调统一，可观亦可居。

"十八学士"中的新建建筑在材质上以基石砖土等传统材料为主，辅以玻璃钢材等现代材料，运用现代形体构建、线面穿插的设计方法建造，将传统徽派建筑的高墙、天井、粉墙、小瓦融入到舒适明亮的现代建筑中，再用庭院、平台引景入室，让空间与空间得以相互借用，增强其流动性，将古朴内敛的徽州古风从空间气质上再现出来（图8-2-57），各功能体量的虚实相生成为建筑的点睛之笔。

徽州民居中也有许多做法是考虑了气候因素的，如与环境的融合，对色彩的控制；如马头墙上的装饰、瓦片，均与多雨的天气有关。德懋堂将马头墙简化成了一个石材片，以防雨水。将屋顶瓦片换成了玻璃，引入自然界中的阳光，随着光线的照射发生动态变化，在白墙上体现出光影变幻的效果。德懋堂的材料运用在传统的做法上有些变通，也体现了建筑如何应对自然气候特征。

图8-3-1 岩寺新四军军部旧址纪念馆（来源：杨燊 摄）

图8-3-2 纪念馆马头墙构成元素（来源：杨燊 摄）

第三节 通过变异空间体现建筑特色

一、传统空间的更新

随着时代的发展，传统建筑为适应功能的变化会进行空间更新。新的功能需求和设计内容会带来空间上的调整与优化，某种意义上形成了传统空间的变异，虽然传统空间和功能已经变异，建筑空间被拓展，但通过一些现代的设计手法仍能在满足现代功能需求的前提下，保持传统风貌，彰显地方特色。通过这些手法，使更新后的传统空间与现代功能相统一，共同完善原有建筑风貌特征。

岩寺新四军军部旧址纪念馆[①]（图8-3-1～图8-3-5）原为金家大院，是一典型徽州民居建筑。建筑形体在原有建筑基础上，结合新的工程技术、材料和现代建筑空间塑造手

图8-3-3 纪念馆门前广场（来源：杨燊 摄）

图8-3-4 纪念馆入口空间（来源：杨燊 摄）

---

① 岩寺新四军军部旧址纪念馆位于安徽省黄山市徽州区，建筑面积近2000平方米，于2012年底建设完成。

图8-3-5 纪念馆室内空间（来源：杨燊 摄）

图8-3-6 碧山书局（来源：http://emba.nju.edu.cn/union.php?about=5&id=495）

法，突破"修旧如旧"的观念，塑造出一个既满足现代展示要求又不失地域传统的改造建筑。

首先，新建部分在原有建筑的基础空间框架上进行扩建，基本保留原轴线作为新建体块的控制线，并截取牌楼、马头墙等传统徽派建筑的构成元素在新建筑中加以利用。其次，整个建筑格局沿用徽州民居的合院布局手法，将体量打散，根据使用功能形成群组，体块和体块之间围合成院落，作为开放性的休憩或绿化空间。最后，在内部空间的处理上，采用现代室内空间设计手法：利用连续的两层通高中庭暗示空间指向性，塑造了人看人的交互性空间；功能性房间延续整体块状错动的方形平面，在内部形成不同的角度，多个方形空间的重复出现并结合线形走道营造出韵律感；局部屋顶采用钢骨架支撑的点抓式玻璃天窗，让整个二层获得良好的采光，同时阳光通过通高空间也极大地改善了一层的光照条件。

碧山书局[①]（图8-3-6）位于黄山市黟县碧山村。碧山村历史悠远，是著名的徽州古村落之一，尽管毗邻着著名的西递和宏村，但相对较为封闭，未受到过多的滋扰，民风淳朴，山水秀丽。碧山村保有明清时期古民居和祠堂百余座。作为以探索现代乡村建设为目的的"碧山计划"的一部分，碧山书局是在一座清代老宅——启泰堂的基础上修缮改造而成的。

祠堂的整体格局未做任何改动，仍为徽派宗祠建筑典型的三合院式布局，只在入口"五凤楼"形制的大门外增置一个围院，形成进入建筑的缓冲空间。穿过门楼进入书局，便是一个内聚性的天井空间。书院的厅堂部分为整组建筑的核心，完整地保留了原有的全部建筑构件。抬梁式层层组叠的梁架形成室内的顶界面，既是结构上的承力构件又作为装饰，体现出传统建筑中形式—结构一体的精巧构思。碧山书局最小限度地干预和改造原有建筑，使得新建筑更具古典神韵并且贴合书屋的建筑性格，体现出对原有历史建筑的尊重，是对历史建筑进行功能置换的典型案例。

屯溪老街[②]（图8-3-7～图8-3-11）坐落于黄山市屯溪区中心地段，是中国保存最完整且同时具有宋、明、清时代建筑风格的传统商业步行街。在规划布局方面，屯溪老街依山傍水，承传了徽州民居的村落肌理，修缮与重建项目中新增建筑与传统街道的融合，通过对街道空间的整治和梳理，形成统一的风貌特色。整条街道蜿蜒曲展，首尾不能相见，街深莫测，具有传统街衢空间步移景异、曲径通幽的典型特征。

---

① 碧山书局位于安徽黟县碧山村，由一座老祠堂改造而成，是文物保护单位。
② 屯溪老街位于国家历史保护街区——屯溪老街东入口地段。老街全长1272米，其中有300余幢建筑为不同年代建成的徽派建筑。

图8-3-7 屯溪老街（来源：童玥 摄）

图8-3-8 屯溪老街马头墙（来源：童玥 摄）

图8-3-9 屯溪老街立面细部（来源：孙霞 摄）

图8-3-10 屯溪老街夜景a（来源：杨燊 摄）

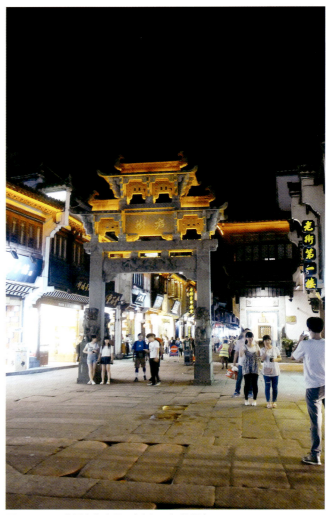

图8-3-11 屯溪老街夜景b（来源：杨燊 摄）

屯溪老街的商铺门面多为单开间，一般两层，少数三层，店铺与店铺之间均有马头墙相隔，多为坡屋顶，屋面盖小青瓦。老街的建筑平面，有沿街敞开式，也有内天井式，建筑结构有二进二厢，三进三厢，注重进深，所谓"前面通街、后面通河"往往是大店铺的格局。这种入内深邃、连续几进的房屋结构形成了屯溪老街前店后坊、前店后仓、前店后居或楼下店楼上居的经营、生活方式。

根据屯溪老街的保护规划规定，改造需在高度、体量、风貌、色彩上严格控制，最大程度地还原老街古色古香的风貌。老街旧建筑多为2层，街道高宽比在1:1.2左右，尺度亲切，比例得当，因此改造建筑的高度应严格控制在4层以下。同时，改造建筑遵循材料和色彩控制的原则，改造用材料以本土材料为准，色彩与老街黑白灰的淡雅风格保持视觉上的协调。最后，街道的小品景观要素，如灯饰、地面铺装、花池等均遵循街道肌理、尺度宜人、风貌协调的改造要求。

合肥1958香樟国际艺术馆[①]（图8-3-12～图8-3-16）位于安徽省合肥市香樟雅苑小区内，是一座由旧厂房改造而来的集艺术展示、酒吧、户外健身等功能于一体的综合性建筑，在作为居住小区活动中心的同时也作为一个艺术馆对外开放。

图8-3-13　香樟国际艺术馆外环境（来源：崔巍懿 摄）

图8-3-14　香樟国际艺术馆游泳池（来源：崔巍懿 摄）

图8-3-12　香樟国际艺术馆（来源：崔巍懿 摄）

图8-3-15　香樟国际艺术馆内部空间（来源：崔巍懿 摄）

① 合肥1958香樟国际艺术馆位于安徽省合肥市香樟雅苑小区内，改建于2004年，在承担居住小区居民活动中心作用的同时也作为一个艺术馆对外开放。

图8-3-16 香樟国际艺术馆拱券（来源：崔巍懿 摄）

设计师将原有工业厂房以现代建筑手法——钢结构和大面积钢化玻璃的联用——进行改造。建筑的立面保留了原有的厂房结构体系及红砖外墙，红砖砌筑的连续券结构成为贯穿整个建筑群组的重要元素。延伸至室外的拱券则成为空间造型元素，划分限定出羽毛球场、游泳池、活动广场等公共空间；部分室外的拱券在顶部运用三角钢架，结合大块玻璃，形成通透的三角形双坡天窗，部分室外拱券只设三角钢架不设天窗，形成限定感不同的半室外空间。

建筑内部功能为酒吧与独立的展示空间，建筑师利用原有成组拱券重新限定实体建筑的范围，内部不设立柱，形成大跨度的通用空间。顶部利用空间钢桁架形成有横向带状采光天窗的双坡屋面，从而使一层形成面积、净高均十分可观的完整的展示空间，可举办展览、摄影等各种活动。二层形成较狭长的回字形空间，也构成展厅的一部分。

以上几个案例无论是对历史建筑的改造更新，还是对现代建筑进行再改造利用均保留了原有的建筑空间，赋予了新的功能，体现出对传统建筑空间的尊重，也体现出对安徽建筑风貌的思考。

二、形体组合的变异

传统建筑风貌往往有着端庄适宜的形体组合关系，建筑形体组合中各组成部分的协调统一体现出建筑的传统韵味。优秀的安徽传统建筑形体适中，各部分组成比例均保持一定的制约关系。在现代建筑设计中通过采用传统形体组合方式，合理控制建筑形体的比例关系，以及建筑主体与局部构件的比例关系，从而达到和谐统一的效果。此外，通过形体的组织营造宜人的尺度感，亦能凸显传统风貌的神韵。安徽现代建筑在继承传统空间组合的基础上加以抽象创新，使建筑兼具功能性与观赏性，展示出传统建筑向现代建筑的演进线索。

蒙城规划展示馆及博物馆[①]总平面布局体现整体的理念，将博物馆和规划展示馆分别置于基地的东西两侧，中间以一条长长的斜坡相连，构成一组完整的建筑；中间半围合成一个文化广场，形成南北、东西两条步行景观轴线（图8-3-17~图8-3-21）。东西向景观轴线主要连接主次入口，轴线上布置观鱼台、知鱼池及庄子卧像主题雕塑等景观节点，南北向景观轴线主要联系博物馆和规划馆，在两条步行轴线交汇处，设置一处旱喷广场，以强化景观轴线。通过景观轴线及节点的塑造，营造了一个具有文化底蕴且具时代感和标志性的城市开放空间。

---

① 蒙城规划展示馆及博物馆位于蒙城县城南新区，占地约45亩（1亩≈666.7平方米），北面和西面被两条河道环抱，用地西侧、南侧紧邻城市公园。

图8-3-17 蒙城规划展示馆及博物馆鸟瞰(来源:设计单位 提供)

图8-3-18 蒙城博物馆远景(来源:设计单位 提供)

图8-3-19 蒙城规划展示馆及博物馆细部(来源:设计单位 提供)

图8-3-20 蒙城博物馆(来源:设计单位 提供)

图8-3-21 蒙城规划展示馆(来源:设计单位 提供)

蒙城规划展示馆及博物馆的造型设计从庄子"天人合一"的道家思想中获得灵感，提炼古代青铜礼器的形象元素，将博物馆塑造成一个抽象的方樽形象，两者以自西向东逐渐升起的斜坡相连，建筑主体仿佛是地面上出土的青铜器。城市规划展示馆以谦虚的姿态呈斜向上升，体量庞大但围绕方正稳重的博物馆布置，主从关系清晰可见。两馆的功能定位和整体联动也昭示出作品的寓意，即：回顾历史，展望未来，跨越古今，蒸蒸日上。

静安新城小区①（图8-3-22～图8-3-25）位于合肥市龙岗工业开发区，是一个以多层住宅为主，高层住宅和别墅为辅的住区。区内住宅建筑的整体风貌延续了安徽传统建筑群落的组合方式，针对现代住宅对功能的需求在建筑形态上进行了创新。层层迭落的坡屋顶取自于徽州马头墙的意象，却不拘泥于单纯的形式模仿，更重在模拟住宅建筑的宜人尺度。透明玻璃围合的阳台形成半开敞空间，犹如徽州民居的连廊空间。小区内的别墅将天井、院落空间有序穿插其间，突显徽派建筑的传统布局。

黄山市图书馆位于黄山市屯溪区，毗邻徽州文化博物馆及黄山市美术馆，是黄山市重要的文化建筑之一（图8-3-26～图8-3-29）。图书馆的建筑形体分散融合于徽州文化长廊之中，取意于徽州山峦地貌，隐喻层峦叠嶂、书山学海。建筑的形体布局方式是先将整体划分为四个长条形体块，再由天井庭院空间组合而成。这种形体组合不仅使得功能空间的动静分隔，又能通过横向的过渡空间连接形成整体。②

黄山市图书馆③以简洁的建筑语言和设计手法，将蕴含着传统徽州民居的元素融入建筑设计之中，宜人的尺度和富于变化的空间让人感到十分亲切。设计者用画家的笔触，将传统村落的肌理、层峦叠嶂的意向、书山无尽的隐喻、古祠堂的木格栅栏记忆，以及天井院落的空间，整合于现代图书馆的设计中，是现代建筑融合地域文化及自然环境的一次有益探索。

图8-3-22　静安新城内水环境（来源：高岩琰 摄）

图8-3-23　静安新城街边景观（来源：高岩琰 摄）

图8-3-24　静安新城住户入口环境（来源：高岩琰 摄）

---

① 静安新城小区位于合肥市龙岗工业开发区，总建筑面积为400000平方米，是以多层住宅为主，小高层别墅为辅的小区。
② 文字资料由设计单位提供。
③ 黄山市图书馆位于黄山市屯溪区，毗邻徽州文化博物馆及黄山市美术馆，是黄山市重要的文化建筑之一。

图8-3-25 静安新城内部景观（来源：高岩琰 摄）

图8-3-28 黄山市图书馆入口b（来源：设计单位 提供）

图8-3-26 黄山市图书馆入口a（来源：设计单位 提供）

图8-3-29 黄山市图书馆内院（来源：设计单位 提供）

图8-3-27 黄山市图书馆造型（来源：设计单位 提供）

滁州1912[①]位于滁州市育新东路与南谯北路交汇处，是一处不同于传统商业街亦不同于城市综合体的主题文化商业街区（图8-3-30～图8-3-33）。滁州1912作为滁州市的"会客厅"，街区在保护性开发的前提下充分结合地域建筑特色进行立面设计，并在此基础上糅入新徽派元素与商业元素，让历史、文化与时尚在这里融合，富于时代气息与灵动色彩。街区将滁州的文化、文明和文脉紧密结合在一起，体现了景观文脉化、环境生态化和设施人文化。部分街区在保留原有历史建筑的基础上，采用现代手法创造文化空间，使之成为文化与商业资源整合的平台。

---

① 滁州1912位于滁州市。

图8-3-30　滁州1912外环境（来源：汪妍泽 摄）

图8-3-31　滁州1912街景a（来源：汪妍泽 摄）

图8-3-32　滁州1912街景b（来源：汪妍泽 摄）

图8-3-33　滁州1912街景c（来源：汪妍泽 摄）

在如今需求多元化的情形下，传统建筑空间已经无法完全满足现今建筑的功能，对传统空间形式进行改良和创新是合理利用历史建筑的新途径。由以上案例可见，以现代的观念营造空间、以现代的方法诠释传统文化，也能达到传承传统风貌的效果。

三、特色空间氛围营造

现代建筑设计往往通过空间的塑造、功能的组织，达到引人入胜的效果。在空间的创新与变异组合中，通过传统风格的引入可以营造良好的空间氛围。安徽地区现代优秀设计作品充分吸纳古典建筑中庭院与天井的空间组合手法，以优化建筑空间，营造传统、自然的空间意象，体现"久在樊笼里，复得返自然"的人文意境。特色院落空间组织营造的安逸祥和的氛围，也为喧闹的快节奏的现代生活提供了一方净土。同时通过建筑内部空间的多样组合达到步移景异的空间效果，也是传统建筑特色空间氛围营造的重要手法。

云水间自然人文客栈[①]坐落于马鞍山市璞塘镇（图8-3-34～图8-3-39）。周围景观条件优越，背山面水。建筑风格既有徽派建筑的朴素典雅，又有现代建筑的时尚简洁。

图8-3-35　云水间自然人文客栈b（来源：徐诗玥 摄）

图8-3-36　云水间自然人文客栈入口空间（来源：徐诗玥 摄）

图8-3-34　云水间自然人文客栈a（来源：徐诗玥 摄）

图8-3-37　云水间自然人文客栈内庭院（来源：徐诗玥 摄）

---

① 云水间自然人文客栈坐落于马鞍山市璞塘镇。

图8-3-38 云水间自然人文客栈内环境（来源：徐诗玥 摄）

图8-3-39 云水间自然人文客栈廊道（来源：徐诗玥 摄）

建筑以白墙灰瓦为主，细节处运用了徽派建筑的马头墙意象。客栈的整体布局为合院式，大厅是用来连接室外景观水池的半开敞灰空间，整面玻璃幕墙和屋顶的设计让人感觉十分宽敞通透，也自然地将室外美景过渡到室内。

庭院空间的设计精巧而别致，庭院内部种植着各种景观植物，空间上继承了中国传统园林空间精巧曲折的特点，每一处细节均精心雕琢。

黄山风景区管委会办公室[①]（图8-3-40～图8-3-43）位于黄山风景区内。平面布局结合环境并出于建筑功能需求，采用集中与分散相结合的方式，形成三个组成部分，每部分都围合出独立的内院，由灰空间从室内过渡到室外，室内空间均围绕着中央的天井部分展开，然后由室外连廊将这些看似分离的各部分建筑体块串联起来。三部分沿中轴线呈不完全对称的形状，多重院落创造出安静和舒适的内部环境，而且有利于自然通风和采光的组织，同时带有徽州民居庭院空间的意蕴。

中国徽州文化博物馆[②]（图8-3-44～图8-3-48）位于黄山市中心城区，建筑秉承着"天人合一"的主导思想，建筑与山体互相映衬，以徽文化为展示内容，以徽州地理山水为背景、徽派建筑风格为基调，全面展现徽州文化的特色。

中国徽文化博物馆的设计立足于时代特色、民族特色和地域特色，以徽州传统建筑文化及其特色建筑符号的运用组合作为建筑创作的关键点，整体形态体现现代性与地域性的和谐共存。建筑与周边的自然环境相结合，辅以水街、青石、亭台楼阁等园林环境，使得博物馆本身成为徽州建筑文化最直接、最全面的展示。在博物馆的陈列区、收藏区、办公区和文化产业区中间有着服务通廊、休闲空间、水街作为各功能的联系纽带。总平面布置中还将损坏严重的徽州老宅和戏楼、牌坊与新建筑组合重建，并将其作为典型的徽派建筑艺术观赏品在徽文化博物馆中生动再现。各组建筑及展馆中穿插庭院绿化，展现徽派园林风景之美。

---

① 黄山风景区管委会办公室位于黄山风景区内，建于2008年，占地面积14800平方米。
② 中国徽州文化博物馆位于黄山市中心城区，建于2008年，坐落在黄山市屯溪机场迎宾大道南侧，占地面积157亩（1亩≈666.7平方米），建筑面积14000平方米。

图8-3-40 黄山风景区管委会办公室主入口空间
（来源：设计单位 提供）

图8-3-41 黄山风景区管委会办公室局部（来源：设计单位 提供）

图8-3-42 黄山风景区管委会办公室外环境
（来源：设计单位 提供）

图8-3-43 黄山风景区管委会办公室建筑与环境（来源：设计单位 提供）

图8-3-44 中国徽州文化博物馆主入口（来源：设计单位 提供）

图8-3-45 中国徽州文化博物馆a（来源：设计单位 提供）

图8-3-47 中国徽州文化博物馆c（来源：设计单位 提供）

图8-3-46 中国徽州文化博物馆b（来源：设计单位 提供）

图8-3-48 中国徽州文化博物馆d（来源：设计单位 提供）

上述手法的运用直接或间接地借鉴了安徽传统民居的空间特色和手法，合院式布局和山水空间的组合体现了天人合一、依山傍水的传统思想，对安徽建筑传统风貌的传承具有重要意义。

四、典型案例解析——安徽省博物馆新馆

安徽省博物馆新馆坐落于合肥市政务文化新区，建筑面积41000平方米（图8-3-49、图8-3-50）。[①]新馆采用传

图8-3-49 安徽省博物馆新馆（来源：周茜 摄）

---

① 安徽省博物馆新馆是安徽省规模最大的省级综合类博物馆，坐落于合肥市政务文化新区内的省文化博物园区，建筑面积41000平方米，其中展览面积10000平方米，于2011年9月建成开放。

图8-3-50　安徽省博物馆新馆外景（来源：周茜 摄）

统的布局方式，四面环水，整体空间雅致通透又端庄厚重，充分体现了安徽建筑的地域文化精神。博物馆展览空间设计中延续对徽州民居特色氛围的营造，在空间上传承了传统建筑风貌。同时，在其他空间设计中对空间和功能进行变异和拓展，按照适宜的尺度优化提炼传统空间语汇，并在传统的空间中营造出特色空间效果。

（一）传统空间格局的运用

安徽省博物馆新馆设计立意为——四水归堂、五方相连。"四水归堂"是安徽地区传统民居建筑的典型布局特征，其布局特点是四面紧凑的宅院围合，中间形成天井，雨水经四面内侧的坡屋顶汇聚到天井内，寓意"四水归堂"。省博物馆核心空间为顶部开敞的公共大厅，象征天井；一系列片墙引导的交通空间象征巷道；四面实体的展厅空间象征周围宅院；由内而外依次串联形成博物馆的整体空间格局。整个建筑端庄适宜的形体组合关系充分体现了建筑的传统韵味（图8-3-51）。

"四水归明堂，归水亦宏扬"，突出了天井作为传统建筑空间组织中心的关键特征。这样的布局使公共大厅类似于一个立体的徽州村落，片墙的引导联动着一系列大、中、小空间及"巷道"空间，自动扶梯则布置在片墙夹持、天光引导的"窄巷"中，环绕盘旋着到达各层空间。

省博物馆新馆整体布局突出了公共空间从内部的中庭空间向建筑外部延伸连通的空间效果。场地设计以入口引桥为主线，连接起竹林、水面、广场，强化中轴线空间序列，通过融合的方式将景观与建筑融为一体。建筑的外表面为青铜纹理，内表面为木质衬里，体量材质化的处理手法使地方与历史的厚重、文雅的质感以现代的视角转译重现。①

（二）公共空间与展厅组织

省博物馆新馆的主要公共空间为中央的"天井"，体现了"四水归堂"的传统设计理念，在传承传统建筑风貌的同时，还兼顾了室内功能空间的营造，通过合理控制建筑空间的比例关系、建筑主体与局部构件的比例关系，达到和谐统一的效果（图8-3-51～图8-3-55）。

二层公共大厅是最为开敞也是最重要交通空间，它和各层交通空间通过通高大厅相互联系，同时联系组织博物馆

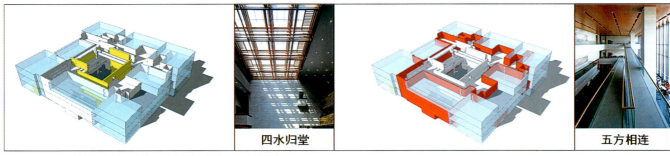

图8-3-51　安徽省博物馆新馆立体公共空间（来源：周茜 绘）

---

① 何镜堂，刘宇波，张振辉，梁玮健. 四水归堂五方相连——安徽省博物馆新馆创作构思[J]. 建筑学报，2011（12）：70-71.

图8-3-52 安徽省博物馆新馆水环境（来源：周茜 摄）

图8-3-53 安徽省博物馆新馆外部引桥（来源：周茜 摄）

图8-3-54 安徽省博物馆新馆屋顶空间（来源：周茜 摄）

图8-3-55 安徽省博物馆新馆大厅空间（来源：周茜 摄）

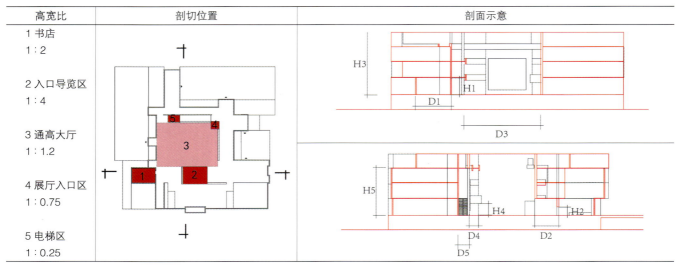
图8-3-56 安徽省博物馆新馆公共空间剖面示意（来源：周茜 绘）

的各个展厅。除了通高大厅，二层公共大厅还包括书店、入口导览区、安徽文明陈列展厅入口区和电梯区这四个特色空间，其空间高宽比如下（图8-3-56）：

入口导览区位于博物馆新馆入口与通高大厅相连的区域，是参观者进入通高大厅必经的路径，空间相对开敞并且流动性强，其空间高宽比为1：4；通高大厅是二层公共空间的核心区域，联系了三至五层的公共空间，大厅正对的片墙上设置了一幅四层高的金属版画，可以在大厅内任意方位看到，高宽比较为接近，为1：1.2；安徽文明展厅入口区位于竖向片墙和版画片墙之间，空间由开敞逐渐变得封闭，入口空间高宽比接近1：0.75；位于通高大厅旁边的电梯为重要的流线节点，电梯区位于版画片墙的背后狭长的空间，高宽比最大，为1：0.25，再现并隐喻皖南传统的巷道空间。整体建筑空间在变异的过程中充分保持传统建筑特征，并通过形体的组织营造宜人的尺度感，凸显传统风貌的神韵（图8-3-57、图8-3-58）。

图8-3-57　安徽省博物馆新馆立体公共空间（来源：周茜 摄）

（三）观展流线的特征

省博物馆新馆的空间布局萃取安徽传统民居特色，其参展流线主要围绕中间天井空间呈"井"字形螺旋向上，行走其间，宛如游历于徽州民宅之中。顺着室外具有导向性的引桥进入博物馆，一进门就会被公共大厅内通高墙面的版画所吸引。中庭空间不但呼应了徽州民宅的"天井"设计，更是人们参观博物馆的起点和交流中心，在功能拓展的同时，延续了天井空间交流的精神需求。置身于中庭空间环顾四周展厅，可以产生强烈的归属感，同时展现出建筑的传统空间在现代功能需求下的变异使用。同时，博物馆中庭院与天井的组合使用，优化了建筑空间，营造了传统、自然的空间意象（图8-3-59～图8-3-62）。

各层的参展流线围绕展厅形成回字形，连接各展厅空间的开放走廊如同宅院的连廊，半开敞的空间具有鲜明的引导性，指引游客游览展厅。穿梭于各个虚实相间的展厅和通道之间，明暗和风景的变化使参展过程更具趣味性。越过转角，在通高墙面的背后，有一狭长空间布置着连接上下楼层的手扶电梯，这片区域对应安徽民居建筑中的街巷空间，犹如穿过街巷进入另一处宅院。这样的参展流线，仿佛行走在徽派建筑群中，四水归堂的天井、静谧狭长的街巷，让人流连忘返，回味无穷（图8-3-63）。

图8-3-58　安徽省博物馆新馆交通空间（来源：周茜 摄）

图8-3-59 安徽省博物馆新馆参展空间a（来源：周茜 摄）

图8-3-60 安徽省博物馆新馆参展空间b（来源：周茜 摄）

图8-3-61 安徽省博物馆新馆参展空间c（来源：周茜 摄）

图8-3-62 安徽省博物馆新馆参展空间d（来源：周茜 摄）

（四）吸引观展者停留的空间

安徽省博物馆新馆内的几处公共空间，通过空间的塑造、各功能的组织营造了良好的空间氛围，其中二层公共大厅空间、展厅间的坐憩空间、虚体连桥挑台空间、迁建的徽州民居都各具特色。

二层公共空间由书店、入口导览区、通高大厅、安徽文明陈列展厅入口区和电梯区这五个特色空间组成。其中通高大厅是二层公共空间的核心区域，因为没有视线的阻隔，整个空间完全开敞，联系了三至五层的公共空间。安徽文明展厅入口区位于竖向片墙和版画片墙之间，空间流动性较大。通高大厅边上的电梯位于版画片墙的背后，空间狭长，极具特色（图8-3-64、图8-3-65）。

展厅间的坐憩空间也很有趣味性，联系各展厅之间的半开敞灰空间中，设置了部分休憩座椅供参观者休息。空间虽然相对封闭，但因场馆五方相连的设计手法，将室外自然景观巧妙地引入室内，使游客在休息的同时亦能观景（图8-3-

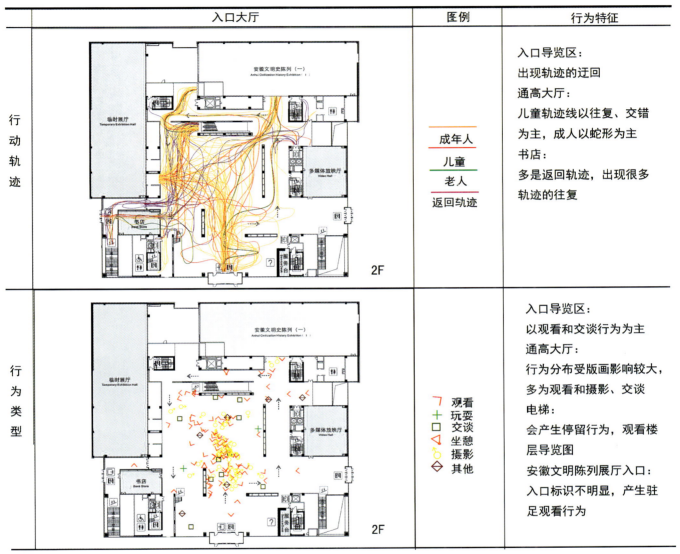

图8-3-63 安徽省博物馆新馆公共空间轨迹与行为（来源：周茜 绘）

66、图8-3-67）。

博物馆的虚体空间内分布着用于交通联系的连廊以及挑台，虚体空间引导观众在实体展厅内外穿行，成为流动活跃的公共空间系统。开敞通透的玻璃界面之内穿梭交错着坡道、平台，观众在观展过程中行走于其中，时常能看到四周的外部景观，并形成良好的看与被看的互动关系，充分展现了现代观展空间的开放性、透明性以及交流互动性。虚体空间内侧的环廊结合平台、连桥、挑台等建筑元素，与"四水归堂"大厅取得半开半合、柳暗花明的多样化联系，形成一个从核心空间向四面伸展，沟通上空与四方外界的"五方相连"的公共空间系统。[①]通过博物馆内外空间的多样组合，达到了步移景异的空间效果，凸显了特色空间的气氛（图8-3-68、图8-3-69）。

---

① 何镜堂，刘宇波，张振辉，梁玮健. 四水归堂五方相连——安徽省博物馆新馆创作构思[J]. 建筑学报，2011（12）：70-71.

图8-3-64　安徽省博物馆新馆公共空间a（来源：周茜 摄）

图8-3-65　安徽省博物馆新馆公共空间b（来源：周茜 摄）

图8-3-66　安徽省博物馆新馆公共空间c（来源：周茜 摄）

图8-3-67　安徽省博物馆新馆公共空间d（来源：周茜 摄）

图8-3-68　安徽省博物馆新馆特色空间a（来源：周茜 摄）

图8-3-69　安徽省博物馆新馆特色空间b（来源：周茜 摄）

另一个特色空间位于五层的电梯口区域，将安徽民居的如画景色尽收眼底。空间相对开敞，设置了一面安徽地名展墙，在空间左方设计了一个平台，运用了抽象的天井空间，直接俯瞰四层通高展厅的徽州民居。

第四节　通过材料和建造方式体现建筑特色

一、传统材料的直接使用与循环利用

在现代建筑的设计中，部分优秀案例直接选用传统材料，利用本土材料建造结构或围合体系，通过本土材料的肌

图8-4-1　马鞍山林散之艺术馆主入口（来源：徐诗玥 摄）

理传承传统风貌，直观地展现了当地的建造工艺与传统。安徽地区的传统建筑，多采用砖、石、木材为主要建筑材料，在现代建筑设计中或单独使用砖、木材，或砖木结合使用，都可以再现特有的传统意蕴。其中，同种材质之间的材质组合往往通过材料单元的重复排列、大小形式的变化来营造建筑空间。同时运用传统材质组合形成群体，其变化的组合方式往往更能体现传统风格。同种结构构件的组合可以营造传统的围护结构或者单一展示传统建筑骨架，也可与现代建筑材料相结合形成特色空间，还可以以局部片段的形式呈现。

就安徽地区而言，砖木的混合使用更容易营造出传统建筑氛围，也更多地展现出传统风格的传承。当既有传统建筑面临功能革新，或者常年失修、废弃时，往往会产生大量废弃砖石、木材等建筑材料，此类材料如妥善加以利用，并采用现代技术和现代材料与之协调融合，便能产生传统与现代交相辉映和谐共生的效果。

马鞍山林散之艺术馆[①]（图8-4-1）是以当地传统材料新建而成，修新如旧，尽显园林风格（图8-4-2）。馆内庭院绿草茵茵，安逸闲适，建筑形体尺度适宜，显示出优雅的古典气质（图8-4-3）。

艺术馆的主馆及副馆均采用粉墙、黛瓦、茅草、木材等地方本土建筑材料，凸显了建筑的地域性，传承了地方文脉，茅草覆顶、粉墙饰面、红木造窗，置身其中能感受到浓郁的地方

---

① 马鞍山林散之艺术馆建成于1991年，坐落在马鞍山市采石矶风景区，占地3800平方米。

图8-4-2 马鞍山林散之艺术馆外廊（来源：徐诗玥 摄）

图8-4-3 马鞍山林散之艺术馆内庭院（来源：徐诗玥 摄）

图8-4-4 马鞍山林散之艺术馆一景（来源：徐诗玥 摄）

文化。徽派建筑中的材料质感是丰富多彩、层次性极强的，除了砖木石等硬质材质之外（图8-4-4），还有绿地、水体等软性材质，在质感方面层次丰富、对比强烈，多种材料统一集合在一个主体中，使得主体层次分明、凹凸有致。

浮庄[①]（图8-4-5）与马鞍山林散之艺术馆有相似之处，均为仿古新建建筑，不同的是浮庄采用仿制还原的方式建造，更体现出古徽州传统婉约典雅的建筑气质。

浮庄内设有茶楼、曲榭、亭桥等若干园林景观，在建筑装饰上继承了传统徽州民居建筑特征的徽派元素：白粉墙、小青瓦、马头墙、青砖。建筑雕梁画栋，将徽派建筑特色中的砖雕、石雕、木雕展现得淋漓尽致。窗棂门楣有砖雕木刻，技艺精湛，木雕形象栩栩如生，与高低错落的马头墙一起，构成了浮庄的古典之美（图8-4-6）。

在建筑材料上，建筑以砖木结构为主体，以梁柱为骨架，外面砌扁砖到顶部。现在的浮庄内为茶楼食府，在改造时完整地保留了建筑原本的造型元素和内部结构，仅仅是用现代建筑材料对建筑内部进行适当的装潢和加固。同时遵循色彩控制的原则，改造修饰均以当地出产的材料为主，与原先的黑白灰建筑色彩和风格在视觉上保持统一与递进，建筑原有的粉墙、黛瓦、马头墙、青砖等元素依旧清晰可见，木雕、石雕和砖雕都

[①] 浮庄位于合肥市包河公园内，明朝弘治年间为包公书院，重建于1983年，占地约0.53公顷，建筑面积近600平方米。它南与包公墓、清风阁相邻，西与包公祠遥相呼应共同成为包河包公文化区的重要组成部分。

图8-4-5 浮庄a（来源：高岩琰 摄）

图8-4-8 合肥1958香樟国际艺术馆（来源：崔巍懿 摄）

图8-4-6 浮庄b（来源：高岩琰 摄）

图8-4-9 合肥1958香樟国际艺术馆运动场地（来源：崔巍懿 摄）

图8-4-7 浮庄入口（来源：高岩琰 摄）

保存完好（图8-4-7）。浮庄在最小的限度上改造原有建筑，是现代功能与传统形式结合功能更新的较好范例。

相比于上述修新如旧的建筑方案，合肥1958香樟国际艺术馆[①]（图8-4-8）则着重凸显其以旧修新的建筑特质，是现代风格建筑中对原有材料循环利用的典型案例。该馆是一座由旧厂房改造而来的艺术馆。该项目是以具有欧洲包豪斯风格的老厂房为结构骨架，运用钢和玻璃，将现代建筑材料和设计手法融入其中，体现了包豪斯的建筑风格与现代建筑的精神面貌（图8-4-9）。

---

① 合肥1958香樟国际艺术馆，位于望江路与东至路交口的香樟雅苑小区内，始建于1958年，于2010年重新改建开馆。

在建筑材料上，建筑的立面保留了原有厂房的结构及红砖外墙，在基本延续厂房原有建筑格局的基础上，通过现代材料和技术手段改造原先建筑中不适宜的功能部分，并将其替换成新的功能，使建筑内部空间适应新的使用要求，其内部功能被替换为酒吧与独立的展示空间。建筑内部虽然已经被改造成了艺术馆，但老厂房的红砖依然处处可见，体现出旧厂房的工业气息，同时展示出现代设计手法与艺术韵味的对比与融合（图8-4-10、图8-4-11）。

该方案没有局限于传统的建造方法，而是以新的设计手法赋予传统建筑新的空间与现实内容，理性地处理传统建筑的保护与更新，在为居住者谋求更高品质的生活环境的同时，也体现出对传统建筑价值的重新思考。

图8-4-10　合肥1958香樟国际艺术馆入口（来源：崔巍懿 摄）

图8-4-11　合肥1958香樟国际艺术馆钢制构架（来源：崔巍懿 摄）

二、现代材料与传统材料的结合

在安徽地区的现代建筑中，大量使用了现代的建筑材料，如混凝土、玻璃和钢，取代石材、木材等传统建材成为主要的建筑材料。现代建筑材料具有很好的热工性能及环保性能，新型的建筑材料也更有利于现代建筑功能空间的营造。在历史建筑的保护中，随着建筑建造工艺的提升，现代建筑材料与传统材料进行的组合同样能体现地域建筑的风格特征，并具有节材、节能的特点，成为历史建筑保护的新方法之一。随着现代建筑材料的多样化，现代材料与传统材料组合运用，可产生出不同的空间体验，充分发掘出传统材质的魅力。传统材料结合现代材料进行组合与构成，可以很好地体现现代建筑与传统风貌的结合，亦兼具现代空间感。现代建筑设计中借助不同材质的对比变化，体现出设计的魅力。现代材料与传统材料的结合运用是在满足现代建筑设计功能、建造的前提下对传统建筑风格的延续，使得建筑既富有现代建筑的实用简洁之美，又能体现对传统材料的传承与更迭。

在建筑的单体设计建造中，岩寺新四军军部旧址纪念馆和同庆楼庐州府餐饮酒店是现代材料与传统相结合的典型案例，他们分别通过对老建筑的修缮、改造、扩建和对传统材料的现代运用这两种方式来实现既定的目标。

岩寺新四军军部旧址纪念馆[①]（图8-4-12）为对既有建筑的改建扩建，首先对原有的建筑进行修缮复原，然后再根据实际功能需求进行改建与扩建。在材料的选择上，建筑师将原已废弃的旧材料重新利用，在局部之中穿插以现代的建筑材料，利用风格与材质上的新旧对比形成文化上的相互交融（图8-4-13）。为了使建筑风格与周边环境充分融合，借用了传统建筑表面的肌理特征，如粉墙、黛瓦、马头墙、青砖等和牌坊、石雕等徽州传统的符号性元素，与玻璃、钢材、混凝土等现代材料相结合（图8-4-14）。传统与现代的材料随机地碰撞，既展现了青砖墙沉厚有力、宁静自然、怀旧宜人的性格，又展现了玻璃通透空灵、纯洁安宁的特质。整个建筑群既尊重历史记

---

① 岩寺新四军军部旧址纪念馆位于黄山市徽州区，纪念馆原为金家大院，总建筑面积一万平方米，是一座典型的皖南民居建筑。

图8-4-12 岩寺新四军军部旧址纪念馆（来源：杨燊 摄）

图8-4-13 岩寺新四军军部旧址纪念馆保留牌坊（来源：杨燊 摄）

忆，又注入了现代建筑的内容。建筑师力求做到建筑与自然和谐共生，让建筑真正融于自然环境（图8-4-15）。

通过对传统材料的创新运用，展现其地域性与时代性共生的特征，就是在现代建筑技术手段的支持下，使其获得崭新的、现代的艺术表现形式，重新构建出既体现传统风貌，又融合周边环境，并且满足现代功能需求的建筑案例。

同庆楼庐州府餐饮酒店[①]（图8-4-16）作为新徽派建筑设计的典范之一，其设计融入了徽州建筑文化的设计元素，简洁大方、格局新颖，丰富的光影变化和错落有致的外墙面更是展现了徽派建筑的新风貌。

在建筑材料的应用上，建筑师采用徽派建筑的传统建筑材料——白石灰墙面、灰瓦、木材等与现代建筑材料——玻璃、钢、混凝土等，传统的材料与现代的材料相融合，色彩保持温和俊美的传统建筑黑白灰基调与基地中的水系（图8-4-17、图8-4-18）十分匹配，灰黑色墙面展现了厚重、沉稳、时代感的性格特征，通透、轻盈的玻璃又兼具现代审美（图8-4-19）。室内用传统的建筑材料和构件体现古典雅致的韵味。门窗采用玻璃材料，虚实结合，灵动与古朴相间，建筑立意与环境背景和谐统一（图8-4-20、图8-4-21）。

图8-4-14 岩寺新四军军部旧址纪念馆室内（来源：杨燊 摄）

① 同庆楼庐州府餐饮酒店位于合肥市包河区，占地20000平方米，于2012年建成开业。

图8-4-15 岩寺新四军军部旧址纪念馆主入口（来源：杨燊 摄）

图8-4-16 同庆楼庐州府餐饮酒店主入口（来源：高岩琰 摄）

图8-4-17 同庆楼庐州府餐饮酒店内庭院a（来源：高岩琰 摄）

图8-4-18 同庆楼庐州府餐饮酒店水景（来源：高岩琰 摄）

图8-4-19 同庆楼庐州府餐饮酒店内庭院b（来源：高岩琰 摄）

图8-4-20 同庆楼庐州府餐饮酒店细部（来源：高岩琰 摄）

图8-4-21 同庆楼庐州府餐饮酒店一景（来源：高岩琰 摄）

图8-4-22 屯溪老街万粹楼（来源：杨燊 摄）

图8-4-23 屯溪老街街巷空间（来源：杨燊 摄）

图8-4-24 屯溪老街建筑细节（来源：孙霞 摄）

通过对传统材料的创新运用，展现其地域性与时代性的共同特征，就是指在现代建筑技术手段的支持下，使其获得新颖的、现代的艺术表现形式，重新构建出既体现传统风貌，又融合周边环境，并且满足现代功能需求的建筑案例。

对于建筑群体而言，屯溪老街和九华山的涵月楼能够作为建筑群体设计的代表来体现现代建筑材料与传统材料相结合的设计手法。它们分别通过对传统建筑的修缮改造和现代与传统材料结合应用的方法来实现建筑的立意。

屯溪老街[①]（图8-4-22）坐落于黄山市屯溪区中心地段，是中国保存最完整，同时具有宋、明、清时代三种时期建筑风格的商业步行街（图8-4-23）。

在规划布局方面，屯溪老街依山傍水，具有徽州村落的肌理。老街建筑整体为典型的徽州民居的传统风格，具有典型的徽派建筑特色，室内装饰上采用雕刻精美的砖雕、石雕、木雕（图8-4-24）。

---

① 屯溪老街位于国家历史保护街区——屯溪老街东入口地段。老街全长1272米，其中有300余幢建筑为不同年代建成的徽派建筑。

图8-4-25 屯溪老街入口牌坊（来源：喻晓 摄）

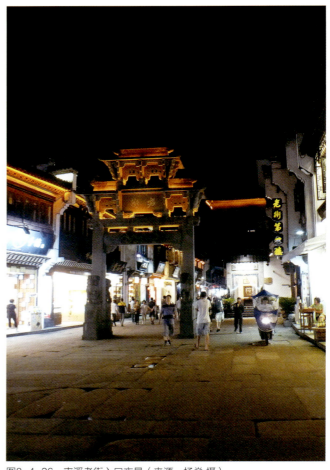

图8-4-26 屯溪老街入口夜景（来源：杨燊 摄）

屯溪老街历史建筑分为修缮更新与改造加建两部分，修缮更新为对原有的建筑进行修复；改造加建为根据功能需求对原有空间进行改造。在建筑材料的选择上，设计者将原来可能被废弃的旧材料重新利用，并在局部建筑之间以现代建筑的构建方式进行连接，使其在风格与材质上形成新旧对比，文化上形成相互交融。建筑师利用徽派建筑的传统建筑材料与现代建筑材料和元素混合在一起，形成新旧文化的碰撞、交流、融合，这样做既可以体现传统建筑材料的沉稳、隽秀的性格特征，也可以表现出现代建筑材料轻盈、有力的特点，不仅保留了传统街区的文脉与记忆，也体现出了传统建筑跟随时代发展、与时俱进的精神。

屯溪老街的原有建筑保存情况较好，并且修复与重建项目中增加的改造建筑与传统街道的风格完美融合（图8-4-25），同时对街道也进行了一定的整治和规划安排，形成目前统一的街区风貌。粉墙、黛瓦、马头墙、木格窗与玻璃、金属构建的组合，营造出错落有致的群落肌理，在现代建筑的洗练简约之外，亦显出了徽派建筑群风格的韵味（图8-4-26、图8-4-27）。

黄山涵月楼[①]（图8-4-28）坐落于屯溪区迎宾大道78号，毗邻优美的黄山风景区。涵月楼将"禅意"的思想充分

---

① 黄山涵月楼位于黄山市屯溪区。

图8-4-27 屯溪老街建筑细节夜景（来源：杨燊 摄）

图8-4-28 黄山涵月楼入口（来源：设计单位 提供）

图8-4-29 黄山涵月楼（来源：设计单位 提供）

图8-4-30 黄山涵月楼内庭院（来源：设计单位 提供）

融入到了建筑设计中，建筑内禅院云境的灵感来自于日本的枯山水景观，面积不大，却在能在这咫尺之地内表现出丰富的山川丘壑的景观意象（图8-4-29）。

涵月楼是新徽派建筑艺术中模仿传统村落格局的典型代表，它在总体布局上依山就势，构思精巧，自然得体；在空间结构和利用上，布局灵活，变幻无穷，以马头墙、小青瓦为主的建筑材料尽显本土特色；在建筑雕刻艺术的综合运用上，将石雕、木雕、砖雕融为一体，显得雅致隽美。涵月楼继承了徽派建筑的高贵却不失素雅的气韵，粉墙黛瓦、小桥流水，无不彰显出徽派园林"寄情山水，巧设构思"的设计哲学（图8-4-30）。

在室内装饰上，建筑的室内选用米、深咖两色作主调，并配有木地板、灰色墙身，设计简洁和谐，完美融合室外的自然美景。卧室内的实木花格移门以及仿古大床等元素，含蓄地展现中国传统中式大宅的意韵，配合户外优美的庭园景致，焕发出浓浓的中国韵却又不失现代感[1]（图8-4-31）。

三、传统建造方式体现建筑特征

传统建造方式是传统建筑风貌空间营造的技术基础，在现代建造方式已然改善的今天，传统的建造方式仍具有适应性。

---

[1] 在设计单位提供的文字资料上修改而成。

图8-4-31 黄山涵月楼廊道（来源：设计单位 提供）

图8-4-33 上海世博会安徽馆玻璃顶棚（来源：张琪 摄）

图8-4-32 上海世博会安徽馆主入口（来源：张琪 摄）

随着建筑材料与施工工艺的发展，传统建造精华部分仍可被保留和推广。采用传统建筑材料与建造方式的建筑，保留着浓郁的传统建筑风貌，而采用新型材料并改良的传统建造方式设计建造的建筑，则在体现传统建筑的空间营造过程的同时，其塑造的空间形态也反映出现代生活特点。经过改良的传统建造方式即使采用了现代建筑的语汇及材料，仍能体现传统意象。

上海世博会安徽馆①（图8-4-32）便是以现代建筑材料展现传统建造方式的案例。展馆内采用极具徽派建筑特色的天井空间形式，在展览空间中体验到"四水归堂"的虚拟场景，在院落中真正呈现天井的意境，体现地域文化的气息（图8-4-33）。

安徽馆的建造多处运用了传统徽派建筑的建造技艺。安徽馆主入口的门头采用了传统的门头造型，运用了石雕

---

① 上海世博会安徽馆，现位于合肥市徽园西北角，规划用地面积约8493.4平方米。

和砖雕工艺。青石板镶嵌于外墙内，并雕刻以细腻的砖画和文字。徽州传统民居大门的方窗作为徽派建筑外墙造型的重要元素，在安徽馆的建造中得到了很好的体现（图8-4-34）。除此之外，安徽馆的外墙采用传统的建造手法，复现了马头墙的原貌，运用青瓦等建筑材料，层叠铺设，从最基础的部分向传统还原。除了墙体之外，安徽馆还从屋顶和天井的建造技术上展现传统徽派建筑的特征。

屋顶运用了徽派建筑传统青瓦坡屋顶的建造技艺，整合了建筑造型，呼应了建筑立面，更加体现了安徽馆的传统韵味。安徽馆的内部功能主要通过天井进行组织，天井作为徽派建筑中最具特色与创意的设计之一，已经成为了徽派建筑的标签。安徽馆中的天井，通过木柱作为支撑，木柱又通过柱础落于青石板铺就的地面上。从建造技艺与构成元素上最大程度地还原了传统徽州民居中天井的形式与空间，充分体现出了徽派建筑中"四水归堂"的建筑意向（图8-4-35）。

九华山管委会柯村行政中心[①]与世博安徽馆的建造手法相似，但是在利用现代材料表达传统建造方式的基础上有所变异。其在功能布局上采用了集中与分散相结合的组合方式。建筑造型简洁，借鉴九华山传统民居的建筑构成方式，以传统屋面为主，结合马头墙，从比例、尺度、色彩、材料、符号等多方面体现地方建筑的意蕴（图8-4-36）。

柯村行政中心在传承传统建筑上主要体现在建造技术上，建筑主体采用砖红色琉璃瓦，不同于传统的青瓦片，但是通过传统屋面的建造技术铺设于坡屋顶上，既具有现代感，又将传统的建筑技艺淋漓尽致地体现在建筑之中，是对传统技艺在新材料条件下的发扬。除屋面之外，鲜艳的琉璃瓦还被运用于马头墙和连廊屋顶的建造之中，这些建筑细节的建造技艺依旧与徽州传统民居相应部分的建造技艺相同。这些细节的细微刻画使整个建筑的风格统一而有韵味（图8-4-37）。

图8-4-34　上海世博会安徽馆入口细节（来源：张琪 摄）

图8-4-35　上海世博会安徽馆内庭院（来源：张琪 摄）

图8-4-36　九华山管委会柯村行政中心内庭院（来源：葛晓峰 摄）

---

① 九华山管委会柯村行政中心，总建筑面积16000平方米。

图8-4-37　九华山管委会柯村行政中心廊道（来源：葛晓峰 摄）

图8-4-38　黎阳in巷鸟瞰效果图（来源：设计单位 提供）

图8-4-39　黎阳in巷街巷（来源：杨燊 摄）

图8-4-40　黎阳in巷商铺（来源：杨燊 摄）

从上述两个案例可以发现，在建造方式上除了继承传统手法之外，也可以结合现代设计手法，保留传统建筑的工艺，使得建筑风格古朴而不失现代气韵。

四、典型案例解析——黎阳in巷

（一）黎阳in巷更新总述

黎阳in巷位于安徽省屯溪区，与屯溪老街隔江相望。其前身为黎阳镇老街，作为皖南徽商发源地，黎阳古镇素来有"唐宋之黎阳，明清之屯溪"的美誉。2013年被重新开发，以明清建筑为特色，力求将其建成传统与时尚结合的休闲商业街（图8-4-38）。

对于这样一条具有历史价值的古街，设计者主要从材料与建构方式等方面思考，在保护其原有风貌、延续其传统记忆的条件下，如何进行新老建筑的融合，促进老街的发展（图8-4-39、图8-4-40）。

图8-4-41 黎阳in巷保留历史建筑室内（来源：杨燊 摄）

图8-4-43 黎阳in巷美术馆与戏台（来源：杨燊 摄）

图8-4-42 黎阳in巷保留历史建筑天井（来源：杨燊 摄）

为了延续传统，激活场所的历史感，设计者从材质、肌理、传统要素的传承和创新上入手。对于老街的更新，提出了三个概念：保留、移植与创新。用保留修缮的方法重述老建筑的记忆，整旧如旧、以存其真，实现传统材质的重复利用；移植徽州构件，提炼其传统精髓，演绎建筑文化内涵；对新建建筑进行创作，实现新材料的传统建造演绎，传统肌理的现代手法创新（图8-4-41～图8-4-43）。

因此，黎阳老街中不仅有老建筑用白墙黛瓦、雕檐画栋述说地域风情，又有新建筑简洁大气注入现代的生机。整个街道以点状的节点空间，线状的街巷空间，以及面状的广场空间，形成了点、线、面有机结合的整体，传承了徽派建筑中"步移景异"的审美文化。

（二）老宅翻新与构件移植

为了保护黎阳古镇的厚重历史，对于街道内部的老建筑实行了"整旧如旧，以存其真"的手法。基地的保留建筑集中在主街北部，形成了鳞次栉比的传统线状结构；而南部建筑保留拆除之后的基底边界线，局部保留传统建筑构件。对于基地内保留的传统建筑分为三种（图8-4-44）：一种是原址保留，并进行修缮，力求还原传统的原汁原味；一种是局部构件的保留，将其与新建筑进行融合共生；还有一种是将建筑拆除后的材料进行循环使用，按照原有的构造恢复其墙面风貌。

斑驳的墙面、精致的门楼、古朴的构件以及黑白灰三色雅致的对比，无处不体现了徽派建筑的特色。传统建筑经过岁月的沉淀，是老街记忆的载体，完整地重现了老街的古朴韵味，游客穿行其间，能够领略黎阳老街往昔的风情。

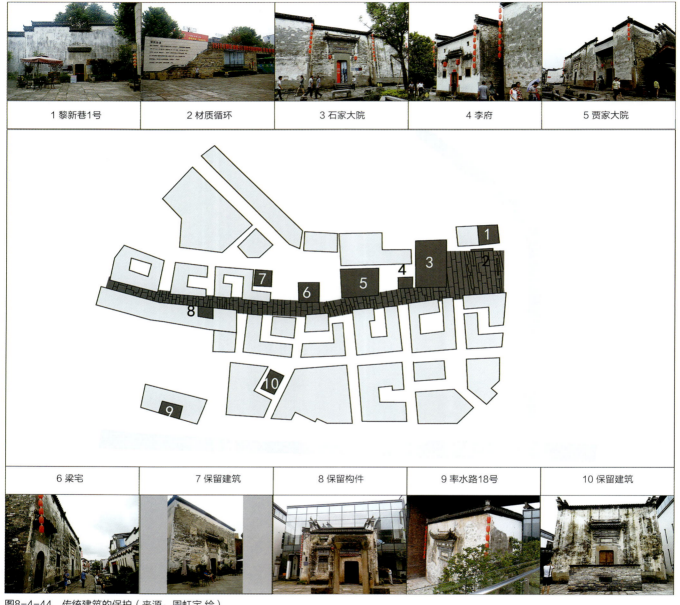

图8-4-44 传统建筑的保护（来源：周虹宇 绘）

（三）比邻而居的和谐共生

老街的更新改造绕不开传统与现代建筑共生的问题。新建筑与老建筑在功能、形式上风格迥异，殊难相同。黎阳in巷力求在迥异中寻找衔接新老建筑的答案。

在黎阳in巷中，新老建筑形成了三种关系（图8-4-45）：相接、相望和相邻。传统建筑局部保留，与新建部分构成新的建筑形式，新老材质之间形成相互交接的关系。设计者并没有采用传统材质或者做旧的方法与老的构件衔接，而是采用现代玻璃与之结合，形成明显的"边界"。在玻璃盒子的顶部用钢材压黑边，模拟传统屋顶的檐线，并在山墙面加入马头墙符号，使新旧建筑相互呼应，对比中又有统一的肌理。主街两面的新老建筑隔街相望，主街南侧的新建筑在高度、色彩以及屋顶折线关系上与对面的传统建筑契合。远远望去，新建筑以一种谦逊的态度与老建筑实现了和谐共生。而在处理与传统建筑相邻的新建筑时，设计者采用了传统的材质（如红砖）和传统的折线屋顶使新建筑与之相融合。

黎阳in巷在新旧之间寻找平衡点，使二者相互独立又和谐相融。新旧建筑并不需要进行风格的无缝拼接，而是以一种折中的手法融合。新的材质与肌理既在一定程度上与传统契合，又要保持其自身的"纹理性"。

（四）新旧材料的异质同构

在黎阳in巷中建筑材质的种类亦丰富多样，既有木材、红砖、青砖等传统材料，亦有玻璃和钢材等现代材料。不同风格的材料，以异质同构的手法共同交汇出生动而时尚的黎阳印象（图8-4-46）。

1. 传统形式的提取

黎阳in巷的建筑造型取意于传统徽州文化，具有明清传统建筑特色，其定位为传统与现代相结合的新徽派风格。新建建筑提炼徽州的建筑特色，高低错落的马头墙、石雕漏窗、月形门洞等传统元素与现代的玻璃、钢等材料相互结合，塑造出徽风皖韵的街道风貌（图8-4-47）。

2. 肌理的模拟

在街道中随处可见具有历史肌理的墙面。设计者运用青砖等古朴的材质，模拟传统的砌筑手法，形成镂空、错

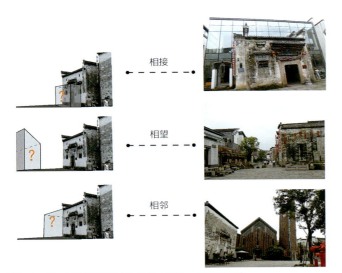

图8-4-45 新旧建筑的对比关系（来源：周虹宇 绘）

图8-4-46 各种材质的运用（来源：周虹宇 绘）

图8-4-47 传统要素提取（来源：周虹宇 绘）

图8-4-48 传统材质的运用（来源：周虹宇 绘）

位等多种肌理。每一片墙远望似乎韵味相同，走近了才发现"性格"各异，于细微之处展现不同的建筑脸谱（图8-4-48）。

3. 对于传统肌理的创新

与传统相融，并不仅仅是对于传统的模仿，同时也是注入现代思维的创作。建筑不是简单地重复传统肌理，而是提炼传统元素后融入现代手法进行创新。对于皖南特色的马头墙和坡屋顶，设计者对其运用了三种处理手法——简化、变形和置换。将屋檐与马头墙的顶部抽象简化为黑边；对坡屋顶进行拓扑变形，使其呈现不规则的折线关系（图8-4-49）；用工字钢模拟屋檐的黑边，用现代的混凝土材质做成块状相叠置换传统的屋面叠瓦（图8-4-50）。这种传统形式与现代手法共同构成了黎阳in巷的建筑风格。

图8-4-49 屋顶形式的变形（来源：周虹宇 摄）

图8-4-50 屋顶材质的置换（来源：周虹宇 摄）

第五节　通过点缀性的符号特征体现建筑特色

一、传统符号的直接运用

通过传统符号的直接运用可以使人直观地感受传统符号的象征意义。传统要素在某个局部被直接运用时能起到良好的点缀作用，也可以唤醒人们对于建筑风貌的认知。安徽传统建筑有着丰富的建筑传统符号，当彩绘、砖雕、木雕被合理运用在建筑上如屋顶、入口等时，更易使人在认知上产生共鸣。当传统建筑被整体复制并使用时，常被设计为整个街区或者建筑组合的核心空间，从而营造出传统意象。对具有完整形态的传统艺术元素，加以创新处理，亦可以突显徽文化特色。传统艺术元素以原初形态出现，很好地营造了现代建筑中传统文化氛围，有效地增加了空间感染力。而传统符号与创新的现代空间组合运用，可以达到结合古今发展传承的独特艺术魅力。

徽商故里大酒店[①]（图8-5-1），建筑整体体现徽州地方传统建筑风格，通过对传统建筑符号的直接运用反映了徽州地域文化的内涵。设计直接运用了徽州古建筑的传统符号，使建筑具有质朴清雅、徽风盎然的气质（图8-5-2）。

马头墙长久以来一直是徽州民居典型符号特征的代表，徽商故里大酒店直接运用了徽派建筑的马头墙形式，并采用青瓦片铺就坡屋顶，白色粉刷外墙面，沿用传统建筑粉墙黛瓦的建筑风格。这些元素与玻璃门窗、内部装饰等现代元素相结合，体现"徽中有新、新中有徽"的建筑风貌。在酒店入口、建筑墙壁以及窗扇处使用了徽州传统三雕中的石雕、木雕工艺（图8-5-3），配之以传统建筑常用的木材，使建筑散发着传统建筑文化的气息。徽商故里大酒店，将传统建筑符号镶嵌于现代建筑工艺之中（图8-5-4）。

展览性园区表达徽州地域性传统建筑风貌，在建筑的整体风貌、细部处理方面以及园区的景观营造方面，多运用安

图8-5-1　徽商故里大酒店（来源：喻晓 摄）

图8-5-2　徽商故里大酒店主入口（来源：喻晓 摄）

图8-5-3　石雕（来源：孙霞 摄）

[①] 徽商故里大酒店位于黄山市，修建于2005年，总建筑面积8530平方米。

徽传统建筑符号要素，传达地域文化，展现传统精华。

徽派艺术建筑博物馆①将建筑主体与天井、庭院、园林相结合，建筑与景观相互渗透、交错展开。建筑依山而建，建筑风貌与自然环境交相呼应（图8-5-5）。

建筑通过对传统符号的借用，还原了徽派建筑粉墙黛瓦、马头墙、门头和高窗的传统风貌（图8-5-6）。建筑不仅在建筑外观上勾勒出传统建筑的整体形象，在细部也注重传统要素的表达。建筑外墙多开小窗，与传统徽派建筑高墙小窗相呼应，部分窗采用传统花窗意象演变而成的冰裂纹窗。建筑门头直接运用传统门头的样式，与此同时细部雕工精细传承了徽州传统石雕的工艺（图8-5-7）。在建筑内部的庭院中，也运用了游廊、假山、水池和景观灯等传统的庭院元素，从而丰富了庭院空间（图8-5-8）。

图8-5-4　木雕（来源：孙霞 摄）

图8-5-5　徽派艺术建筑博物馆鸟瞰（来源：夏晓露 摄）

图8-5-6　鸟瞰庭院（来源：夏晓露 摄）

图8-5-7　门头（来源：夏晓露 摄）

---

① 徽派艺术建筑博物馆位于芜湖市赭山公园东门北侧，占地面积11000平方米，主体建筑面积6000平方米。

五千年文博园[①]以保护、传承、发展中国民间文化艺术为主要建设理念，意在使人们感受和体验博大精深的中华文化（图8-5-9）。园内建筑融合了徽派建筑与古典园林风格，粉墙青瓦、高墙窄巷、绿树环映，使得整个园区古意盎然（图8-5-10）。

园区将徽派建筑与园林的建造手法相结合，将亭台楼阁、小桥流水、碑廊石刻等园林传统元素巧妙地运用于一园之中（图8-5-11）。与此同时，将园中景致分别与亭、台、楼、阁、廊、古树、奇石、水系等造园艺术元素符号融为一体，展现了地域文化的绚烂多姿。园区再现了传统建筑与园林的完美结合，充分体现了传统园林建筑的悠远韵味（图8-5-12）。

图8-5-10 园区主入口（来源：设计单位 提供）

图8-5-8 庭院一角（来源：夏晓露 摄）

图8-5-11 园内景观（来源：设计单位 提供）

图8-5-9 游客服务中心（来源：设计单位 提供）

图8-5-12 园内建筑（来源：设计单位 提供）

[①] 五千年文博园坐落于安庆市太湖县，规划占地5000亩（1亩≈666.7平方米）。

合肥三国新城遗址公园①园区主要沿用了汉代建筑风格，通过对汉代宫廷建筑符号的模仿应用，以精致逼真的仿汉建筑表现出了三国群雄争霸的历史面貌和宏大气质（图8-5-13）。

公园大门广场占地约2000平方米，大门主体高14.6米，与亭廊高台形成一组气势恢宏的仿汉建筑群。门上部分采用砖雕工艺，刻画了汉兽与朱雀，大门两侧为红砂岩浮雕墙，通过复刻这些传统符号，重现了汉代建筑艺术和三国历史文化。

园内建筑模仿汉代宫廷建筑样式建造，高台基、阙、重檐屋顶以及斗拱、瓦当、墙面和柱等构件装饰均采用传统符号直接运用的手法（图8-5-14）。石刻广场、文物陈列馆、聚贤堂、饮马池等建筑，均重现汉代的建筑符号，并且遵循汉代或高台或阁楼的建筑特点，强调比例，形式朴素庄严，有极强的秩序感与视觉张力。其中的塔楼仿汉阙样式，阙顶低平，隐出屋脊，布有雕刻，庄重威严，栩栩如生。通过保护性恢复古城墙及东城门原貌，对新城内考古发掘出的遗址进行保护和展示，真实再现了三国合肥新城风貌（图8-5-15）。

徽园②内仿真复制了我省17个城市的地方标志性建筑，集安徽地方建筑之大观。通过对安徽地域传统建筑的模仿，再现传统地域建筑风貌，使得园区景观蕴含地方文化，散发传统气息（图8-5-16）。

园区内徽派景观设计清新典雅，建筑古朴有致。其中皖南园区总体规划以徽州古建筑为主，采用了徽州传统建筑的庭院、石牌坊、盆景、水景等符号，并以四面玲珑的览胜阁、简约淡雅的水街等展示徽派建筑的艺术精华（图8-5-17）。本着"小中集锦、力求神韵"的意图，将太平湖之风采与黄山之气势浓缩于方寸之地，尽数展现了黄山的风貌和雄伟。园景以数百年树龄的银杏、罗汉树、樟树等植物为

图8-5-13　三国新城遗址公园主入口（来源：叶茂盛 摄）

---

① 合肥三国新城遗址公园位于合肥市庐阳区，占地面积约530亩，是三国时期曹魏在合肥旧城近郊修建的新城池的遗址。
② 徽园位于合肥市经济开发区繁华大道，建于1999年，占地面积约300亩，建筑面积18000平方米，具有鲜明的安徽建筑特色。

图8-5-14 园区建筑a（来源：叶茂盛 摄）

图8-5-15 园区建筑b（来源：叶茂盛 摄）

图8-5-16 徽园（来源：王达仁 摄）

图8-5-17 园区景观（来源：王达仁 摄）

图8-5-18 园区建筑细部（来源：王达仁 摄）

主体，直接运用于园景之中。波光粼粼的湖面倒映出近处或远处的亭、台、楼、阁、桥、栈、椅，其间的盆景与怪石和徽州秀美山水遥相呼应。徽州园林传统符号的直接运用，反映出天人合一的和谐与统一。皖南园区鲜明地反映了徽派建筑的特点，既与各地方园区相互独立，又与其他各园和谐统一，创造了优美的人造自然景观。徽园已经成为安徽特色建筑和人文风貌的缩影（图8-5-18）。

二、传统符号的抽象运用

现代建筑设计元素具有简洁、抽象、意念化的特点，而传统艺术元素的形态往往过于繁琐与具象，在这种情况下，现代建筑在传承传统建筑风貌方面往往采用将传统元素进行抽象与简化处理的手法，对处理后的元素符号加以应用。在现代建筑创作中，建筑风格的多样创新往往呈现出不同的形式，提取要素构成，或展示要素内涵寓意，均可以体现传统意象。传统艺术元素形体的抽象处理主要是把握形体的整体性特征，忽略微小的细节形式，运用简单明确的形体，概括出该传统艺术元素的形态精髓，以表达出其蕴含的文化内涵，符合现代建筑的构图原则，同时兼具传统文化韵味。对传统艺术元素的精华部分有选择地保留，同时简化较为复杂的内部结构和复杂、繁琐的细部装饰，使之简洁明快。抽象简化的传统艺术元素比较容易被大众接受，也契合现代建筑设计理念。随着技术、工艺的进步以及社会文化的不断发展，传统艺术元素的形态应用会越来越趋于抽象简化处理，以利于兼顾传统与现代。

文化类建筑在传承传统建筑方面往往采用提取传统建筑符号并进行抽象简化的手法，拟仿传统风格，以及通过对建筑整体风格及建筑装饰、细部的具象化，还原传统符号，传承传统建筑的风貌，弘扬地域文化。

合肥市图书馆[①]通过将传统符号抽象运用于现代建筑设计之中，使建筑既拥有典雅现代的造型，精致讲究的细部，又集传统精髓与现代精华于一体，体现地域建筑的内在气质（图8-5-19）。

图8-5-19　合肥市图书馆（来源：设计单位 提供）

合肥市图书馆南临黑池坝宽阔的湖面，北靠南淝河，整体尺度怡人。低矮的建筑朝着湖面展开，在远处观望像是半掩于湖水绿化之中，颇有徽州民居舒展之态。在徽派建筑中，马头墙是传统建筑的典型代表元素，是徽州建筑文化的标志性特征。在建筑中通过对马头墙形式的抽象提炼，采用取消瓦脊，以灰边替代的手法，抽象表达马头墙的概念，形成该建筑特有的传统建筑符号（图8-5-20）。建筑运用单一古朴的黑、白、灰搭配出建筑的主色调，仿佛置身于徽州村落的粉墙黛瓦之中，创造出宁静素雅的空间感受。在徽州传统民居中，建筑外墙较为封闭且极少开窗。图书馆抽象运用徽州民居中的开窗方式，沿湖望去，建筑立面成排的方形窗正是隐喻着传统民居中如洞口般的小窗。传统的窗户样式承载着我国悠久的文化，徽派建筑中窗户多以花棂窗、镂空窗表现。图书馆应用玻璃、钢等现代建筑材料，抽象提取传统窗户的设计样式，并加以现代建筑设计的创作手法，在传统纹样的基础上进行简化和创新，使得建筑窗户既有传统样式的精巧之感，又具有现代气息（图8-5-21）。

亚明艺术馆[②]借鉴"线"在中国画中的作用，抽象了传

---

① 合肥市图书馆位于合肥市庐阳区，占地面积约7732平方米。
② 亚明艺术馆位于合肥市包河区包河公园。

统马头墙的意象，形成高低错落、别具一格的建筑造型，充分表达了中国画的内涵与意境（图8-5-22）。

设计从徽派建筑中汲取营养，"先入法、再出法"，如入口处对徽州民居中小桥、流水、平面的图底关系以及徽派平直马头墙的变异，檐口及内部的装修等都是对徽州古建筑中的传统符号进行抽象运用（图8-5-23）。根据功能性质，采取角窗和天窗采光，并突出其形体，在绿树衬托下互相掩映，白墙素瓦，淡雅清新，与徽派建筑的类型存在取得拓映（图8-5-24）。

淮北市博物馆[①]以隋唐运河的发掘展示为主题，融入了

图8-5-20　建筑外观a（来源：设计单位 提供）

图8-5-21　建筑外观b（来源：设计单位 提供）

图8-5-22　亚明艺术馆（来源：王达仁 摄）

图8-5-23　主入口（来源：王达仁 摄）

---

① 淮北市博物馆位于淮北市新城区，建筑面积10670平方米，2004年建成。

淮北煤文化与隋唐运河的文化要素，主体寓意一艘航船（图8-5-25）。整个建筑方正宏大，色彩以灰白为主色调，充分地表达了地方文化特征。入口部分抽象简化汉唐城阙的意象，对城阙的形态进行提炼、重整和加工，既体现了对古典元素的继承又符合博览建筑的建筑性格。入口门洞设计成层层后退的浪花造型，增强了建筑的整体感。动态均衡的设计手法，将现代建筑造型的元素与抽象简化了的传统抽象元素巧妙地融合为一体，充分地体现了现代建筑设计中地域传统风貌的传承特征（图8-5-26）。

建筑的主立面采用三段式构图，对传统符号的运用主要体现在色彩、窗户造型和建筑体块三个方面。灰白色的对比运用使建筑产生动感；弧形窗的设计让人联想到浪花的造型，同时与横向条形窗形成对比，建筑采用异形体块相互穿插组合的形式，创造了古代航船式的造型，呼应了隋唐运河的文化要素。唐代城阙符号的使用赋予了建筑以传统文化内涵。这些传统符号与现代建筑元素的对比使用，使建筑不仅具有深厚丰富的历史文化底蕴，也具有清新明快的现代特征（图8-5-27）。

商业建筑往往具有与文化类公共建筑迥然不同的建筑气质，但运用传统文化中的抽象符号仍然是突出建筑个性、提升建筑文化氛围的主要手段。

图8-5-24　建筑外观（来源：王达仁 摄）

图8-5-25　淮北市博物馆（来源：吴秀玲 摄）

黄山国际大酒店[①]位于黄山市屯溪区，布局模仿徽州传统民居中临水建筑背山面水的格局，沿用传统建筑中白墙灰瓦的建筑特征，屋顶选取体现传统坡屋顶形式，简化装饰和线脚，以抽象化的建筑形态展现传统建筑的风貌（图8-5-28）。白色墙面体现了对徽州地区粉墙黛瓦意象的提取，建筑简洁大方富有韵律感，建筑立面抽象了徽派建筑中的马头墙，巧妙地简化传统马头墙建筑构件，并将其镂空化处理后形成古雅的装饰墙（图8-5-29）。建筑开窗采用正面大窗、侧面小窗的手法，侧面的小窗取意于传统徽州民居封闭外墙上高高的如洞口般的小窗。如同一般传统民居，门头在传统建筑中是极具地方特色的建筑细部装饰元素，酒店入口处的门头，将起翘和曲线部分简化成直线，但取消了传统民居门头上繁琐的石雕（图8-5-30）。在整体的形式上与传统门头相似，既呼应了传统建

图8-5-28 黄山国际大酒店（来源：设计单位 提供）

图8-5-29 建筑远景（来源：设计单位 提供）

图8-5-26 建筑入口（来源：吴秀玲 摄）

图8-5-27 建筑外观（来源：吴秀玲 摄）

图8-5-30 主入口（来源：设计单位 提供）

[①] 黄山国际大酒店坐落于黄山市屯溪区，1995年建成。

筑的片段又运用了现代设计的手法（图8-5-31）。

徽州之春旅游广场①在整体风格上通过抽象运用传统抽象符号展现了徽州村落的特征（图8-5-32）。

建筑屋顶分别选取了能体现传统和现代建筑特点的坡顶和平顶，部分建筑结合现代功能的需求，采用坡屋顶和平屋顶相结合的形式，展现传统建筑风貌（图8-5-33）。提炼粉墙、青瓦、马头墙和砖木石雕等传统符号，简化后巧妙运用在现代建筑中。建筑整体风格简约大方，细部装饰简化，仅在一些重要的位置上设置门头、瓦当、滴水和祥云脊尾等装饰要素，在形式上模仿传统建筑，将传统徽派建筑符号，融合于现代简约形式之中（图8-5-34）。开窗模仿传统建筑中格窗的形式，在侧面部位开多个小方窗，远远看去，有徽州传统建筑粉墙黛瓦小窗之感，成为立面构图的点睛之笔。门前的石像，门罩上的砖雕，廊道两侧的栏杆，将传统石雕的雕刻化繁为简，在形式上更加简洁，彰显了传统雕刻文化。建筑内部装饰中，抽象简化了传统符号，将其巧妙融于装修背景中，达到内外兼修的效果。建筑在整体形式上继承了传统徽派建筑不拘泥于传统建筑中轴对称的布局特点，追求建筑整体均衡、稳重，于蓝天绿茵中品味宁静致远之趣（图8-5-35）。

图8-5-31　建筑外景（来源：设计单位 提供）

图8-5-32　徽州之春旅游广场（来源：汪斌 摄）

图8-5-33　建筑次入口（来源：汪斌 摄）

图8-5-34　建筑主入口（来源：陈俊祎 摄）

---

① 徽州之春旅游广场位于安徽省黄山市新城区，项目总用地面积21000平方米，建筑面积约16728平方米，主要为文化交流及接待之用。

玉屏府小区[①]中，新徽派风格居住建筑与绿色植物相互掩映、相互衬托，建筑整体格调清新淡雅、简洁明快、现代简约风格中不乏地域特色（图8-5-36）。

在色彩的选择上，借鉴传统建筑粉墙黛瓦的风格，以灰白调为主，大面积的白墙，和局部点缀少量的灰砖灰瓦，在整体色调上传达出传统建筑的意境。传统徽派建筑代表元素马头墙，经过抽象简化后运用于建筑的山墙部位，以传统建筑的片段，抽象表达地域风格（图8-5-37）。建筑的屋顶采用传统建筑的坡屋顶形式，但简化了传统建筑中繁琐的装饰构件，抽象成面化的轮廓，并运用现代建筑的设计手法形成了简洁明快、构成感强烈的现代建筑特征（图8-5-38）。墙体的设计上，局部采用透空墙的形式，在带来传统气息的同时增加建筑空间的流动感。建筑采用新材料体现传

图8-5-36　玉屏府小区景观（来源：杨燊 摄）

图8-5-37　玉屏府小区建筑（来源：杨燊 摄）

图8-5-35　建筑局部外观（来源：汪斌 摄）

图8-5-38　小区别墅内景观（来源：杨燊 摄）

---

① 玉屏府小区位于黄山市屯溪区，面朝新安江湿地公园，隐逸在新安江南畔，建筑面积170000平方米。

统建筑特色，部分门窗运用木材，以其特有的质感拟仿传统符号，同时亦反映了时代的特征，现代建筑生动地展现了传统风格。小区中的别墅群，高低错落，与传统徽州民居的错落有致亦有异曲同工之妙（图8-5-39）。

歙县禾园·清华坊小区①总体布局融合周边环境，建筑风格吸取传统建筑的元素符号，展现传统建筑的建筑风貌（图8-5-40）。

建筑整体色调清新明快，灰与白相对比，与徽派建筑的色彩符号一致。建筑采用坡屋顶与马头墙山墙相结合的方式，在建筑的屋顶轮廓上模仿传统徽派建筑（图8-5-41）。建筑的墙面由白墙和砖墙相结合，有粉墙黛瓦之意，同时沿用传统建筑墙面砖的砌法，部分建筑细部采用木材装饰，给人以温馨宜人之感，体现传统建筑特色。小区入口处引用了徽州特色的装饰艺术砖雕，作为一种装饰在外立面上使用，但在细节的处理上简化了传统砖雕的精细制造，化繁为简，形式简洁（图8-5-42）。另外在小区景观上也进行了细致的处理，通过对传统园林庭院元素的提取，营造出有机结合的庭院空间与公共活动空间，植物、石头、凿池、石桥等相组合，创造出层次丰富的公共场所。小区整体集现代风格与传统意韵为一体，既有地域性又富有人文气息（图8-5-43）。

图8-5-39　小区别墅细节（来源：杨燊 摄）

图8-5-40　小区中心景观（来源：杨燊 摄）

图8-5-41　小区内建筑a（来源：杨燊 摄）

① 歙县禾园·清华坊小区地处城市主干道长青路渔梁坝旅游区，项目总占地面积逾50亩，总建筑面积52000平方米。

歙县新安中学[①]将徽派传统建筑元素进行提取、抽象后运用于建筑设计当中。建筑屋顶选取传统建筑坡屋顶的形式，墙面多以白墙为主，部分墙体采用模仿砖砌实墙的样式（图8-5-44）。建筑立面开多个方形小窗，借用传统徽州民居中封闭外墙上高高的小窗，也体现出现代建筑设计手法中的虚实对比。建筑以黑白灰为主色调，在细部施以木色而且模仿了传统建筑门窗的木质材料，亦使整个建筑顿生典雅气息。

建筑群之间运用了传统园林建筑中常使用拱门进行连续衔接过渡的手法，并以亭廊、石桥、竹林等园林要素，使建筑空间充满传统意象（图8-5-45）。建筑整体形态以抽象简化传统徽派建筑为设计出发点，通过空间、形体的穿插和组合，增强了建筑的雕塑感（图8-5-46）。建筑高度较为低矮，保留了传统建筑的尺度感，建筑之间的相互组合使得建筑水平地舒展于大地之上。通过采用现代建筑的构图手法，使用虚实的对比、材质的对比、色彩的对比以及抽象的徽派建筑元素和符号，创造出清新淡雅，简洁明快，融合现代感与地域性为一体徽州传统建筑形式（图8-5-47）。

图8-5-42　小区主入口（来源：杨燊 摄）

图8-5-44　歙县新安中学（来源：设计单位 提供）

图8-5-43　小区内建筑b（来源：杨燊 摄）

图8-5-45　学校景观（来源：设计单位 提供）

---

① 歙县新安中学位于歙县中心城区富资河西侧，占地总面积85530平方米，总建筑面积约75000平方米。

安徽建筑大学新校区[①]南大门设计借鉴了徽州牌坊的造型，牌坊作为聚落中特有的纪念性空间，通常位于村口，形成村落空间序列的开篇。设计中以徽州牌坊作为大门建筑造型的构成元素。通过虚体空间勾勒出马头墙的形式，形成了穿越的洞口，在满足功能的前提下结合了牌坊、马头墙的传统符号，抽象地表达了传统风格，亦隐喻了空间的起点（图8-5-48）。

安徽建筑大学新校区的体育馆为两个异形体块叠加而成，建筑外立面对传统徽派建筑的材质、色彩、立面构成等进行抽象演绎，形成新的建筑符号（图8-5-49）。两个体块的表面材质分别为灰色石材块状贴面和白色涂料，契合了徽州民居典型形象符号："粉墙黛瓦"和"青砖"；白色体块表面上的开窗方式为小面积的点窗或条窗，零星分布在大块的白墙面上，是对传统徽派建筑山墙只开小窗这一造型特色的抽象再现（图8-5-50）。

图8-5-46 学校建筑a（来源：设计单位 提供）

图8-5-47 学校建筑b（来源：设计单位 提供）

图8-5-49 安徽建筑大学新校区体育馆外观（来源：设计单位 提供）

图8-5-48 安徽建筑大学新校区南大门（来源：王达仁 摄）

图8-5-50 安徽建筑大学新校区体育馆（来源：设计单位 提供）

---

① 安徽建筑大学新校区位于安徽省合肥市金寨南路，校园占地1531亩。

三、文化符号的物化运用

以非物质形态存在的传统艺术元素，需要通过抽象简化的方式提取其精华部分，将其物化为具体的建筑符号，通过建筑形象及空间环境的设计，将其主题、内涵进行巧妙的表达，从而展示传统文化魅力。可以用来作为物化对象的传统艺术元素一般分为文化类与图案类两种。

文化类传统要素往往涵盖诗词歌赋、山水美景，通过艺术化的手法将其抽象化，并在适宜的位置点缀于建筑空间中，与此同时，通过具体形态进行表达，并应用在建筑形式及空间塑造中。

作为传统艺术元素的重要组成部分，传统图案往往具有吉祥含义。传统图案经常以平面化和抽象的方式被应用于现代设计领域中，这也是营造传统艺术氛围的手法之一。传统图案素材不仅涵盖动植物、器物、人物等类型，还有对历史场景的抽象表达，此类传统图案物化可通过场景的还原及历史片段的重现来体现，使局部空间环境具有地域特征，也更为直观地引发人们对于传统文化的共鸣。文化元素的物化运用将精神层面的文化元素以直观的、具体的形式呈现出来，从而加深对传统文化的理解，提升建筑群体的文化氛围。

文化类建筑作为城市文化的建筑标签，承载着城市发展的历史。安徽省厚重的文化底蕴使安徽的文化类建筑有着得天独厚的历史优势。对于徽文化中符号的物化运用是安徽文化类建筑体现独特传统文化精髓的常用手法。

安徽名人馆新馆①按时代划分为8个主题展厅。整体设计将新材料、新技术同传统的徽派建筑要素相结合（图8-5-51）。建筑色彩通过采集安徽民居的传统用色，并进行抽象与提取，形成黑、白的建筑色彩。设计强调建筑与环境的共生，结合水、石头的合理布置，将建筑主体与徽州山水意向融为一体。建筑采用大比例的坡屋面覆顶，周边采用了大面积水景，以及采用入口大台阶的设计，凸显大气磅礴，庄严肃穆感十足（图8-5-52）。整体采用徽派马头墙的意象，同时结合坡顶的大挑檐展现出徽派建筑的恢弘气势。

安徽名人馆新馆设计还注重内部微观环境的营造，体现舒适逸趣的景观环境。建筑内部设计精妙地融合了简洁现代的装饰风格与精美古典的徽派装饰手法（图8-5-53）。同

图8-5-51　安徽名人馆新馆（来源：高岩琰 摄）

---

① 安徽名人馆新馆位于合肥市滨湖新区，建筑总面积38000平方米，展区20000平方米。

时对徽派建筑要素进行简化与提炼，巧妙利用简化后的形体进行几何构图，在徽派中显现现代，在现代中蕴含徽风，形成独具特色的现代徽派建筑风格（图8-5-54）。

图8-5-52　主入口（来源：高岩琰 摄）

图8-5-53　建筑外观a（来源：高岩琰 摄）

图8-5-54　建筑外观b（来源：高岩琰 摄）

四、典型案例解析——金大地·1912

金大地·1912为传统建筑与现代商业文化相结合的风情商业街，位于安徽省合肥市蜀山区，总占地面积约为4万平方米。金大地·1912的设计建造以展现地域传统文化为原则，以继承和发扬安徽建筑风貌为基础，以延续地域性文脉为落脚点，通过对传统建筑元素的借用、提取、简化以及抽象运用，传承地域建筑风貌，唤醒现代人们对于地域传统文化的认知（图8-5-55）。

（一）屋顶部分传统建筑元素

金大地·1912建筑屋顶分为屋面、屋脊（脊首、脊身、脊尾）、瓦当、滴水等4个部分。建筑屋顶选取体现传统和现代建筑显著特征的悬山屋顶和平屋顶两种，部分建筑结合现代建筑功能需求，采用坡屋顶和平屋顶相结合的屋顶形式展现传统建筑风貌。屋面的材质主要包括青瓦与金属两种，采用深浅不同的灰色加以区分（图8-5-56）。建筑屋顶细部鲜有装饰，仅有少数建筑有瓦当、滴水和祥云脊尾等建筑要素。建筑屋顶通过对传统建筑元素的简化，并运用在现代建筑中，达到提炼传统建筑精髓、传达建筑文化内涵的目的。

（二）墙面部分传统建筑元素

在金大地·1912商业街区中，建筑墙面模仿传统建筑的小青砖，以现代的方式表现传统元素，体现建筑的传统特色。墙面分为两大类：实墙和透空花墙。建筑墙面并未照搬传统建筑墙面的砌法，而是在探寻传统砌筑方式的基础上，以现代方式通过墙身自身的变换和外加图案装饰表现墙面的肌理与通透性，蕴含了传统建筑的气息。墙体自身变化包括点状凹凸、条状凹凸和块状凹凸纹理，砖块有序的变化带来秩序感，同时，砖块之间的相互束缚使得墙面具有稳定感。外加图案装饰包括体现传统风格的人物、动物、汉字、剪纸等类型的图案，在墙面的图案中，可以寻找出传统文化留下的痕迹。透空花墙使得街区空间更为丰富，墙体材料自身的变化拼接出纯净的方形孔纹，现代砖墙砌法体现传统建筑的气

图8-5-55 金大地·1912鸟瞰效果图（来源：设计单位 提供）

上层部传统艺术元素									
屋顶									
形式	图例					材质		色彩	
	名称	悬山顶	平顶	祥云脊尾	竖向瓦纹		金属		浅灰色
	图例								
	名称	吉祥图腾	文字滴水				青瓦		深灰色

图8-5-56 屋顶部分传统建筑元素（来源：王明睿 绘）

图8-5-57 墙面部分传统建筑元素分析（来源：王明睿 绘）

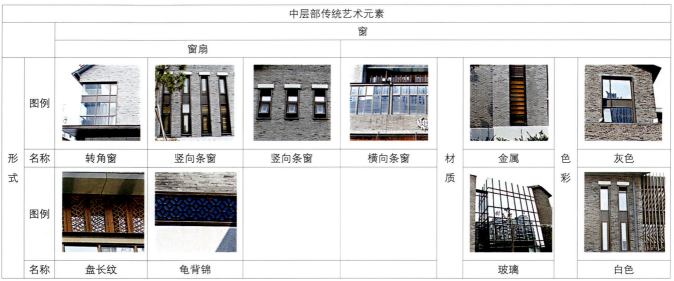

图8-5-58 窗户部分传统建筑元素分析（来源：王明睿 绘）

质。除此之外，还利用木材与金属做出方格纹、冰裂纹等图案，丰富了墙面的形态变化。墙面的材质分为砖、石、金属、瓦片等几类，色彩大多为统一的灰色，少有点缀色，散发着徽州传统建筑的文化气息（图8-5-57）。

（三）窗户部分传统建筑元素

在传统建筑中，窗户样式往往极具特色，在金大地·1912商业街区中不仅继承了传统窗户的形式，而且对传统窗户进行了创新，保留了传统窗户的精华部分，同时简化了较为复杂的细节装饰，使窗户简洁明快，与建筑整体风格统一。街区中建筑的窗户基本为现代形式，窗洞均为矩形，虽有长宽比例的变化，但大多运用固定的几种比例，使得街区中建筑窗户既有变化又不失协调，体现了在统一中求变化，在变化中求统一的形式美原则。窗扇装饰大多为简洁的横竖分隔线条，少数运用盘长纹和龟背锦两种形式，既展现了现代建筑的雕塑感、力量感，又体现了传统建筑的精巧。窗户的材料主要有金属、木和玻璃，运用较为单一的色彩和现代建筑材料模仿传统建筑木构窗的形式。商业街区中的窗户在模仿传统艺术的同时结合了时代的气息，生动地展现了现代建筑的传统风格（图8-5-58）。

（四）入口部分传统建筑元素

1. 街区入口

位于金大地·1912中心广场处的戏台原建于徽州传统村落中，迁建至1912街区后重新使用。戏台以完整的形态真实地展现了传统建筑形象，并重拾旧时的功能，使古建筑得到了良好的保护，也呈现了功能延续，且在当代城市空间中传承了传统建筑文化。作为街区中唯一完整的古建筑，戏台统领商业街区的建筑风格，新建建筑对其形态进行抽象、简化、模仿，使街区风格协调统一（图8-5-59）。

2. 单体入口

传统建筑的入口堪称整栋建筑的点睛之笔，不仅体

图8-5-59 古戏台（来源：江涌 摄）

现了工艺特点，还赋予了传统建筑浓厚的文化底蕴。金大地·1912商业街区中的建筑门洞形式主要选择传统建筑中常用的方形和拱形两种，个别门洞通过艺术门框装饰形成不规则的门洞形式。内街入口采用传统建筑的迁建方式向人们真实地展现了传统建筑的片段。建筑中门扇形式较简洁，材质以玻璃居多，简化传统建筑中门的装饰，采用简单的几何图案装饰，着重表达建筑的时代感。个别建筑具有门墩，沿用传统建筑的造型装饰，石材的门墩采用圆鼓，圆鼓结合石狮、人物、植物的形式，施以统一的浅灰色，在材料、造型、色彩等方面传承地域文化，展现传统建筑特色（图8-5-60）。

（五）匾联部分传统建筑元素

传统建筑的匾联集文学、书法、雕刻、印章、装饰、建筑于一体，是一种将中国传统文化与建筑艺术巧妙结合起来的文化形式。在金大地·1912商业街区中，匾联部分最为生动，形式以文字居多。入口部位的匾联多为传统纹样的石刻，如人物、植物或动物图案等。在材质的处理上多为现代色彩，其中以明度较高的纯色色彩偏多。在色彩的处理上，以简洁明快为主，体现出了现代建筑风格（图8-5-61）。

合肥"金大地·1912"代表了目前将传统建筑元素应用于文化产业街区的主流方式。通过对传统建筑元素的提取简化，使建筑材料呈现传统建筑肌理，运用单一的黑、白、灰

图8-5-60 入口部分传统建筑元素分析（来源：王明睿 绘）

图8-61 匾联部分传统建筑元素分析（来源：王明睿 绘）

图8-5-62 建筑外观（来源：江涌 摄）

搭配出街区主色调，予人以宁静素雅的感受，而在店铺匾联作为店铺文化最重要的展示部分，多在传统材料的基础上，增加色彩点缀，彰显传统风貌（图8-5-62）。

第六节 传统风貌要素传承解析总结

传统建筑因受自然地理、人文环境等因素的影响，往往其建筑空间、形式、技术等适应当地的自然与气候条件，并形成独特形态。现代建筑出于功能和经济的考虑，在满足人的功能需求为主的同时追求建造方式的经济，因而形成了千篇一律的"方盒子"。因此现代建筑为了体现地域性与文化性，在传承传统风貌方面需从传统建筑中汲取"营养"，通过现代设计手法来体现传统地域特色，以此唤醒人们对当地传统文化的记忆。

安徽省现代建筑通过建筑肌理、建筑应对自然气候的特征、建筑空间变异、建筑材料与建造方式、点缀性符号的运用五个方面来传承传统风貌。

在建筑肌理方面，现代建筑创作中最直接的方式是借用传统建筑肌理，如异地移植徽州民居，在布局上依据传统聚落空间肌理重新布局，重塑传统建筑外部空间环境。现代建筑创作中的间接方式是对传统肌理模仿与简化，采用现代设计手法延续传统肌理特征，与传统肌理形成对话关系。此外，现代建筑也可对文化要素采用肌理化运用，反映地域文化特征。

在建筑应对自然气候特征方面，从宏观上看，安徽省不同地区的传统建筑从选址布局到材料营造均适应当地的自然气候。因此，现代建筑在充分考虑自身与当地自然环境关系的基础上，通过新材料、新结构、新形式等营造不同的空间环境，与自然山水环境融为一体。从微观上看，现代建筑在微环境处理上传承传统建筑的营造模式，在空间布局上塑造水系、院落、天井等安徽传统风貌要素，形成多样化多层次的景观环境，调节室内与室外小气候，提高建筑内外环境品质。

在建筑空间变异方面，安徽留存的传统建筑较多，传统空间更新利用成为传承与发展的首选方式，对失修已久的古建筑进行修缮与更新，将内部空间置换成现代生活所需的功能，在保留传统风貌的同时良好地利用了空间。其次，传统空间形式不一定能满足现代空间需求，但其空间尺度、形体的比例关系等值得现代建筑设计学习，现代建筑在传承传统空间组合的基础上加以抽象创新，这样以形体组合变异的方式传承传统风貌特征。最后，传统建筑因其独特的空间氛围独具魅力，天井、宅园、水口等都是传统要素。因此，现代建筑设计将此类传统特色空间引入建筑内外环境，营造独特的空间氛围充分展现传统风貌神韵。

在建筑材料与建造方式方面，从材料运用上看，一方面，现代建筑对安徽传统建筑中砖、石、木等自然材料的直接使用与循环利用，以不同的构造方式塑造新形式，体现传统建筑风貌意蕴。另一方面，现代建筑采用新材料与传统材料相结合的方式营造空间环境，新材料与传统材料的融合与对比，提高了现代建筑中传统要素的记忆性与认知性。从建造方式上看，现代建筑将传统材料与新材料采用传统技艺、新构造模式等不同的建造方式运用于设计中，以创新形式体现传统空间特征。

在点缀性符号运用方面，现代建筑通过对传统符号的直接或抽象运用传承传统建筑风貌。例如马头墙是安徽省传统符号的代表，现代建筑通过对传统建筑中"三山屏风"、"五岳朝天"等马头墙形式的直接运用，体现地域文化特色，也可通过简洁的黑脊白墙以有层次的空间组合关系展现传统建筑群马头墙的韵律感与层次感，这是以新材料、新结构反映传统风貌特征的最经典方法。文化符号的物化运用也是传承传统建筑的方法之一，现代建筑将非物质化的艺术形态物化成具体的文化符号以表达于建筑空间之中，提升现代建筑中传统文化氛围。

综上所述，以上五个方面从宏观到微观、从整体到局部、从环境到细节等解析了安徽省现代建筑在传承传统风貌要素的手法，以安徽省当代优秀建筑案例说明传承与发展的过程，覆盖范围较为全面，实例研究较为翔实，解析内容较为透彻，是安徽省传承传统风貌要素的实践性总结，对当代建筑师的研究与设计具有一定的参考价值。

第九章　安徽省建筑传承发展的设计原则与方法

　　前文介绍了安徽三大地理分区的文化背景与传统建筑风貌，阐述了安徽地区建筑风格的沿革与发展特色，归纳与梳理了新时期建筑的传承特色。安徽地区的传统文化底蕴深厚，建筑特色鲜明，体现了传统建筑哲学与美学的基本原则。安徽省皖南、皖中、皖北的建筑虽然在传统建筑道与器两方面的表达有不同，但殊途同归，均呈现出相融、相生的整体风貌。进入新时期以来安徽各个地区的现代建筑既传承了传统风貌又延续了地方文化特色，同时展示了现代材料与建筑技艺。建筑文化的传承与发展离不开当地居民与建筑规划工作者的不懈努力，建筑的发展是社会、环境与人智慧的共同结晶。建筑的表现本来各异，建筑设计亦无定规，但为了应对新时期城乡发展的新挑战，本章提出了既与安徽省地域文化特征相契合，又满足时代发展特征的设计原则与方法，以供参考。

第一节　传承发展的设计原则

历史悠久的传统文化是中华民族的宝贵财富，在我国几千年的文明史中，传统文化承载着我国特有的思维方式、精神价值及文化意识，随着安徽社会、经济的迅速发展，以及精神文明建设的深入，传统建筑风貌的保护及现代建筑对地方传统文脉的传承越来越受到人们的重视，地方特色风貌成为宣传和发扬传统文化的重要方面，也是展现各地传统文化的最佳窗口。如何将传统建筑风貌以系统性、整体性与独特性的创新方式融入到现代建筑创作中，从而营造具有深层次文化底蕴的建筑空间，无疑需要设计者从建筑空间、景观环境及细部设计各个方面加以考虑。总体而言，传统建筑风格的发展与延续应遵循以下设计原则。

一、地域性

建筑的地域性表现在一定时间和空间范围内，建筑与当地的自然和社会文化形态的相互关联，以及其所表现出的个性特征。地域性是动态发展的，它不是孤立、静止与片面的。其体现为建筑与地域环境之间的融合互动关系。地域性所体现的设计原则是：在结合自然环境的基础上，具体问题具体分析，反对固定思维与形而上的意识形态。

安徽现代建筑经过长期的传承与发展，形成了独具特色的安徽本土地域风格。安徽现代建筑在设计中，以"徽文化"为主体基调，塑造建筑室内外空间环境。同时，运用具有传统符号特征的建筑样式，采用传统建筑中的色彩和色调，并将传统氛围营造着眼于建筑细部构造上，形成朴素典雅的建筑风格。

安徽省皖南地区的建筑非常注重地域文化与现代精神之间的相互关系。常常通过将徽派特质空间和符号进行选择、提炼，再经过简化与演变，试图在现代建筑功能与人文精神需求之间寻求一种动态的平衡，其地域性主要体现在：

（一）建筑布局结合山水环境，突出山水意象；

（二）建筑整体形象淡雅简约；

（三）建筑空间与尺度亲切宜人；

（四）建筑装饰与结构、材料、构造有机统一，突出主题。

安徽省江淮地区位于长江与淮河之间，建筑风格介于徽州（皖南）建筑与中原（皖北）建筑之间。安徽江淮地区地域性主要体现在：

（一）合理选址、布局；

（二）延续建筑文脉，体现现代精神；

（三）建筑内部空间组合，创造具有浓郁地域文化特征的新建筑空间；

（四）建筑活动关注建筑的主体——人。

皖北地区传统建筑多为明清时期遗存，有着明显的明清建筑风格；地处南、北两方的过渡区域，建筑风格中出现了多种建筑元素。安徽皖北地区地域性主要体现在：

（一）符合地域文化特色，满足现代城市建筑功能需求，风格定位准确；

（二）合理选择建筑传承符号、样式及数量。将建筑传承符号和现代建筑创作手法结合，从总平面布局、建筑形式和室内外装饰三方面体现出皖北建筑风格；

（三）建筑风格古朴与壮美。

二、适用性

"适用、经济、美观"是建筑学恒久的设计原则。随着社会的进步以及时代的演变，其中"适用"原则的内涵已不仅仅是简单地满足基本功能要求，而应更多地体现"以人为本"的设计理念。安徽地区现代建筑在传承发展传统建筑风格的过程中，对于适用性也有着自己的表达。皖北、江淮、皖南地区分别在各自地域环境的基础上应结合各自的文脉特征，努力达到"天人合一"的设计目的。

三、生态性

随着工业化进程，人类的生存环境面临资源约束趋紧、环境污染严重、生态系统退化的严峻形势，必须树立尊重自然、顺应自然、保护自然的生态文明理念。"可持续发展"的设计理念是现代建筑设计中必须被重点考虑的问题。当今建筑所做出的回应就是进行生态建筑设计。安徽传统建筑自古便具有充分与自然环境融合的特点，古代建造者采用当地材料进行营造活动，体现节材、节地的生态理念。安徽现代建筑的优秀案例不仅良好地传承了安徽传统建筑设计中"天人合一"的设计理念，同时也发展了与现代建筑设计条件相适应的新技术节能手段。

四、经济性

建筑的社会性包括建筑所处社会的经济、技术等条件。一定时期、一定形式、一定规模的建筑设计都不能脱离当时社会经济环境这一大背景，经济性、适用性对建筑营造与建筑的发展进程有着较大的制约作用。安徽现代建筑在传承发展传统建筑风格的过程中始终坚持以经济性为主导，力求在设计前期做到充分的可行性调研，建设期间避免浪费，后期妥善管理，在建筑营造的整个过程中合理利用资源，避免重复性建设。同时积极吸取传统民居精粹，做到最大限度地节约资源和利用资源。

五、整体性

整体与融合对我国的传统建筑的设计观念有着深远的影响，其不仅体现了中国传统的审美原则，同时也体现了中国的传统哲学思想内涵。我国传统建筑的创造原则便是基于传统哲学思想发展演变而来的。安徽传统建筑，尤其皖南传统建筑是以"血缘"和"地缘"为纽带建立起的，在风貌统一的基础上又形态各异，多姿多彩，构成了丰富的空间形态。所谓整体性正是"求同存异"这一哲学内涵的完美体现。而拥有统一风貌的村落形态，是安徽建筑整体性的体现，对这一思想的继承和发展也是安徽现代建筑设计的精神内涵和价值所在。

六、协调性

地方文化风貌离不开一定的空间环境，具有传统文化内涵的精美建筑形象的呈现与古今融合的现代设计理念的实现，都离不开空间环境的协调与统一。在我国传统观念中，"协调"主要指对象形体上的和谐、融合。对建筑与环境的协调性来说，其概念有所延伸，不仅体现在建筑形体与立面处理上，还体现在空间的组合塑造上，表现为建筑形象、空间形态与空间环境融为一体。这就要求建筑形象设计中充分考虑形式、色彩、材质、比例、尺度、界面等影响视觉效果的因素，不仅做到空间结构的协调，还要呈现文化氛围的融合，力求达到传统与现代的有机融合，兼具传统氛围与现代设计感。

第二节　传承发展的设计方法

现代建筑设计扎根于不同地域文化之中，呈现出千姿百态的变化，为保护这种多样性，应将地域性的传统文化与现代规划与建筑设计相融合。在建筑空间和环境塑造上，应当以地方传统文化为主基调，提炼传统建筑形式符号，汇总传统建筑环境色调关系，从建筑细部入手，形成典雅且有韵味的建筑风貌。与此同时，地域文化不仅包括物质文化遗产，也包括了文化思想、生活方式、民风民俗等非物质文化遗产，从地域文化中吸取创意灵感，加强文化内涵体现的是现代建筑创作与地域建筑文化蓬勃发展的活力源泉。

传统建筑的形态特征往往从建筑的外部形式、建筑材质、建筑色彩三个方面得以体现。在现代建筑设计中通过抽象简化处理，合理提炼传统建筑元素，通过新旧融合的手法使得传统与现代和谐统一，通过材质与色彩的合理解读，凸显地方传统，从而使得现代建筑在传承传统过程中既不失地方传统韵味，又突显现代建筑的创新特色。

一、聚落空间

（一）保护原有聚落格局，优化村落空间环境

聚落格局的形成是地区地理特征与社会文化的集中体现，在历史进程中形成，体现着当地居民的生活状态，也体现着古人营造空间的智慧。安徽地区皖南、皖中、皖北有着众多优秀的传统聚落空间，其中宏村是世界历史文化遗产。对于原有的聚落空间应加以维持与保护，提高当地居民保护意识，制定相关保护策略，合理利用传统资源，在保持传统风格的基础上优化空间环境。同时，对于特色传统聚落周边区域应加以保护，对相关规划与建设进行引导性控制（图9-2-1）。

（二）新建建筑尊重原有聚落的社会经济环境

安徽省皖南、皖中、皖北三大地理分区有着不同的地理文化风貌，甚至每个地理分区内不同聚落也有着较为显著的差异。在进行区域规划或建筑设计的同时，应尊重地方原有聚落的社会经济环境，充分体现当地的人文社会特征。对地理分区或特色聚落周边的自然、社会、经济环境进行科学的考察，整合资源，统筹规划，在不影响原有聚落生活模式的同时，聚落的革新与建筑的设计应能体现当时的社会风貌，并对社会经济的发展有一定的推动作用。

（三）建筑群组协调聚落空间结构，体现聚落肌理特征

典型聚落周边的建筑群组设计往往牵涉到聚落的规划或几座建筑的组合。建筑的组织模式不宜生搬硬套既有的模式，也不能用一套体系进行归纳概括，而应该合理地考虑基地概况，遵照地形与建成区域的肌理特征，因地制宜，灵活运用。空间的组合应协调聚落的空间结构，为建成区域空间改善起到一定的优化作用，同时注重单体建筑之间的空间环境，梳理功能布局、优化交通组织、合理配置设施、改善微环境。

二、街巷空间

（一）通过复兴与发展，展现地域传统风貌

历史地段是城市传统文脉的记忆，在对历史地段中传统街巷空间的建设与修复中应充分做好前期考察工作，对原有街巷空间的保护状况、商业模式、居住特点进行把握，同时对地方传统文化进行解读，制定合理的发展方略。对临街界面风格特征进行综合考察，对重点建筑进行重点保护，对景观环境进行综合治理，对标识设置进行合理布局，从而完整展现地域传统风貌，如安徽三河镇不同街区的特色风貌的打造，便在原有街巷的基础上进行空间环境的改善，以期再现当地地域文化与历史传统风貌（表9-2-1）。

（二）通过模仿与再造，重塑传统街巷韵味

现代特色风貌街区的规划建造，往往在于彰显地方传统文化魅力，推动地方社会经济的发展。此类街区往往定位于商业街区的模式，因此应在合理组织商业模式的同时对当地的传统街巷进行考察，对传统街巷流线组织关系进行把握，梳理传统街巷形成背景与思想内涵，结合用地特征进行空间设计。由于用地与周边环境的改变，对传统街巷空间的再造

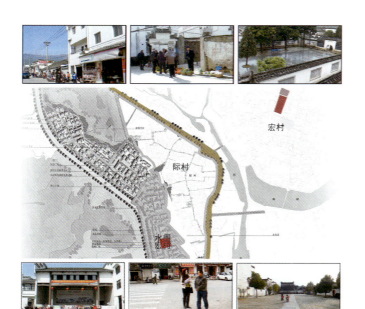

图9-2-1 村落空间环境（来源：高敏 绘）

传统街巷空间的更新			表9-2-1
屯溪老街	黎阳in巷	岩寺新四军军部旧址纪念馆	

（来源：马聘 绘）

不能完全照搬既有的街道形式或建筑风格，而应提取街区立面特征，形成风格协调统一，收放有序的空间形态。

（三）通过传统要素组合，打造街巷特色空间节点

无论在传统街区的保护或者新建街区的再造中，节点空间都是人们停留与活动的重要场所空间，特别是街区的入口空间与街区中的公共开敞空间，往往给人留下最为深刻的印象，因此，在节点空间的塑造中，更应考虑传统要素的综合运用。安徽地区传统街巷往往较为狭窄，因此在节点空间中应该合理设置标识、景观设施可以为人们提供观景、交流的空间。在街区的再造中，合理运用传统要素可使得人们对传统街巷风貌进行全面的认知体验。

三、室内空间

（一）根据不同的建筑功能，营造宜人的空间尺度

传统建筑是古人智慧的结晶，传统建筑室内空间往往有着宜人的空间尺度。在现代建筑创作中，应以人作为建筑空间环境的量度标尺，处理好人体尺度和建筑体量之间的关系，并以人的行动、感知、视线、生活习惯为依据，营造舒适、宜人的室内空间效果。把握好比例尺度，并将其提升到空间与环境层面进行体验与量度，使空间环境的各个界面协调一致，形成符合功能、审美及文化象征的空间感知体验。

（二）通过合理的空间组织，营造多样丰富的空间感知

时代的发展赋予了建筑新的功能需求，在建筑设计中应根据具体的功能需求，合理设置功能空间布局。在局部可使用传统要素以体现传统文化气息，但整体空间效果与室内功能布局应体现建筑的功能性。在此，建筑的功能应满足时代的发展，基于建筑的属性，满足人们的需求，并精巧地设计丰富多样的室内空间以满足现代生活的需求（图9-2-2）。

四、建筑形体

（一）把握合理的形体比例关系，营造适宜空间尺度

建筑形体给人以最为直观的印象，也是建筑功能空间的主体。比例、尺度、节奏、韵律、对比、均衡、统一均体现了形式美的原则。在建筑形体中各组成部分是否协调是一个重要的视觉因素，协调的比例可以引起人们的美感，具体到传统要素应用中，无论是建筑本身形体还是不同组成部分与整体之间，都应保持一定的制约关系，尤其针对建筑形体的形态构成，更应考虑单体与整体构成的关联性，充分考虑建筑与周边的自然环境和建成环境的协调性，形成适度适宜、审美合理的建筑形体（表9-2-2）。

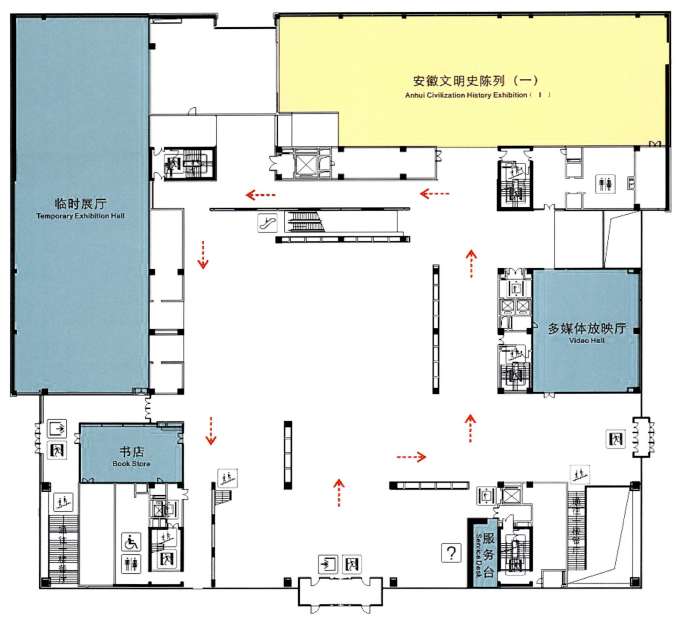

图9-2-2 特色空间组织——安徽省博物馆四层平面（来源：周茜 绘）

（二）通过传统建筑空间分析，提取优秀的空间形态加以运用

在建筑设计中应表现出一定的逻辑秩序，应充分理解地方建筑文化内涵，合理组织建筑空间关系，安徽的传统建筑有着优良的比例关系以及合理的空间组织形态。安徽地区传统院落与天井建筑不仅体现了当地的哲学思想，也具有优秀的功能性。通过对传统建筑院落、天井形式的提取与功能的分析，综合运用在现代建筑空间中，合理的院落与天井设计，不仅体现了地方的传统建筑形态特征，也为使用者提供了休憩、活动的空间，同时改善了微环境，体现了一定的生态性。

形体的比例关系			表9-2-2
黄山市图书馆	安徽省城乡规划展览馆	天柱山茶室	

（来源：马聃 绘）

（三）运用节奏和韵律的变化，塑造优美丰富的空间环境

节奏韵律美是指某种形态以一定秩序和有规律的变化或重复出现而激起人们的美感，韵律的形式主要有渐变韵律、起伏韵律、交错韵律三种。节奏与韵律感的有效利用可以使得建筑空间有机地组织在一起，不同元素以点、线、面、体的形式有规律、有条理地出现，能给人以持续、稳定、统一、明快的愉悦心理感受，例如建筑墙面中不同砖砌形式的连续出现，对传统空间氛围的营造起到一定烘托作用。

五、建筑装饰

（一）直接运用传统符号，唤醒传统风貌印象

建筑符号是最易被辨认的因素之一，由于现代技术、材料、工艺的进步与社会文化的发展，一些传统要素不宜再直接应用于建筑外部造型中，而需要通过抽象、简化、变异等手法，才能使传统元素在现代建筑外部形式中得以融合再生。传统建筑元素形式直接运用通常又可分为整体形态运用、局部形态运用两个方面，整体运用的元素要具有完整的形态，适宜以立体的方式呈现；当某种元素在一定的范围内

传统符号的直接运用			表9-2-3
世博安徽馆	合肥金大地·1912	屯溪老街	

（来源：马聃 绘）

被人们广泛熟知，就能以局部的形态出现，人们接触到局部同样能感受到整体氛围（表9-2-3）。

（二）通过形体的抽象简化，体现文脉的传承与发展

现代建筑的发展不能完全照搬传统建筑的造型，现代建筑讲求简洁、抽象、意念化，传统建筑元素的形体往往较为繁琐与具体，过多的细节对于氛围营造没有意义，在这种情况下，就要把元素形体进行抽象与简化处理。这种处理后的元素形体应用，既满足了现代建筑简洁、大方的特性，也可取其蕴含的文化意义。传统建筑元素形体的抽象处理是对形态的整体性把握，忽略小的细节形式，运用简单明确的形体概括出该传统建筑元素的形态，并表达出其代表的文化内涵。对传统建筑元素的形体进行保留，简化其内部结构与复杂、繁琐的细部装饰，使之简洁明快，同样可取得理想的效果（表9-2-4）。

传统元素的抽象运用　　　　　　　　　　　　　　　　　表9-2-4

淮北市博物馆	三元山庄	安徽名人馆

（来源：马聘 绘）

（三）通过文化元素的物化运用，实现现代建筑设计的多样创新

地方传统文化很大一部分是以非物质的形态存在，比如传统建筑中的各种书法、篆刻、唐诗宋词、水墨画、各种生活习俗等，这类元素中蕴含着传统文化的精髓，但其缺乏具体的形体，在现代建筑设计中可以将非物质文化物化为具体的建筑形体，即通过建筑形象及空间环境的设计，将此类传统文化的主题、内涵进行巧妙的表达，使人们置身其中感受到强烈的传统文化魅力。能用来作为物化对象的传统建筑元素一般分为文化类与图案类两种。如安徽省太极洞地质博物馆设计中，通过连续起伏的造型对山水画进行转译，很好地将皖南地区的地形地貌进行镜像化处理。

（四）合理选用建筑材料，建构传统建筑肌理

建筑材料是构成建筑形态的基本要素，建筑材料的合理选用与恰当组合，可以体现现代建筑与传统建筑的传承关系。在建筑的局部，如墙面部分采用同种材质砖石的不同砌法，既凸显韵律感，又整体融合。再如细部构造中窗户部分同种木质窗框的不同组合形式，可以起到很好的点缀效果，同时又与建筑主体风格相得益彰。

就现代建筑而言，不同部位之间可通过异种材质的对比加以凸显，如金属屋面与木质构架之间，既体现了现代建筑与传统风貌的传承关系，又凸显了简洁明快的现代建筑特征（表9-2-5）。

现代材料与传统的结合	表9-2-5
玉屏楼	合肥1958香樟国际艺术馆

（来源：马聃 绘）

六、建筑色彩

（一）传统建筑用色特点

安徽传统建筑中粉墙和黑瓦形成了对比鲜明的建筑色彩，建造者们以黑、白、灰色调相互融合，让建筑与山水林木和谐相生。而相对于外部的朴素，建筑内部的色彩则趋向于华丽，在梁架、柱等部位刷饰油漆，而在小木作的装饰上饰以暖色调的浅彩，辅以金漆、石青和螺钿，造成光彩闪烁、五色斑斓的美学效果（表9-2-6）。色彩的选取与搭配充分考虑到了形式美的原则，在色彩的组合中，同时存在统一与变化、协调与对比、基调与点缀、主题与背景等多种关系。

外部朴实与内部华丽	表9-2-6
程氏三宅外部	程氏三宅内部

（来源：姚瑞 绘）

（二）色彩的应用法则

色彩的选用不仅要与整体环境和氛围协调，还要考虑色彩自身对景观营造的影响。在色彩的选用中，设计师可考虑采用色彩学中同类色相、相似色相、对比色相、有彩系与无彩系等美学规律，以增添吸引力。对比可以借各自差异求得变化，统一则可以借助彼此之间协调与连续性以求得调和。就建筑外部而言，色彩上提取传统建筑环境中常用的色调，并加以局部颜色跳跃处理，避免单调，形式上不同方向、不同形体、虚和实的对比都有利于营造出和谐又富有变化的建筑形象。

保护传统建筑风貌及现代建筑对地方传统文脉的传承，在当代社会越来越受到人们的重视。作为当地传统文化的最佳窗口，展现地方特色风貌成为宣传和发扬传统文化的重要方面。如何将传统建筑风貌融入到现代建筑作品中，从而营造具有文化底蕴的建筑空间，在设计原则方面，需要设计者把握地域性、适用性、生态性、经济性、整体性以及协调性等原则；而在设计方法方面，需要设计者从聚落空间、街巷空间、室内空间、建筑形体、建筑装饰以及建筑色彩等各个方面加以考虑，以营造出传统氛围，形成安徽省独有的建筑风格。

第十章　安徽省建筑传承发展面临的主要挑战

对中国传统建筑文化继承和创新是中国建筑师的共同目标；弘扬安徽传统建筑风格，是建筑师的毕生追求。建筑师这个职业从诞生之日起，时时刻刻都在时代精神和传统文化的交织下寻求传统文化的时代生长点和时代文化的传统立足点。这样的创作传统，到了21世纪的今天，萦绕在建筑师内心的依然是文化上的两难考虑——建筑文化的时代介值和传统价值的时代选择。

20世纪80年代以后，安徽省的绝大多数城市都进行了大规模的旧城改造，在改造的过程中，由于没有充分考虑到原有城市整体的风貌特色，对原有的城市风貌造成了一定的破坏。近年来，安徽省总体经济发展逐渐与沿海发达地区之间出现差距，对城市传统风貌的保护不够重视，城市特色逐步消失。在全球化时代的背景下，与世界上其他地区一样，安徽地区传统文化也有一个如何面对"全球化"或"文化趋同"的挑战——如何借鉴和发展安徽省传统文脉的问题。建筑物作为一个体现传统文化的重要载体，研究和探索传统建筑文脉在当代建筑创作中的借鉴与发展的方式方法显得尤为必要。而现今安徽省现代建筑在传承发展传统建筑风格上，主要面临着几种关系的挑战。

第一节 具象化符号模仿与抽象化创作继承的关系

从古至今，具象设计一直存在中国的建造历史中。例如大型的造佛建筑等（图10-1-1）。但是这些具象设计一般都与当时的社会信仰、宗教等结合，并存在于特定的环境或空间。近代社会以来，不同文化的冲击、信仰的缺失等，让我们的社会价值观产生了很大的变化，也造就了不同的审美。现在，由于贫富差距的拉大、资源的分配不均衡等，导致了很多不合时宜的具象设计作品，如在建筑设计中，具象地体现出天子、铜钱等寓意着权力和金钱的符号，这些现象在安徽省也屡见不鲜。建筑师过于追求标新立异，抓住眼球，却没有真正去思考和设计有品位的作品，只能是用具象的夸张手法达到哗众取宠的目的。这些作品通常具有以下特点：

一、局限于形式符号

在借鉴传统民居的现代建筑实践中，通过对安徽现代建筑的观察分析可以看出，一部分创作没有完全摆脱直接运用形式符号的弊端，如一些现代建筑在继承传统建筑元素时，除了个别地方运用了现代造型外，其余基本是对传统民居外立面的模仿。而有些虽对传统形式进行了抽象简化，在形式上传达传统韵味的同时也实现了创新，但是这仅限于用现代材料对传统民居进行演绎，只是一种立面上的创新，忽略了在传统民居空间上表达的文化及思想，也成为对传统民居进行承传、发展的障碍。

现阶段的应用中，较少能对现代建筑中的传统艺术元素进行精心的设计及表述，往往是元素平白直叙的堆砌与拼凑，对文化内涵挖掘深度不足，以致虽加入了大量的传统艺术元素，却只有空洞乏味的形式。对传统文化的传承，不应是对传统形式的简单再现，而是要从传统中吸取灵感，把握传统形式中蕴含的精神要素。

二、精神与意象的贫乏

对于物质和形式的简单模仿是精神和意象的匮乏所造成的。归根结底是无法理解和分析真正值得继承的精神和美学意象是什么，自然也就无从谈起利用和创新。徽派建筑之所以在历史上取得成就，就在于是一种综合了使用环境和美学意象的创造而非简单形式的堆砌和模仿。古人的探索为现代创造提供了一种思路，事实上，安徽省优秀的历史遗产不胜枚举，正等待人们的开发和传承。

地域主义不是僵死的文化，也不仅仅是从古代汲取唯一的营养，它是立足当下、立足此时此地此人的设计。它奉行的是开放的多元主义，任何有利的元素都是借鉴的目标。批判地域主义应该是立足于大地的自然环境和人文环境，而不是不顾一切地对某种风格的模仿以及为了讨好传统而贬低当代。应该采用批判的态度，用当代的观点进行审视，适宜的、经济的、环保的，才会为人所用。在保护和创造地域人文环境这一方面，应对古代精神意象进行理性地吸收和借鉴，而不是盲目地顶礼膜拜。

三、单纯造型的传承

安徽省现存的当代建筑是中国传统建筑、当代各流派建

图10-1-1 中国历史中的大型造佛建筑（来源：来自网络www.tlfjw.com）

筑以及中国国情现状共同作用下的产物。同时和其他省份一样，安徽省在经历了传统建筑的破坏和传统工艺的大量失传之后，大多数现代建筑在传承的表现上更加倾向西方建筑思想。加之安徽省乃至中国的建筑教育皆来源于我国现代第一代建筑工作者和教育者所接受的西方建筑教育，这些事实造成安徽省当代建筑在传统建筑文化的体现上相对薄弱。在此现实背景下，如何处理西方建筑和中国传统建筑的协调成为一大难点。

在这样的情形下，大量的传承工作便开始由造型和抽象含义来体现。对传统建筑的建构和空间精神推敲的不够深入，使得安徽省建筑文化发展更加表面化。形式化之风盛行是真正阻碍建筑文化传承的巨大障碍。然而，越来越多的先锋建筑师不再完全专注于快速和不加思考只带来经济效益的建筑，开始推进建构、文化等层面的研究和设计，对小尺度的建筑开始关注，细致推敲，寻找传统的印记，也重视建造的过程和意义。在这些努力中，形成一条较为固定并有规模的路线，才是安徽省现代建筑传承传统建筑文化的道路形成的基础。

第二节 传统建筑风格继承与西方现代建筑文化共生的关系

在全球化与地区化相互交织的背景下，保护及发展安徽省地方文化具有重大意义，在现代建筑的技术框架下，发展地域建筑特色成为了主要发展战略。但文化多元化的进程仍充满挑战，它同时来源于内部环境和外部环境。过度崇尚安徽本土建筑传统，排斥外部广泛的文化交流，会造成故步自封的地方主义；若出于对地方文化的保护而对全球文化进行抵御或限制文化的对外交流互补，则造成矫枉过正。在全球化的环境中，在技术高度发展的平台上，通过对地方文化的相互交流，取长补短，从而获取发展动力，使优秀的地方文化发展成为国际性的文化，而外来的文化则通过汲取地方特色融合于地方文化，使地方文化在交流和学习中保持持续的

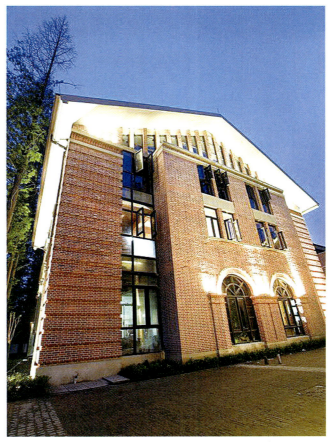

图10-2-1 地方建筑与外来文化的融合（来源：崔巍懿 摄）

生命力（图10-2-1）。而目前在融合安徽省传统建筑风格和西方现代建筑文化时出现了以下几种现象：

一、传统建筑文化要素的关联与整合度不够

1. 主体文化与客体文化：西方现代文化在建筑文化上的融合中，反应主体文化的自我诉求，必须对传统建筑所承载的主体文化和外来文化的关联性进行剖析和认识，分清主次。我们不能因为害怕安徽省主体文化受到外来文化的侵蚀而拒绝文化交流这一社会发展规律。处理好主体文化与客体文化的"我性"与"他性"的内在关联，使文化主体既能体现自我立场和目的，又能正确看到他者的立场与目的。因此，西方现代文化的融合应该是互为主体性，互为主观性

的。在建筑文化传承与发展的设计表达上，哪种文化为主体，哪种文化为客体，应从全局出发，选择好应该呈现的文化种类，处理好不同文化在整体占据的比例分量，从而进行文化取舍、符号提炼与最终整合。

2. 显性文化与隐性文化：对于安徽省传统建筑文化的把握，还需要从显性文化和隐性文化两方面着手，也称物质与非物质文化。显性文化，就是从外部可以把握的文化，是行为或行为产物的物质文化；隐性文化即非物质文化，即精神文化，是无法通过外在表现发现所蕴含的人文历史、价值观念等精神上、心理上的文化。西方现代文化融合传统建筑文化在物质形态上表现为以下两点：一是西方现代文化融合传统建筑的物质形态，包含历史环境、街道、广场及其所处的自然地理间的结构关系；二是构成传统建筑结构与形态的物质要素，主要包括传统建筑形成的西方现代肌理形态及其演变。在非物质形态上表现为隐藏在传统建筑结构与形态背后的城市规划思想、城市设计思想、建筑创作手法、社会制度、外来文化模式和生活方式。

二、传统建筑文化要素的突出与彰显不明显

西方现代文化融合下的安徽省传统建筑文化传承与发展，在城市设计表达中应把各种文化类型化为建筑符号表达，不是为了起到结构功能的作用，而是用现代材料和技术演绎安徽传统文脉，丰富建筑的文化素质，唤起人们对地方传统文化的记忆与认知。

抓住传统建筑中代表安徽省当地的建筑符号，并予以夸张放大使用，可达到既超越古典又不脱离实际，既新颖又不违背传统的目的，从而突出反映所要传达的文化信息的内涵与现状特征，突出艺术效果。或作特殊处理来强调建筑符号所代表的文化方向，向建筑符号中注入安徽省当地的历史文化信息，以引发人们的注意和联想。对文化符号的筛选、提炼与变形处理，包括形式、尺度、比例、位置、色彩、材料等要素，都可以在原有基础上融入新的含义与内容并加以强化，以此引起人们对西方现代文化融合历史过程的记忆。

三、传统建筑核心价值应得到体现

对于西方现代文化融合下的安徽省传统城市风貌设计，其无论对传统建筑的修缮改造还是对于现代建筑创作的探索，都应体现西方现代文化融合下的传统建筑的核心价值。具体做法如下：

1）环境的适应：人居环境自古以来就是劳动人民追求更好居住条件的探索方向。

2）功能合理：建筑的最根本存在价值就是提供符合人类使用需求的各项功能，并满足现代人物质与精神需求为前提。

3）先进技术：运用新材料，节能技术，不拘泥于对传统建筑的外形模仿。

4）文化兼容：西方现代文化传承与发展在探索各地传统建筑文化中寻找方向。西方现代文化融合特质的传统建筑是多元文化共生的产物，必须巩固自身文化的地位的同时，兼顾其他文化，以免遭受文化吞噬、文化趋同的厄运。

第三节　现代整体城市风貌与传统单体建筑风格协调的关系

在快速的全球化趋势中，人们逐渐意识到文脉归属感的重要性。同样，在建筑创作领域，如何继承和发扬传统文脉，一直是人们关注的问题。这既是我们的社会职责，也是人们对建筑环境文化层次的进一步要求。随着时代的发展、社会的进步，安徽省内城市化建设也在向前推进，人们已经远离传统的生活方式，当下安徽地区建筑创作面临着不可避免的现代化与传统文脉延续之间的矛盾（图10-3-1）。在这种形势下，如何在现代化整体城市风貌的基础上保持原有的地方特色和传统单体建筑风格，避免失去本土化，缺乏地域特点，是一个必须重视和关心的问题。安徽地区当代建筑创作中，在平衡现代化整体城市风貌和传统建筑单体风格时，出现了以下几种现象：

图10-3-1　建筑中现代元素与传统文脉并存（来源：杨燊 摄）

一、风格混杂的问题

安徽省内有许多应用传统艺术元素的现代建筑，其外部形式的设计往往是对传统艺术元素的直接运用或稍加变形组合，只注重造型上的表现，而忽略了元素中蕴含的传统氛围是否与周边空间环境表达的主题相符，如依托古街巷的概念在原本没有历史遗存的位置肆意建设，仿照古代建筑景物，虽然局部可能展现了古街巷的韵味，但整体欠缺文化内涵的演进，无法营造单体设计与整体环境高度融合的情景，而对传统建筑的继承来说，重要的是情景，而不是景物。

当代中国城市建设蓬勃发展，但建筑作品大多数都是西方现代主义的风格，毫无地方传统文化特点，这是全国绝大多数城市的通病。这种缺乏长远眼光的建设对城市风貌是一种破坏。我们应该看到，任何城市的发展都有其历史渊源和特殊性，这是塑造城市整体风貌的关键因素。讨论城市整体建筑风貌离不开单体建筑个性，建筑是体现城市风貌特征的重要组成部分。但在现实的城市环境中，有些城市建筑与环境之间的不协调大大破坏了城市风貌的整体性，每栋建筑都如同天外来客，在城市中争奇斗艳，彰显个性。这种不协调也在提醒我们，在进行新旧建筑设计时都应注重建筑与建筑之间、建筑与城市之间的风格协调和统一。

二、建筑风貌区域划分的问题

现当代安徽建筑创作中存在着地方传统符号化、程式化的现象，即将徽派传统元素马头墙、粉墙黛瓦等视作传承安徽建筑历史的最佳形式，因而导致了在城市的层面，我们被含有马头墙等元素的现代建筑重重包围。真正历史性的遗存建筑的在对比之下反而消减了许多。

因此，在进行建筑风貌区域的划分时，建议将建筑体量和建筑类型都进行严格控制。如奈良与京都为了风貌的保护，划分了严格的风貌区域。京都专门划分出风致地区、美观地区、传统建筑群保存地区和历史的风土保存地区。而奈良的规定更为详细，屋面为日本黑瓦或灰瓦，墙壁白、灰颜色，构造采用和风等，要求建筑物与附近的风貌充分协调。

第四节　地域建筑创作手法与生态可持续适宜技术融合的关系

现代技术的运用造就了复杂多样的结构体系，丰富了建筑的造型，使建筑的形体充满了视觉冲击，同时，也满足了丰富多样的空间功能要求。但是现代技术与自然过程的循环性和流动性格格不入，在建筑活动中技术运用与自然生命有时会发生背离，割断了建筑物与自然环境的关系。生态建筑、绿色建筑、设计结合自然等概念被相继提出，从而树立了"生态文明"和"可持续发展"等思想。

适宜技术是在追求建筑生态性的过程中被提出的，在传承安徽省传统建筑风貌的创作中应该提倡适宜技术，但是需

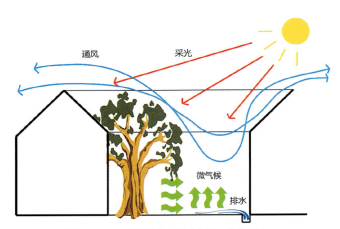

图10-4-1 建筑的生态性（来源：曾锐 绘）

建立在对现代技术价值的调适和吸收上，使现代技术融合于地方环境中，从而更好地吸纳现代技术和促进技术的发展和革新。运用进步发展的适宜技术进行建筑活动，最小限度地影响环境，实现建筑的生态性（图10-4-1）。

适宜技术的策略应体现在如下几个方面：

1）充分地利用可再生能源，用被动式的技术实现建筑的自然采光和通风；

2）通过建筑围护结构的隔热保温、通风系统的设置等减少建筑能耗并获取宜人的物理环境；

3）选择适应地方气候的技术，以增强建筑抵抗自然灾害的能力；

4）选择与周边自然环境相融合的材料、结构技术。

在以延续传统为指向的建筑创作中，建筑技术是实现建筑与传统文化、地方环境、社会结构及经济形态相关联的手段。将传统建筑进行现代演绎时，难免会运用现代技术来获取创新，但是高技术的滥用超出了经济及生态的承受力，所以提出了解决矛盾的适宜技术。

第五节 安徽省建筑传承发展展望

在"地域文化现代化，现代文化地域化"的大背景下，安徽省在传承传统风貌的建筑创作中进行了艰辛而有效的尝试。如何继承传统，是亟须解决的问题。从形式的整体模仿与简化，到元素的重组与拼贴，再到继而放下包袱，精神传承，这条路艰难地走了几十年。

成就与不足兼具给我们带来了现实的挑战，我们不得不进一步思考，传统是什么，如何继承，现代是什么，如何将现代和传统完美融合，继往开来。

中国建筑与千姿百态的地域文化有数不清的文化资源，只要探本溯源，就能够创造出属于自己属于世界的地域建筑文化。中国很多地域建筑的代表，无论是乡土建筑还是古代精品，都是理性和感性完美结合的产物，值得安徽省借鉴。我们需要继承的，除了符号化的形式，还应该有理性的精神。只有处理好当下与社会、环境的关系，恰当地融合传统文化，沉淀下来，潜心深入地发展安徽地域建筑，才能走出特有的传承之路。

第十一章　结语

安徽省是中国史前文明的重要发祥地之一，自然环境优美、人文历史深厚，"两山一湖"、徽州古村落与徽派建筑等成为安徽的标志。安徽地理位置独特，淮河横贯安徽北部，长江横贯安徽中部，加之境内南部的新安江，坐拥徽州文化、皖江文化、江淮文化、淮河文化、中原文化、吴越文化等多元文化，形成皖南、皖中、皖北三个地区不同的地域文化特征，徽州文化是儒释道传统文化的结晶，江淮文化是近现代经济社会发展的先驱，而历史悠久的中原文化古老而神秘，是传统文化的根源。

传统建筑是传统物质文化空间的实体反映，是人类历史形成与发展的阶段性成果，是前人对人居环境建设的思考与长期实践的产物。安徽不同地区的传统建筑呈现不同的风格特征，皖南徽派建筑体现着中庸、秩序、和谐、典雅，皖中传统建筑风格则透露出轻盈、雅致、秀丽的特点，而皖北传统建筑的风格较为敦厚朴实。徽派建筑与徽州古村落的形成与发展遵循着一定的布局模式与组织过程，从村落选址、整体布局、空间结构、单体形制、风格装饰等方面均体现着传统哲学和价值观。因当时明清时期徽商的兴盛，徽派建筑风格对皖中皖北地区、甚至全国的传统建筑风格都有影响。因此，徽派建筑与徽州村落可谓安徽传统建筑风貌的典型代表，具有极重要的研究与保护价值，对现代建筑的继承与发展有重大意义。

现代建筑起源于西方，若在现代建筑中传承与发展中国传统风貌要素，就需对中国传统建筑体系有所了解，深入挖掘其传统文化内涵。《周易·系辞上》指出"形而上者谓之道，形而下者谓之器"，这揭示了中国古代传统哲学范畴"道"与"器"两大体系，"道"为形而上者，即意识形态，"器"为形而下者，即自然科学。对比中西方建筑文化，西方建筑重"器"而轻"道"，更注重自然科学，而中国传统建筑重"道"而轻"器"，强调的则是哲学思想，即意识对科学的运用。虽然传统建筑地域风貌特征不同，但其体现的哲学思想是一致的。因此，现代建筑理应在理解传统哲学的基础上采用多样化的设计方法，提取传统建筑特征要素，在现代建筑中加以合理组织与利用，以此体现地域建筑风貌。

安徽传统建筑特征主要体现在地域文化与社会环境、聚落规划与格局、建筑群体与单体布局、建筑元素与装饰特征等方面，因此，安徽现代建筑以居住建筑、公共建筑、建筑群体等类型为主，从建筑肌理、应对自然气候特征、材料和建造方式、点缀性的符号特征等方面，阐述安徽当代建筑创作实践的阶段性成果，解析现代建筑设计在传承传统风貌要素过程中体现出的地域性特征。

现代建筑设计应遵循"经济、适用、美观"的原则，在满足适用性的前提下，提高建筑的经济性与生态性，注重建筑的整体性与协调性，以此体现其地域性与文化性。安徽现代建筑在对本土传统建筑研究分析的基础上，从聚落空间、街巷空间、室内空间、建筑形体、建筑装饰、建筑色彩等方法上都有所探索与实践，从传统聚落的空间环境到传统建筑内外空间细节，几乎涵盖了传统建筑风貌要素的所有方面。

传统建筑是祖先留下的财富，延续着历史文脉，代表着文化记忆，我们除了需要保护和利用现在遗存的传统建筑，还应深入研究并在现代建筑设计中加以传承与发展。"让居民望得见山，看得见水，记得住乡愁"，记得住自己的根，记得住自己的文脉，这样的城市与建筑才能唤醒人们的记忆，体现其地域风貌特色。如今，全球一体化的飞速进展导致地域界限逐渐模糊，当代城市中历史文脉的逐步消失成为当今亟须解决的问题。作为中国南方与北方交汇融合的地带，安徽省因其独有的地理位置，而形成了独树一帜的地域建筑风格。面对当今快速发展的全球化趋势，安徽传统建筑文化不可避免地受到冲击与挑战。因此，保护历史遗产、尊重地域文化和强调建筑文脉的设计理念是安徽省当代建筑创作发展的必然。

本书立足于安徽省的传统建筑文化的研究，着重探析其传承与发展及现代化的长期实践，介绍了现阶段安徽省现代建筑案例的创作与设计手法，是安徽省传统建筑风貌传承与实践的阶段性成果。然而，现代建筑在对传统建筑风貌的研究分析和传承方法上并非一成不变，而是随着时代的变化不断发展，这需要当代建筑师不断与时俱进、开拓创新，创作出更优秀的现代建筑作品呈现在世人面前。在此，希望本书的成果对今后安徽省乃至其他地区的现代建筑设计有所借鉴与帮助。

附录　安徽省建筑传承发展的研究方法

传统建筑的研究方法，以往大多停留于问卷调查、数据统计、图像采集等。随着现代科学技术和科学研究方法的更新进步，一系列强调大量数据定量化分析的科学研究方法逐渐为学界所重视[1]（附录图0-1），并运用至安徽省传统风貌调查研究中。附录篇将对本书中运用到的各类研究方法进行阐释，并将上下篇中涉及到的研究过程罗列其中，从而使读者更直观地了解前文中对安徽省传统建筑研究的详细过程，进而准确把握传统建筑风格与地域传统文化的联系（附录表0-1）。

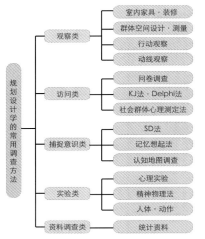

附录图0-1　规划设计学的常用调查方法
（来源：规划设计学中的调查方法（1）——问卷调查法（理论篇））

以安徽省建筑风貌为对象的科学研究方法　附录表0-1

研究方法	研究内容
空间句法	三河与宏村村落空间对比
	宏村及周边村落优化分析
分形理论	长临河古镇风貌研究
GPS行走实验和核密度图像分析	合肥金大地·1912行为考察
行为观察	安徽省博物馆新馆行为分析
语义本体	合肥金大地·1912建筑元素解析
AHP层次分析	皖中地区建筑风貌研究
图像与色彩解析	皖中地区传统民居色彩考察
	合肥非物质文化遗产园元素色彩分析

（来源：高岩琰 绘）

---

[1] 戴菲，章俊华. 规划设计学中的调查方法（1）——问卷调查法（理论篇）[J]. 中国园林，2008（10）：82-87.

附录一：基于空间句法的村落空间结构分析

一、空间句法的概念及应用可行性

空间句法，是指假定一个聚落之间空间功能与形态相互具有一定的联系，并且这种联系可以通过模型分析，得出各种组合形式。空间句法通过一系列法则研究空间的内在逻辑关系[①]。

在运用空间句法对村落形态的研究中，可以把街巷空间划分为很多个视线不被遮挡，可以互视的凸空间，参与空间法则的计算。假定凸空间之间的逻辑关系不改变，然后用最少且最长的轴线穿过所有的凸空间，这就形成了空间的轴线模型。运用空间句法可以计算聚落的整合度、可理解度及入口拓扑深度，从而了解聚落空间与道路的关系，进而分析出聚落的核心空间位置以及各区域的趣味程度以及可到达的便捷度高低。

中国传统聚落的空间形态是人文思想和社会结构、地形地貌相协调统一后的综合体，其形式具有鲜明的地域特色和人文气息。徽州民居以其独特的聚落形态、丰富的建筑形式而享誉中外。虽然大量传统聚落已逐渐被现代文明所冲击、割裂，但是仍然有很多保留完好的古村落，完整体现了地域文化特点的表现。与明清时期安徽地区极盛的徽州民居相比，南北交汇的皖中地区，传统建筑与其有一定的差异性，其聚落形式和街巷空间融合了南北的特点，且独树一帜，并具有相当大的研究意义。在对安徽省传统村落结构进行平面解析时，运用空间句法可以分析传统聚落中街巷空间的可达性、村落核心等特征，了解村落的空间形态，进而通过对皖中、皖南两个典型村镇——三河、宏村的对比，来分析安徽省不同地域聚落在空间形态上的差异性。

二、三河与宏村村落空间结构比较分析

本节以皖南宏村和皖中三河镇为例，运用空间句法分析其空间结构形态的特征。为了更为准确地了解三河镇以及宏村的空间形态，本部分采用空间句法进行整合度[②]、可理解度[③]等分析，并将两者的分析数据进行对比。

（一）聚落整合度分析

将三河镇以及宏村的街巷绘制出轴线，运用Depthmap软件（空间句法软件）[④]对两者的可达性进行分析，得出整个区域空间结构以及道路关系图（附录图1-1、附录图1-2）。

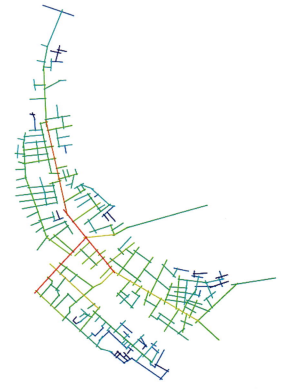

附录图1-1　三河古镇整合度分析（来源：周虹宇 绘）

---

① （英）比尔·西里尔. 空间句法——城市新见[J]. 新建筑，1985（1）：62-72.
② 整合度：整合度数值代表区域的可达性。
③ 可理解度：体现为区域总体整合度与轴线连接度的线性关联系数，能够表达人们在局部空间预测全局空间结构的程度。轴线连接度是指与这一轴线相交的轴线数目。
④ 空间句法软件，由英国伦敦大学的比尔·西里尔等开发。

在Depthmap的整合度分析中，颜色从暖色到冷色代表可达性从高到低，其中红色代表可达性最高，蓝色代表可达性最低。从分析图像中可以看出，在三河的街巷道路中，可达性最高的区域集中在鱼骨型系统的正中主骨上，往两端依次降低；宏村的可达性是从中心发散，从内到外依次下降。

将三河镇和宏村的整合度数值进行对比（附录表1-1），可以看出两者的空间结构与道路关系具有一定的差异性。数据显示，三河镇的各项数值都比宏村相同项要高很多，说明三河镇的空间系统可达性与宏村的可达性相比有明显的优越性，三河镇的道路系统吸引交通的潜力更高。

（二）空间的可理解度

本部分通过可理解度数值考察空间的复杂程度。可理解度是局部整合度（R_3）与全局整合度（Rn）的线性关系，这是用局部预测整体的一种方式。可理解度值越接近1，说明局部空间和整体空间的关系越密切，可理解程度越好，而这个空间也越接近于单核空间。

三河镇的可理解度值为0.6148，说明其空间结构的可理解度较好。三河镇的聚落形式属于线型聚落，比较倾向于单核心空间。核心区域为中心的中街及东街，三河道路开敞，路网系统较为顺畅，人们在其中行走时，对空间的感知度较高，预测性较好，能够很好地对空间产生认知，理解整体的区域规划。而宏村的可理解度值为0.4189，低于三河镇的可理解度值（附录图1-3）。

宏村为多核心空间，最主要的核心空间为月沼，其次为村口和南湖，在区域为还有一些比较小的核心空间。宏村的巷道蜿蜒曲折，暗合徽州传统文化，有曲径通幽的趣味性。但交通便利性不足，这反映出宏村主要是村中居民使用而三河是一个水陆要道集汇处。

整合度数值表					附录表1-1	
村落	轴线数	平均值	最大	最小	Rn低于50%轴线	%
三河	246	1.0095	1.8803	0.5698	177	71.9
宏村	321	0.7013	1.0341	0.3547	169	52.6
（来源：周虹宇 绘）					注：Rn：全局整合度	

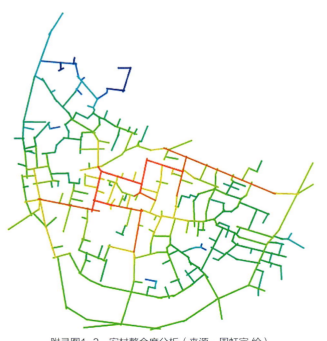

附录图1-2　宏村整合度分析（来源：周虹宇 绘）

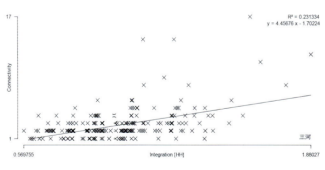
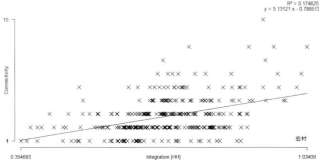

附录图1-3　可理解度分析（来源：周虹宇 绘）

（三）三河与宏村村落空间结构比较总结

通过上文空间句法的分析，可以清晰地对比出三河镇和宏村聚落的差异性。研究发现，三河镇的空间系统可达性与宏村的空间系统可达性相比有明显的优越性，其道路系统吸引交通的潜力更高。而宏村的巷道蜿蜒曲折，有曲径通幽的趣味性，但交通便利性不足，这反映出宏村主要是村中居民使用而三河是一个水陆要道集汇处。

三、宏村及其周边村落结构比较分析

为了切实了解宏村及其周边村落的空间特征，本部分采用了空间句法理论，对宏村及其周边村落的空间结构进行考察，希望通过分析空间整合度、可理解度等空间特征值，来了解宏村及其周边村落的可达性和空间结构复杂程度，从而来对整体空间结构进行把控，同时结合当地实际状况分析，以期提出空间或现状改进的方法。

（一）宏村及周边村落的区域整合度

对传统村落的区域整合度分析是指对传统村落空间的可达性进行表述。通过可达性的分析对村落的骨架进行提取，可以更好理解村落的空间结构特征以及道路的形态关系。在绘制轴线图时，适当地选取了穿村而过的省道、县道、乡道以及村落内的街巷道路，并计算村落空间的整合度（附录图1-4）。

通过图像分析可以看出，区域可达性高的地方集中在区域的中间部分，即宏村的中西部、主街、水墨宏村一期和际村与主街、水墨宏村的连接处，省道、县道、乡道的相互连接处可达性也较高。同时，可以看出，可达性最高的轴线有6条（红色线），如图中所示，说明主街的中间段以及宏村桥和南湖区域是该地区可达性最高的位置。

由于该区域为573条轴线所组成的较大轴线结构体系，整合度核心是由全局整合度最高的29条轴线组成，其可达性高低如附录图1-5所示，在整合度核心的29条轴线中，可达性高低依然存在着明显差别，可以看出宏村的两座桥及主街

附录图1-4　宏村及周边区域整合度及建筑性质现状（来源：高敏 绘）

的中段可达性都非常高（附录图1-5）。

　　由图可知，宏村内部可达性高的街巷空间与宏村游览的主要流线吻合程度较高，宏村游览巷道的可达性比村内其他巷道可达性高，不同之处在于宏村中西部可达性较差，而这其中包含了月沼、汪氏宗祠、树人堂、承志堂等重要景点，它们都分布在宏村导游路线上，由此可见应该增加宏村中西部的活力，鉴于其巷道复杂多岔路，应增强线路的指引性等，完善游览线路（附录图1-6）。

　　际村主街在20世纪60年代开通以后，逐渐取代了老街的核心地位，成为人们生活活动的中心，平常人流往来较多，

附录图1-5　全局整合度核心（来源：高敏 绘）

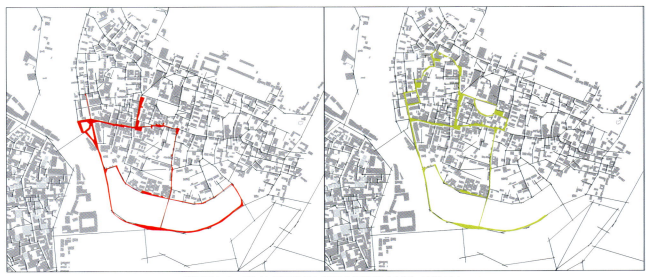

附录图1-6　宏村内部可达性与游客参观路线（来源：高敏 绘）

(来源:高敏 绘)

主街两侧也逐渐形成了一些店铺,慢慢发展成了商业街道。主街的中南部与宏村隔河相望,并通过两座桥相连接,主要由为游客提供服务的服务设施组成。在实际调研中发现,其服务设施的比例相对较低,高可达性与房屋性质不符,对区域发展来说是不利的(附录表1-2)。

在可达性的分析中,青蓝色的轴线表示可达性较低,如附录图1-6可知,此类轴线道路在宏村及其周边区域所占比例较大,主要分布在宏村的东北角,靠近雷岗山一侧,际村的中西部,水墨宏村二期和印象宏村。水墨宏村一期的可达性相对较好,通过软件,也可以得出区域整合度的相关数值(附录表1-3)。

区域整合度数值　　　　　　　　　附录表1-3

	平均值	最小值	最大值	空间轴线数量
宏村及周边	0.734	0.414	1.106	573
宏村	0.765	0.428	1.114	313
际村主体	0.842	0.528	1.195	126
水墨宏村一期	1.092	0.542	1.641	45

(来源:高敏 绘)

通过表可以看出,传统村落(宏村和际村主体)的整合度相较于现代空间的整合度较低,即现代自上而下的规划模式可达性更高,而徽州传统的宗族观念、风水观念和哲学思想造成了古村落含蓄而曲折幽深的意境。现代规划则更强调实用性、通达性等方面,而相较于传统村落,空间则较单一。

(二)区域的可理解度

可理解度[①]体现为区域总体整合度与轴线连接度的线性关联系数,能够表达人们在局部空间预测全局空间结构的程度。可理解度值越低,说明该空间结构较复杂,且空间之间的关联性较低,人们通过局部空间预测全局的准确性较低,容易迷路。

通过可理解度对比可以看出,宏村和际村主体作为传统村落空间的代表,其可理解度较低,都为0.23左右,说明在宏村或际村中行走,人们很难对于村落总体空间进行预测,置身其中,也很难对自身所处的位置进行判断,人在其中容易迷失(附录图1-7)。

---

① 可理解度:体现为区域总体整合度与轴线连接度的线性关联系数,能够表达人们在局部空间预测全局空间结构的程度。轴线连接度是指与这一轴线相交的轴线数目。

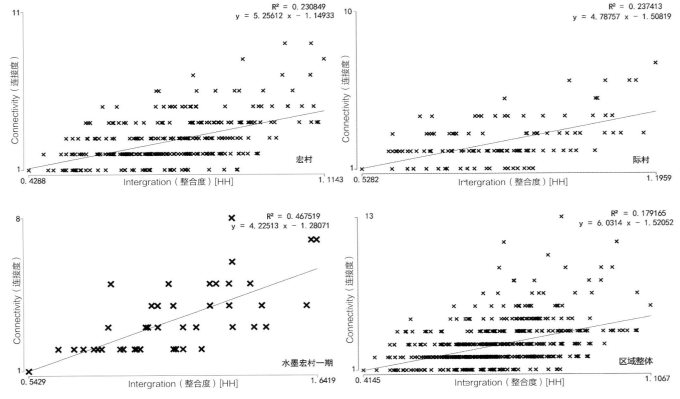

附录图1-7 区域可理解度（来源：高敏 绘）

可理解度较低与传统村落的空间结构复杂有关，徽州古村落的街巷空间狭窄，建筑层数多为2~3层，视野不够开阔。村落中对人产生引导性的因素主要由道路系统本身提供，而徽州传统村落的巷道空间几乎不存在十字交叉路口，且街巷多委婉幽深，避免直来直往，这与徽州传统文化相一致，同时避免了枯燥，趣味感由此而生。但是作为文化遗产，宏村内游人众多，且旺季留宿人员众多，应该多增加指示牌，方便游人认路，或以新颖创意的方式，清晰地展示游人的参观路线，并增设路灯等照明设施，在视线死角处增设监控等，确保安全。水墨宏村一期的可理解度较高，达0.47，说明人们容易对空间产生认知，能够较为准确地把握总体空间结构，并预测空间内其他区域的情况，可见在现在的规划体系中，多营造直接而易于理解的空间，道路曲折较少，且巷道开敞，同时建设公共性开放空间，更利于人们生活，而且采光、通风效果比传统徽州民居更好，但是开敞的空间往往较容易显得单调，建议增设活泼的、丰富的、吸引人的小空间（附录图1-8）。

（三）宏村及其周边村落结构比较分析总结

通过运用空间句法理论对宏村及其周边村落展开研究，可以有效地把握村落的空间结构特征。例如在可达性的研究中发现，际村主街具有高可达性，并在区位中起到至关重要的作用。在可理解度的分析中了解到，作为世界文化遗产的宏村，复杂结构导致其可理解度为研究对象中最低；而新开发的水墨宏村由于其空间形态简洁直接，道路开敞，可理解度最高。由此可见，空间句法可以有效地对历史文化聚落的空间结构进行解析，以找寻特征，并应用于周边聚落的协同优化更新与发展研究中。

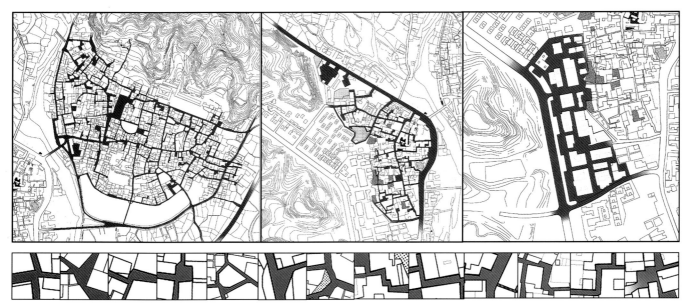

附录图1-8　宏村、际村、水墨宏村路网和部分典型街巷节点（来源：高敏 绘）

附录二：基于分形理论的街巷空间构成研究

一、分形理论的概念及应用可行性

1975年，美籍法国数学家曼德尔布罗特（B. B. Mandelbrot）出版了《分形对象——形、机遇和维数》一书，开分形几何学之先河。曼德尔布罗特在其著作中阐述了"分形"的基本内容[①]：所谓"分形"，即是一些部分与整体以某种方式相似的形体，而描述分形的几何，即被称为分形几何。连续的界面可以引导人们形成相对完整的空间感知，而街巷空间的可识别性，正是体现在空间收放形态与周边建筑形式所构成的图底关系之中。

本部分针对古镇街巷进行考察，对传统古建聚落空间分形特征以及聚落空间复合环境进行总结和分析。选取不同类型的视觉环境场景，运用分形理论，对街巷空间进行定量化的数据分析。

二、长临河古镇街巷的构成要素风貌分析

（一）长临河镇东街与老街空间分形特征

肥东县长临河镇老街由南向北贯穿，连接长临河镇与环巢湖大道，东街在老街的东侧，与老街相交叉形成一个"丁"字形的街区。由于长临河镇的规模并不算大，故选取40米、20米、10米、5米为栅格尺度，分四级来分析东街与老街的分形特征，计算结果如附录表2-1。

对肥东县长临河镇东街与老街总平面空间形态进行分形维数的计算，所得分形维数值分别为1.678、1.707、1.760。总体表现为递增的趋势，大维度与小维度之间的数值差异很小，这表明了长临河古镇在空间形态上的分形特征较明显，层级之间具有较好的连续性。

---

① 曼德尔布罗特.《分形对象——形、机遇和维数》[M]. 北京：世界图书出版公司北京公司，1999.

长临河古镇总平面图分形维数计算　　附录表2-1

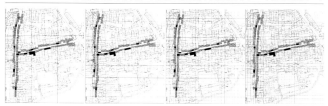

记盒数	栅格划分数	栅格单位尺度
20	6	1/6（40米）
60	12	1/12（20米）
209	24	1/24（10米）
758	48	1/48（5米）

$D_{[box,(1/6)-(1/12)]} = \dfrac{\log(64)-\log(20)}{\log(12)-\log(6)} = 1.678$

$D_{[box,(1/12)-(1/24)]} = \dfrac{\log(206)-\log(64)}{\log(24)-\log(12)} = 1.707$

$D_{[box,(1/6)-(1/12)]} = \dfrac{\log(708)-\log(209)}{\log(48)-\log(24)} = 1.760$

（来源：郭雯雯 绘）

以用来解释其空间的尺度感。资料显示，当比值在1.5~2之间时，所构筑的街巷空间具有较合理的比例关系。在长临河镇的街巷空间中，比值一般在1左右，甚至更低，但是东街与老街的街巷空间却并不给人以压抑感，反而觉得舒适，其原因主要在于街巷空间构成要素的特质。首先，长临河古镇的街巷是通过空间的收放以及两侧建筑的起伏而构成的，有序的"收"以及适宜的"放"，增强了空间的丰富感和趣味性。其次，长临河古镇白色的墙面对光线有一定的折射作用，从视觉效果上强调了空间的开敞性与明亮感。最后，各种传统建筑的艺术元素，穿插在长临河古镇的街巷空间中，使得传统特色感也从一定程度上抵消了空间的压抑感。因此，基于以上分析，选取了长临河古镇改造前具有特质性的建筑立面进行分形特征的考察，并选取2米，1米，0.5米，0.25米为栅格标准，以盒子计算法得出如附录表2-2。

（二）长临河镇东街与老街民居建筑分形特征

传统街巷的宽度与围合它的建筑高度之间的比值，可

长临河古镇改造前建筑立图分形维数计算　　附录表2-2

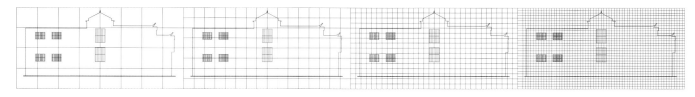

记盒数	栅格划分数	栅格单位尺度
25	8	1/8（2000米）
59	16	1/16（1000米）
159	32	1/32（500米）
393	64	1/64（250米）

$D_{[box,(1/8)-(1/16)]} = \dfrac{\log(59)-\log(25)}{\log(16)-\log(8)} = 1.239$

$D_{[box,(1/16)-(1/32)]} = \dfrac{\log(159)-\log(59)}{\log(48)-\log(24)} = 1.430$

$D_{[box,(1/32)-(1/64)]} = \dfrac{\log(393)-\log(159)}{\log(64)-\log(32)} = 1.306$

（来源：郭雯雯 绘）

从附录表2-2可以看出，通过对肥东县长临河镇老街及东街改造前民居建筑立面形态进行分形维数的计算，所得分形维数的数值分别为1.239、1.430、1.306。不难发现，改造前的建筑立面，在不同栅格划分层级上的分形维数差异较大，空间的分形层级复杂程度的连续性不佳，分形特质不明显。由于建筑单体的空间形态略显单一，建筑构成过于简单，复杂程度稍显不足，因此并没有整体空间形态明显的分形特征。

而在对改造后的建筑立面进行分形特征分析计算时，分形维数值分别为：1.757、1.873、1.897。由此可以看出整体在不同的层级上都有较高的分形维数，即具有较高的分形特征。同时，不同层级之间的分形维数基本接近，说明各层级之间的相似性高，层级复杂程度的连续性较好（附录表2-3）。

附录表2-3 长临河古镇改造后建筑立图分形维数计算

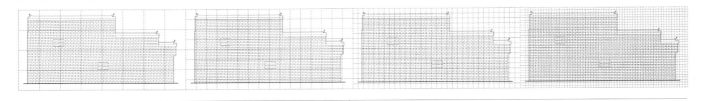

记盒数	栅格划分数	栅格单位尺度
29	8	1/8（2000米）
98	16	1/16（1000米）
359	32	1/32（500米）
1357	64	1/64（250米）

$$D_{[box,(1/8)-(1/16)]}=\frac{\log(98)-\log(29)}{\log(16)-\log(8)}=1.757$$

$$D_{[box,(1/16)-(1/32)]}=\frac{\log(359)-\log(98)}{\log(32)-\log(16)}=1.873$$

$$D_{[box,(1/32)-(1/64)]}=\frac{\log(1337)-\log(359)}{\log(64)-\log(32)}=1.897$$

（来源：郭雯雯 绘）

三、长临河镇街巷的构成要素风貌研究总结

本部分从分形的角度出发，研究了长临河镇总体空间环境、民居建筑改造前后的立面在不同的尺度下的分形特征。在总体把握了其历史溯源及现状特点的基础之上，发现在不同的栅格尺度之下，其古建聚落总体空间环境具有较明显的分形特征，而改造之前的民居建筑立面的分形特征则基本不明显，总体呈现出连续性不佳、功能形式单一的缺点。研究验证了分形理论的方法在传统聚落分形特征归纳分析及立面改造更新设计中应用的有效性。

附录三：基于GPS分析的文化商业街区行为考察

一、GPS行走实验和核密度图像的概念及应用可行性

近年来，随着GPS设备的普及，运用GPS研究城市中人的流动行为已成为常用方法。与传统调查方法相比，GPS具有可定量连续计测的优势。GPS行走实验是采用GPS追踪器对参观者进行动线观察的研究方法。而动线观察可以使规划设计人士及管理维护人员了解，什么样的地方是人流聚集的场所，规划设计的使用设施是否充足以及管理维护是否充分？什么样的地方是人们疏于光顾的场所，当初设计的使用设施为何没有充分利用，如何在今后改进？[①]使用手持式GPS可以方便地连续计测行人动线轨迹的经纬度、速度及方向等数据。

本部分运用GPS分析法为最大限度地复原具有传统意蕴的街巷空间提供科学依据。研究使用民用GPS实验器材对该文化商业街区中游人的移动行为进行调研，把握空间要素与游人步行行动的关系，进而为文化商业街区的规划设计、文化与商业氛围的营造以及步行体系的建立，提供合理的依据及科学的方法。

二、合肥金大地·1912的步行行动特征与空间要素关联性分析[②]

调研以金大地·1912文化商业街区为研究对象，在街区内随机选取行人作为调查对象，采用步行行动追踪的方式获

---

① 戴菲，章俊华. 规划设计学中的调查方法2——动线观察法[J]. 中国园林，2008（12）：83–86.
② 叶茂盛，李早，曾锐. 文化商业街区步行行动特征与空间要素的关联性研究——以"合肥·金大地1912"为例[J]. 建筑学报学术论文专刊，2013（9）：84–89.

取GPS数据。将调研所用的手持式GPS机设置为每5秒钟记录一次卫星定位点,共记录有效数据48组。

为了对街区空间进行全面的把握,进而研究文化商业街区中空间与人的行为之间的关系,于是将行人活动范围的底层街区空间进行合理的划分(附录图3-1)。

例如,n7-n8区间为城市的主要道路,同时也是将整个街区划分为A、B两区的依据。在区间两侧的Ⅰ-n7、Ⅰ-n8空间(注:Ⅰ-n1、Ⅰ-n2、Ⅰ-n3……Ⅰ-n13分别表示Ⅰ街与n1、n2、n3……n13街的交汇空间,Ⅱ街亦同理)分别是A、B两个分区的主要入口空间。Ⅰ、Ⅱ街之间的n6-n7区间是一座从皖南移建的徽派古戏楼及其下沉广场。

在A区,Ⅰ-n1空间是A区序列的终止,是重要的交通空间。而B区经历了n12-n13较为收缩的街道空间,经由曲线形的n13街道与Ⅱ街产生联系(附录图3-2)。

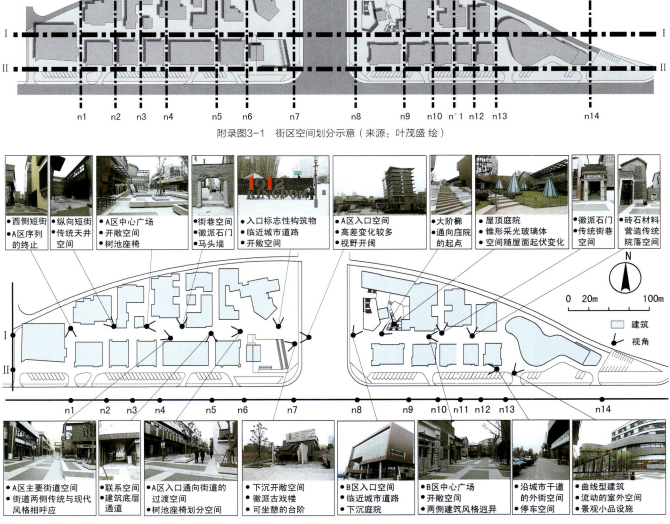

附录图3-1 街区空间划分示意(来源:叶茂盛 绘)

附录图3-2 街区空间分析示意(来源:叶茂盛 绘)

（一）行动轨迹线统计与行动状况的分析

GPS数据的轨迹分析有助于把握行动轨迹、行动范围、行动模式等方面的游人行动情况。本次将A区、B区、Ⅰ街、Ⅱ街的行动轨迹分别进行统计并比较分析，从而全面地把握整个街区行动轨迹线的特征和人的行动路径与空间场所特征的对应关系。

通过对轨迹图像（附录图3-3）的分析可得出，行动轨迹线几乎覆盖了街区中每个街道空间，其中Ⅰ街、Ⅱ街以及诸多纵向短街都具有较为明显的动线特征。对动线进行统计和分析（附录图3-4）可知，83.3%的行人在行进过程中经过了A区，62.5%的行人在行进过程中经过B区。其中既经过A区又经过B区的行人占总数的45.8%。街道入口Ⅰ-n7和Ⅰ-n8在风格上有着一定的呼应，吸引游人在游览完一个分区之后进入对侧分区继续游览。在此过程中，从轨迹图像上可以看出n7-n8区间的动线较为分散，可见城市道路对于动线的疏导和控制作用不强，因而两侧街区的联系仍不够紧密。

（二）核密度图像与行人活动趋势的分析

对数据进行核密度估计可以很好地把握行人的行动趋势，可以清楚地表现行动分布的倾向性，对行动范围进行预测，从而宏观地把握文化商业街区中空间与行人行动特征之间的关系。

通过对核密度图像（附录图3-5）的分析可知，Ⅰ街整体显示出较深的颜色，可见Ⅰ街对于行人的吸引是显著的，因此，Ⅰ街的街道空间形态与文化商业元素的应用具有其合理性。而区间n7-n8是城市道路故而对人的吸引力极低，形

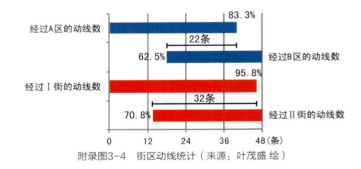

附录图3-4　街区动线统计（来源：叶茂盛 绘）

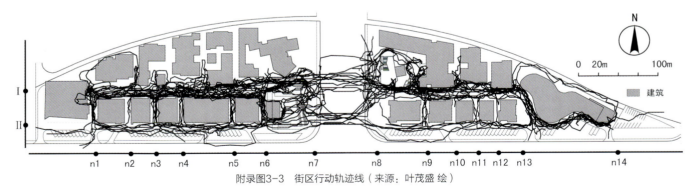

附录图3-3　街区行动轨迹线（来源：叶茂盛 绘）

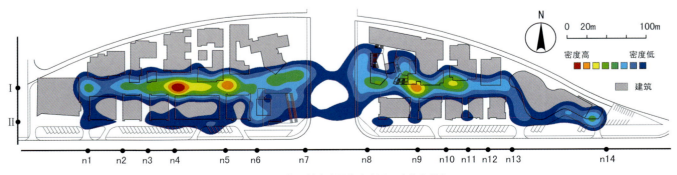

附录图3-5　街区核密度图像（来源：叶茂盛 绘）

成了Ⅰ街的最低波谷。

例如，分析颜色最深的Ⅰ-n4区域，可知街区的中心广场空间具有良好的开敞性和明确的空间划分以及丰富的休息设施，从而成为整个街区中对行人吸引程度最高的区域。Ⅰ-n9区域的现核密度图像呈现豌豆形的不规则状。这种现象说明了过渡性开敞空间对行人的吸引力，而在空间组合中穿插的小型游园空间对行人也有着一定的吸引力。

（三）三维图像分析与步行体系的构建

通过对三维核密度图像（附录图3-6）的分析可以看出Ⅰ街对行人具有较为明确的吸引力。对比街区的空间效果图可以看出，在A、B两区各自的中段都形成了连续的波峰与相对的波谷，波峰波谷的变化对于行人的游览和步行系统的建立是有利的。通过分析可知，分散的波峰导致空间的吸引力不够集中，游览的路线不够明确，而全部处于高水平的波峰则又导致滞留过多，流线不够畅通。所以在街区中合理组织具有吸引力的空间，布置有特色的景观设施，并合理地布置交通空间以控制人流，从而形成波峰和波谷的合理组合使得整条街区更加富有活力。

三、合肥金大地·1912的步行行动特征与空间要素关联性研究总结

研究运用GPS在较为成熟的文化商业街区空间中进行步行实验，分析街道、节点空间构成要素，并通过对GPS数据的行动轨迹线、卫星捕捉点及核密度图像的分析，全面地把握了文化商业街区中行人的行动、滞留情况。研究验证了GPS在长距离无间断地调查既有文化商业街区中行人的行动情况的有效性，以及GPS在分析行人停留密度及吸引人的空间要素组成的作用。该方法可以用于把握行人在街区中的活动和对应空间要素的相互关系，并为历史文化商业街区建设与空间效果评价提供技术支撑。

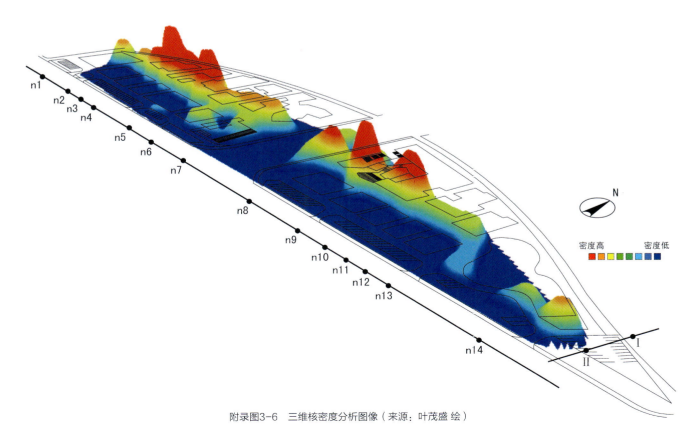

附录图3-6　三维核密度分析图像（来源：叶茂盛 绘）

附录四：基于语义本体的传统建筑元素分析

一、语义本体的概念及应用可行性

随着网络的普及和数据库的不断完善，网络在学术研究成果的交流中发挥着重大的作用。数字期刊网络检索的便利性拓展了社会科学研究分析的领域。近年，语义本体作为一个新兴的研究方向，在国际信息领域得到飞速的发展。有学者将本体（Ontology）定义为：一个为描述某个领域而按层次关系组织起来的系列术语，这些术语可作为一个知识库的骨架。

通过这种方法，可以建立传统建筑元素应用数据库，可以根据各种传统元素出现的频率，把握传统建筑元素的应用侧重点、现状及传统建筑风格的发展趋势。

二、合肥金大地·1912的传统建筑元素分析

（一）合肥金大地·1912街区调研概况

本次考察选取的案例为金大地·1912，为了对建筑外部形式中传统艺术元素的应用进行全面的把握，进而研究传统艺术元素的应用手法与效果，研究中将对选取的园区建筑立面进行拍照，拼合成完整的沿街立面。为了研究便利，将立面分为屋顶部分（屋顶形式、材质、色彩）、墙面部分（墙面形式、材质、色彩）、窗户部分（窗户形式、材质、色彩）、出入口部分（出入口形式、材质、色彩）、匾联部分（匾联形式、材质、色彩）等5个区域，再针对每个部分中的传统艺术元素进行分别提取。

考察选取1912的两条内街立面——内街北侧立面和内街南侧立面作为考察对象（附录图4-1），对建筑立面中出现的传统建筑元素进行提取，从而获得街区建筑中传统建筑元素的数据库。考察方式为对沿街对立面进行拍照，以5米作为一个间隔点，两个立面共得到有效照片115张。

（二）街区沿街立面中传统建筑元素本体构建

以金大地·1912内街立面现状照片作为传统建筑元素获取的来源，将立面的屋顶、墙面等五个部分的传统建筑元素进行分类、提炼、抽象并形成知识概念体系，构建出金大地·1912传统建筑元素类别树（附录图4-2）[①]。

（三）街区沿街立面中传统建筑元素语义本体分析

1. 传统建筑元素的形式类型

金大地·1912中的传统建筑元素包含的内容很多，分为文字纹样元素、人物纹样元素、动物纹样元素、植物纹样元素、自然景象纹样元素、几何图形纹样元素、生活场景纹样元素（附录表4-1）。

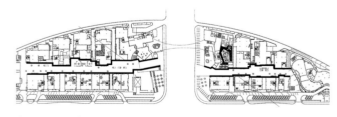

附录图4-1　金大地·1912街区立面研究对象示意（来源：王明睿 绘）

---

① is-a 包含关系：sub 是 super 的一种，super 包含 sub。以提取词分类 super{瓦当形式}为例，{瓦当形式}包含了 sub{菊花图案}、sub{荷花图案}等。
　p/o 部分关系：次级词语是高级词语的一部分。以提取词分类{宽窄巷子立面传统艺术元素}为例，{屋顶部分}、{墙面部分}等是{宽窄巷子立面传统艺术元素}的一部分。
　a/o 属性关系：次级词语是高级词语的一个属性。以提取词分类{屋面}为例，{屋面形式}是{屋面}的一个属性，是对{屋面}的一个描述。

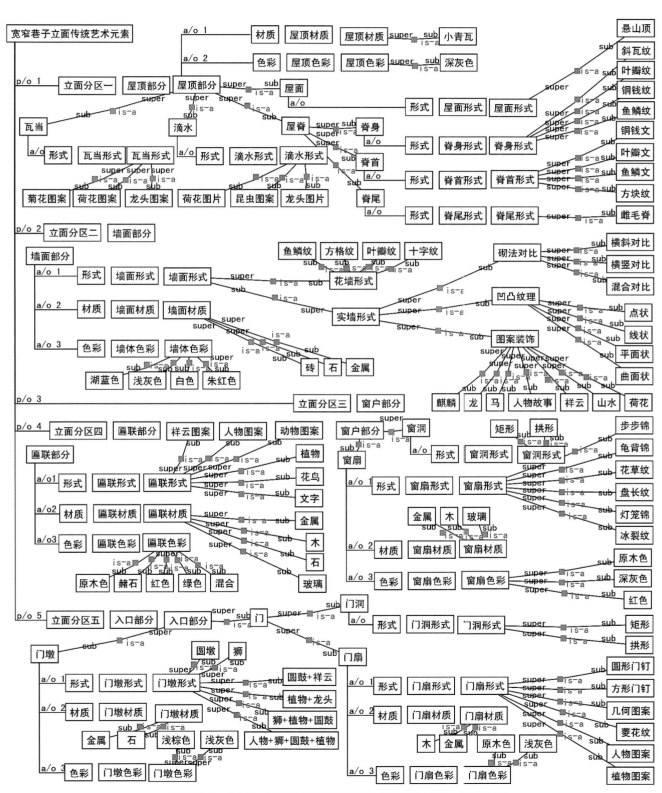

附录图4-2　金大地·1912传统建筑元素要素本体树状图（来源：三明睿 绘）

金大地·1912传统建筑元素的形式类型　　　　　　　　　　　　　　　附录表4-1

形式类型	主要内容	应用部位
文字纹样元素	书法、艺术、英文	匾联
人物纹样元素	少数民族少女、京剧脸谱、儿童	墙面、匾联、门墩
动物纹样元素	鱼、鹿、龙、凤	屋脊、瓦当、滴水、墙面、匾联、门墩
植物纹样元素	牡丹、菱花、叶瓣	匾联、门墩
自然景象纹样元素	祥云、冰裂	屋脊、窗扇
几何图形纹样元素	矩形、方格纹、波浪纹	墙面、窗扇、门扇
生活场景纹样元素	童子戏狮	门墩

（来源：王明睿 绘）

2. 传统装饰图案的运用

（1）图案纹样

传统图案纹样的装饰设计是传统装饰的最常见的手法，显示了传统艺术在风格上独特的魅力。传统纹饰主要可分为动植物纹饰、器物纹饰、人物纹饰、文字符号纹饰等类别（附录表4-2）。常见的有龙纹、凤纹、麒麟纹、四神纹、盘螭纹、饕餮纹、如意纹、卍字纹、曲水纹、古钱纹、云雷纹、云纹、卷云纹、方胜纹、弦纹、谷纹、水波纹、火纹、密环纹、连环纹、回纹、锁金锭纹、雪花锦绣球纹、龟背纹等（附录表4-3）。承载传统纹饰的媒介有：陶器、玉石器、骨器、青铜器、漆器、壁画、金银器、砖（石）、瓦当、织品、瓷器、珐琅器和建筑与家具上的装饰花纹等。

安徽省传统民居中的三雕艺术中也包含许多经典图案纹样，如木雕中图案纹样常以各种神仙人物、飞禽走兽和戏剧故事等为主题，木雕中常使用含有吉祥寓意的图案，如代表"平安如意"的图案中，用花瓶与如意图案表示等。砖雕一般分为平雕、浮雕、立体雕刻，图案中包含翎毛花卉、林园山水等。石雕的题材没有木雕与砖雕复杂，一般以动植物形象、博古纹样与书法为素材，而人物故事与山水环境的题材相对较少。

（2）民间艺术

中华民族层出不穷的智慧造就了中国丰富的民间艺术形式，很多著名的作品都被当做文化遗产流传至今。我国的民间艺术形式种类繁多且具有很强的装饰性，一般来说主要有：剪纸、刺绣、风筝、年画、扇艺、民间玩具等（附录表4-4）。民间艺术一般就地取材，体现着地方独有的文化氛围。

（3）脸谱艺术

脸谱艺术也是大家所熟知的具有深刻内涵的艺术形式，是戏剧艺术的衍生艺术形式。脸谱通过色调来表现其所代表的人物的性格特征。脸谱艺术讲究人物的性格化和图案的美术性（附录表4-5）。我们通常说的脸谱的色彩主要是脸膛的颜色。一般来说有红、紫、黑、白、绿、黄、蓝、金、粉红、褐、赭、银等颜色。不同的色彩对应着不同的人物性格，各具妙用，结合在一起用以表现人物复杂的内心世界。作为传统元素，脸谱的艺术特性使得其可以运用到现代装饰设计上来，其丰富的颜色内涵和图案形式都可以被很好地借鉴。

3. 传统建筑元素的材质类型

金大地·1912中传统建筑元素的材质较为单一（附录表4-6）。例如，墙面均为水磨青砖材质，屋顶除个别外均为金属材质。玻璃金属材质比重的加大，使得街区中具有了更多的现代气息。

传统纹样			附录表4-2
几何纹样	动物纹样	花草纹样	

吉祥纹样 	人物纹样 	器物纹样 

（来源：付姬萍、程玉环 绘）

传统图案			附录表4-3
彩陶图案	商周时期青铜器图案	战国时期金银错器	

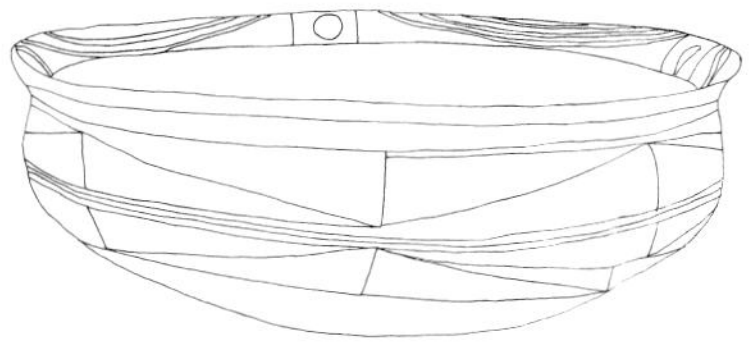

秦汉时期瓦当 	唐宋元时期碑刻 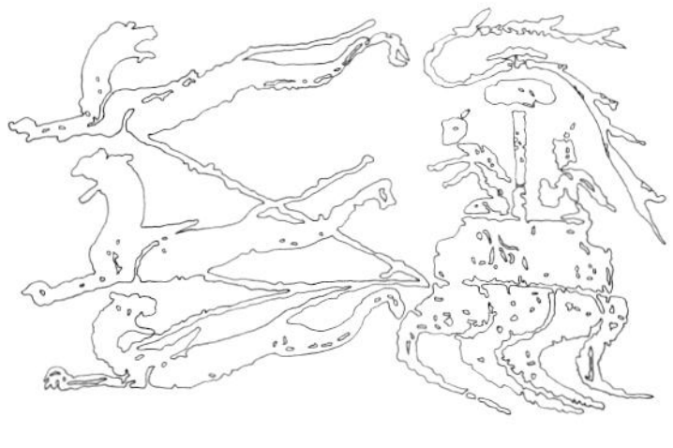	明清时期玉器 

（来源：付姬萍、程玉环 绘）

民间艺术　　　　　　　　　　　　　　　　　　　　　　　　　　　附录表4-4

玩具类	塑作类	剪刻类

雕刻类	绘画类	纸糊类

（来源：付姬萍、程玉环 绘）

脸谱分类　　　　　　　　　　　　　　　　　　　　　　　　　　　附录表4-5

脸谱颜色	人物性格	心理感觉
红色	忠贞，英勇	热烈、激昂、前进、警戒
蓝色	刚强，骁勇，有心计	冷静、高雅、纯净、淡漠
黑色	正直，无私，刚直不阿	恐怖、收缩、邪恶、诡异
白色	阴险，疑诈，飞扬，肃煞	纯洁、神圣、博大、光明
绿色	顽强，暴躁	宁静、和平、安详、生机
黄色	骁勇，凶猛	美好、美丽、娇嫩、警惕

   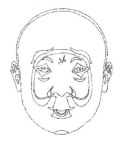

（来源：杨旸 绘）

金大地·1912传统建筑元素的材质类型　附录表4-6

材质类型	装饰部位
小青瓦	屋脊、屋面、瓦当、滴水
水磨青砖	墙面
金属	屋面、匾联、门扇
石材	匾联、门墩
木材	窗扇、门扇
玻璃	窗扇、门扇

（来源：王明睿 绘）

4. 传统建筑元素的色彩类型

金大地·1912的立面色彩运用中，存在无彩色系和多彩色系两种色系（附录表4-7）。在两种色系中，无彩色系是立面中的主要色系。金大地·1912的多彩色系的颜色明度和纯度都较低，再加上大面积墙面的灰色，使整个街区的色彩更偏向一致性的灰色调。

金大地·1912传统建筑元素的色彩类型　附录表4-7

色彩类型	主要内容	装饰部位
无彩色	深灰色、浅灰色、白色	屋顶、墙面、门墩
有彩色	深棕色、浅棕色、原木色等	匾联、窗户、门

（来源：王明睿 绘）

三、合肥金大地·1912的传统建筑元素研究总结

基于语义本体的传统艺术元素应用现状研究，研究者总结出合肥金大地·1912传统艺术元素的应用现状。研究中将园区建筑立面分为屋顶、墙面、窗户、出入口、匾联五个部分，再针对每个部分进行分别提取，如屋顶部分，建筑以现代形式为主，屋顶包含平坡顶两种等；墙面部分分为实墙和透空花墙两类；窗户部分均为现代形式；出入口部分的门扇形式均为几何图案；而匾联部分是建筑沿街立面中最为活跃的一部分。研究将以上信息分别提取，总结出传统建筑元素的形式、材质、色彩及传统装饰图案的运用机制，并以此建立传统建筑元素应用数据库。同时验证了语义本体分析这一信息领域的研究方法，应用于建筑领域，并应用于建筑元素大量数据归纳整理的有效性之中。

附录五：基于AHP层次分析的传统建筑元素重要度评价

一、AHP层次分析的概念及应用可行性

层次分析法（Analytical Hierar-chy Process，简称AHP方法），是一种定性与定量相结合的决策分析方法。它是一种将决策者对复杂系统的决策思维过程模型化、数量化的过程。对调查问卷进行AHP法分析，主要运用专家评价法对其进行评价，通过比较不同传统建筑要素运用方式的权重，对传统建筑要素的运用效果进行把控，进一步指导传统建筑风格的相关设计。

AHP法步骤包括专家主观打分评价的判定（第一次案例筛选），选定建筑立面构成要素评价基准，得到评分较高的案例，再对其进行第二次评价实验（AHP层次分析法），得出建筑传统要素应用效果权重排序，建立AHP层次结构模型，判断矩阵的一致性检验，各构成要素的权重排序等几个方面。

二、皖中地区建筑的传统建筑元素应用评价

（一）AHP层次分析模型构建及评价实验

考察研究立足于我国传统建筑元素的传承视点，在选取皖中地区建筑典型案例的基础上，通过第一次评价实验（专家打分）进行案例筛选，得到评分较高的案例，再对其进行第二次评价实验（AHP层次分析法）得出传统建筑元素应用效果权重排序，从而对传统建筑元素的应用效果进行综合评价，进而研究创新设计方法。该成果对于考察皖中地区建筑的特色风貌以及对未来皖中地区建筑设计具有重要的指导意义。

1. 典型案例的选定

调查对象为皖中地区特色建筑，大部分选取建筑为具有传统艺术特色的历史保留建筑，选取典型的20例建筑立面来进行第一次评价试验（附录图5-1）。

针对初步选取的20例皖中地区建筑的立面，由考察者选定20位专家进行第一次评价试验用以选择试验案例。通过20位专家评分，得到8个评分最高的典型案例。

对8个实验案例中传统建筑元素分别在屋面、墙面、窗户、入口等部位的应用效果进行相互比较，得到重要度评价（附录图5-2）。通过此步所得数据，可以看出8个实验案例在4个评价基准上的表现优良程度。

2. 实验表格案例分析

在此次"皖中地区建筑立面中传统建筑元素应用的AHP重要度评价"中，每位实验者需要完成5张表格的填写，即评价基准的互相对比表以及8个案例之间的相互对比表（屋面、墙面、窗户、入口四份）。此次实验共选择15名实验者，均是从事建筑相关专业的工作人员，因此数据的真实、准确性可以得到保证。对收回来的15份实验表进行汇总分析，为下一节的AHP分析提供数据支撑。

附录图5-1　20例典型案例（来源：蔡斌 绘）

匾联	案例01	案例02	案例04	案例05	案例14	案例15	案例16	案例17
案例01	1	2	4	1	2	3	1	1/2
案例02	2	1	3	1/3	1	2	1/2	1/3

入口	案例01	案例02	案例04	案例05	案例14	案例15	案例16	案例17
案例01	1	1	1	1	1/2	1/3	1/3	1/4

屋面	案例01	案例02	案例04	案例05	案例14	案例15	案例16	案例17
案例01	1	1/2	1	1	1	1/2	1/2	1/3
案例02	1/2	1	3	2	1	1	1/2	1/3
案例04	1	3	1	1/2	1/2	1/3	1/2	1/4
案例05	1	2	1/2	1	1/2	1/2	1/4	1/4
案例14	1	1	1/2	1/2	1	1/2	1/3	1/2
案例15	1/2	1	1/3	1/2	1/2	1	1/2	1/3
案例16	1/2	1/2	1/2	1/4	1/3	1/2	1	1
案例17	1/3	1/3	1/4	1/4	1/2	1/3	1	1

附录图5-2 案例比较示意（来源：蔡斌 绘）

（二）AHP成果分析

1. 评价基准及实验案例重要度评价

通过AHP分析可得出各评价基准以及实验案例的权重值，通过权重值的大小排序即可得出重要度排序。在对"传统建筑元素在建筑中的应用效果"的评价中可以看出，墙面是此次评价最重要的因素，其次是屋面，窗户和入口的重要性最弱（附录图5-3）。墙面是建筑物主要的构成部件，传统建筑元素在建筑墙面上的应用方式丰富多彩，效果多样纷呈，为传统建筑元素应用的主要部分。在人对建筑的观察当中，墙面往往处于人视角的最佳观测位置，又因其巨大的面积和丰富的形式，会给观测者留下极其深刻的印象，因而墙面在传统建筑元素应用效果中最重要也是理所当然。而窗户由于自身面积较小，如无细致的装饰细部，在与屋面、墙面、入口等的对比中则处于劣势。

上图分析的是方案层各实验案例对目标层"传统建筑元素在建筑中的应用效果"的重要性评价，而在AHP分析过程中，分析方案层对准则层的重要性是进行目标层评价的基础。下图则分别描述了方案层各实验案例对屋面、墙面、窗户、入口的重要性评价（附录图5-4）。在对目标层的评价中表现最好的案例17也同时在屋面、墙面、窗户、入口四个部分均得分最高，说明此案例在这四个方面表现都是最突出的。而表现最差的案例01仅仅在屋面一项排名比较靠前，但是屋面在对目标层的评价中并不是起着决定性的作用，因而对最后结果影响很小。

从下图中（附录图5-4）可以看出针对各评价基准哪种案例的元素应用手法效果最好，在对所有的评价基准的重要性评分当中，案例15均得到了最高分，案例01在墙面和入口的评价中得分最低。

2. 各评价基准优秀传统建筑元素的提取

通过以上分析可以得到各实验案例在屋面、墙面、窗户、入口的重要性评价，从而根据以上分析针对每个评价基准中得分最高的案例，提取出来相对应的传统建筑元素，进而进行分析，总结出典型的传统建筑元素类型与应用方法，以期对以后的皖中建筑设计提供参考。

以屋面为例，案例17的屋面在传统意蕴的重要性评分中得分最高，说明该案例中屋面部分传统建筑元素的应用是成功的，有值得借鉴之处。该案例中屋面形式为在传统基础上改良的悬山屋顶，正立面上将屋面分为3段，中间入口段屋面

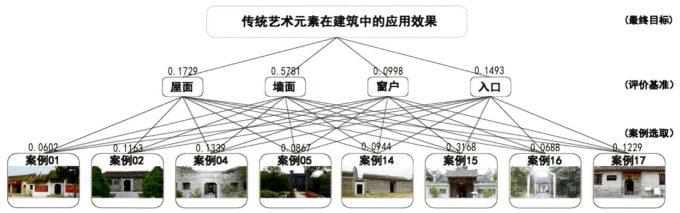

附录图5-3 评价基准与实验案例的重要度评分（来源：蔡斌 绘）

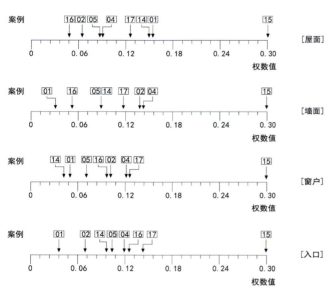

附录图5-4 各实验案例对评价基准的重要性评分（来源：蔡斌 绘）

比两侧高，形成高低对比，富于形式美；材质上采用传统建筑中的深灰色瓦片，颇具传统气息，瓦片也经过现代技术的处理，又兼具现代美感，传统与现代在该案例的屋面细节中得到了较好的融合（附录图5-5）。

三、皖中地区建筑的传统建筑元素研究总结

本部分通过选取典型案例，对皖中地区建筑立面中传统艺术元素的应用效果进行评价，得出不同建筑部位及其中元素的效果排序，并对效果较好的传统艺术元素进行了提取总结。

通过不同部位各个案例的比较分析，得出不同部分各案例的评分高低。研究发现，传统艺术元素在建筑立面中的墙面部分应用最容易取得理想的效果；传统艺术元素通过抽象、简化、变异处理后的应用更容易与现代建筑结合，取得较好的应用效果。

附录图5-5 屋面（案例15）（来源：蔡斌 绘）

立足于我国传统建筑元素的传承视点,层次分析法对于把握皖中地区建筑风貌的特征要素以及准确把握并传承地域建筑风格具有重要指导意义。

附录六:基于行为观察的室内空间行为分析

一、行为观察的概念及应用可行性

行为观察指根据研究课题的需要,调查者有目的有计划地运用自己的感觉器官或借助观察工具,对空间环境的使用者处于自然状态下的行为活动进行观测而获取数据的方法[1]。其中包括对人的动线轨迹、行动范围、行为类型进行的观测调查等。

本部分运用行为观察的方法,记录参观者在其中的轨迹、行为对其具有传统特色的室内空间进行分析,进而考察博物馆中公共空间与参观者行为之间的关系,并探讨现代建筑创作延续传统风格的研究方法与设计思路。

二、安徽省博物馆新馆的室内空间分析及游客行为观察

本部分选取安徽省博物馆新馆为例,在展览公共空间内随机选取不同性别、年龄的参观者作为考察对象,调研观察共采集数据50组,其中少儿10组、老年人2组、成年人38组。

(一)二层公共大厅空间行为观察

1. 入口导览区:入口导览区是进入博物馆的必经区域,因而会出现很多停留点和观看行为,同时也出现轨迹迂回。在楼层导览牌处停留行为较多,主要为观看行为,在平面左下方展厅入口旁的志愿者导览处到博物馆出口处,由于出口的标识不明显出现了很多的轨迹迂回现象,有个别参观者还到导览处询问博物馆出口。

2. 通高大厅:通高大厅中部同年龄段的人群轨迹线有很大差异,儿童轨迹线以往复、交错为主,成人以蛇形轨迹为主,而老年人轨迹线较为单一。行为分布因受版画影响较大,多为观看和摄影,交谈行为在大厅内主要沿轨迹线分布,通高大厅内由于没有设计休息座椅,在一组追踪数据中出现了一个参观者直接坐在了博物馆出口旁的片墙下的情况。

3. 安徽文明陈列展厅入口区:由于入口标识不明显,安徽文明展厅入口区有很多驻足观看行为,参观者在展厅内行动目的比较明确,轨迹线较为单一。

4. 书店:由于设置在出口处所以多是返回轨迹,并且出现很多轨迹往复,即进入书店后又原路返回,只有少数参观者通过书店的另一个出口直接到达博物馆出口处,停留点多在书店里(附录表6-1)。

(二)三、四、五层公共空间行为观察

除了二层入口层的公共空间外,其余公共空间的主要空间特征均较为相似,所以按照空间方位的特征将平面以十字形分割,平均分为四个部分即A、B、C、D四个区域(附录表6-2)。

如三层A区,该区位于两个主要电梯的交汇区域,是参观者的必经之地,出现了很多轨迹的迂回和交错,因设置了休闲座椅所以出现了部分坐憩行为,主要出现的则是观看行为,平台处设置了楼层导览图,所以主要行为是观看和交谈。四层A区加入了展厅出口处的通道区域,在这一区域内设置了平台和休息座椅。轨迹线以蛇形和迂回为主,均发生休憩行为。五层A区的范围虽与三层基本相同,但轨迹特征以往复和交错为主,其中在两个展厅的公共空间部分的休息座椅处出现了多次坐憩行为,并且这个区域紧邻电梯,所以也有不少参观者在此等候同伴。

---

[1] 戴菲,章俊华. 规划设计学中的调查方法4——行动观察法,中国园林[J],2009(2):55-59.

二层公共空间轨迹与行为　　　　　　　　　　　　　　　　　　　附录表6-1

	入口大厅	图例	行为特征
行动轨迹	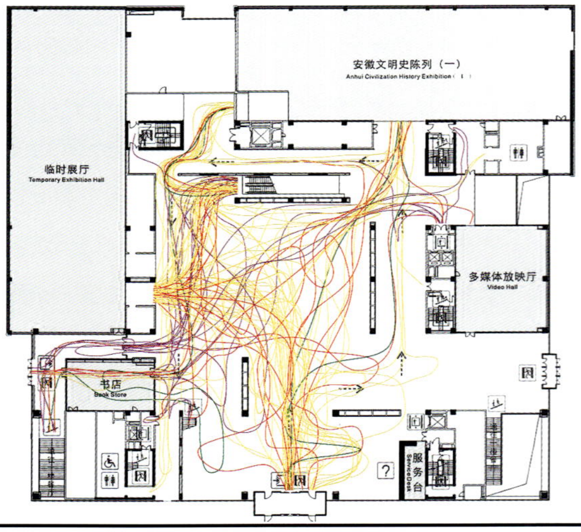 （2F平面图，显示行动轨迹）	成年人 儿童 老人 返回轨迹	入口导览区： 出现轨迹的迂回 通高大厅： 儿童轨迹线以往复、交错为主，成人以蛇形为主 书店： 多是返回轨迹，出现很多轨迹的往复
行为类型	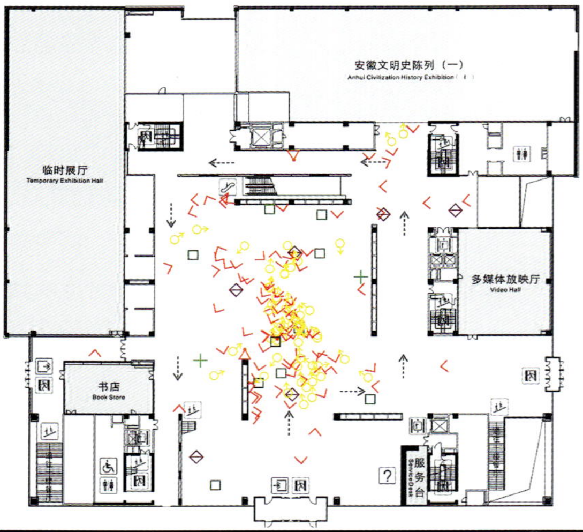 （2F平面图，显示行为类型）	观看 玩耍 交谈 坐憩 摄影 其他	入口导览区： 以观看和交谈行为为主 通高大厅： 行为分布受版画影响较大，多为观看和摄影、交谈 电梯： 会产生停留行为，观看楼层导览图 安徽文明陈列展厅入口： 入口标识不明显，产生驻足观看行为

（来源：周茜 绘）

三、安徽省博物馆新馆的室内空间分析及游客行为研究总结

本部分以安徽省博物馆的公共空间为研究对象，对展览建筑的公共空间的空间特征进行分析，再运用追迹观察的研究方法，记录参观者在其中的轨迹、行为，从而研究展览公共空间中公共空间与参观者行为之间的关系，观察出的游客行为轨迹、行为类型以及核密度图的统计如下表（附录表6-3）所示：

上文中选取了两个不同类型的展厅进行调研，一个属于开敞类，另一个属于序列类。将展览空间分为四种空间类型：互动空间、观影空间、场景模拟空间和普通展示空间，分析每个空间中的空间特征并总结空间与行为的关系。本节运用行为观察法对于建筑室内的空间与人的关系展开研究，

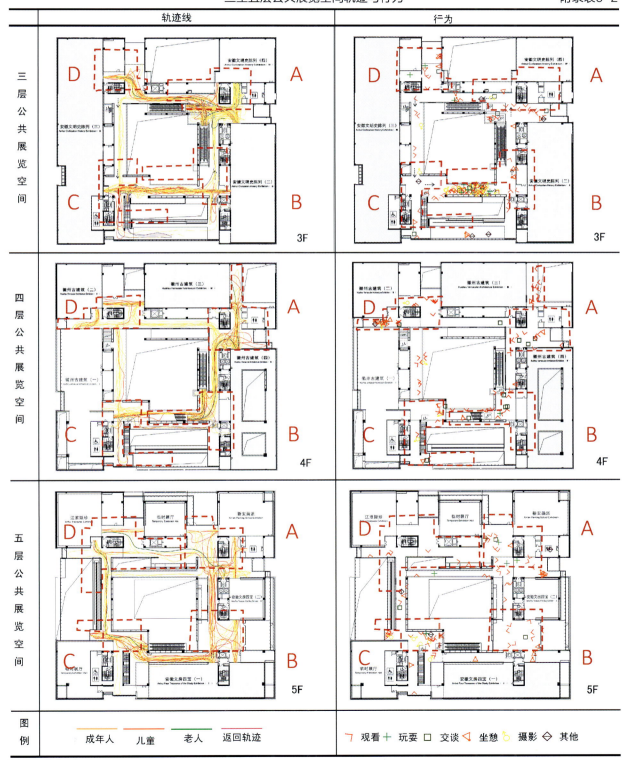

附录表6-2 三至五层公共展览空间轨迹与行为

（来源：周茜 绘）

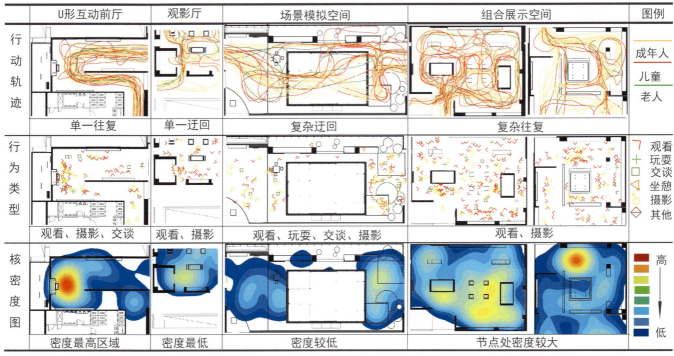

附录表6-3 行为轨迹、行为类型及核密度图统计

（来源：周茜 绘）

从功能、公共空间和展览空间三个方面对展览空间进行三个阶段的优化过程，研究博物馆空间设计原则。通过行为观察可以对聚落空间、街巷空间、单体建筑等场所人的交往活动进行统计研究，结合行为追迹，探究人的行为与建筑聚落空间形态的相关性。

附录七：基于图像处理的色彩分析

一、图像解析的概念及应用可行性

图像处理主要采用摄像的方式，摄取建筑及景观的多个角度及不同区位的图片，再根据调研问卷过程中所涉及的方方面面进行一定补充。之后，对采集所得图片进行整理，分析归类，然后通过各对色彩色相、明度、纯度及材质的分析，进而研究不同建筑与景观风貌中传统元素的应用。

利用色彩提取和图像、图形分析的方法，对安徽传统建筑的色彩进行系统分析和总结，有利于当地新建筑创作中传统风貌精神的传承。同时，通过对合肥市非物质文化遗产园建筑及其色彩进行考察，以及对建筑与景观中的色彩及材质进行对比分析，为后续的风貌色彩保护策略的提供奠定基础。通过对安徽传统建筑及非遗园的案例分析，可以概括出传统建筑中色彩的组合法则。

二、皖中地区传统民居的色彩考察

（一）皖中地区传统民居立面色彩统计

在安徽传统建筑调研中，共提取了合肥市及巢湖市的12个老建筑的色彩（附录表7-1）制作成色表。

调研案例基本信息统计						附录表7-1
案例编号	1	2	3	4	5	6
建筑名称	洪瞳村134号	洪瞳村146号	洪瞳村147号	张治中故居	杨岗村51号	杨岗村52号
地理位置	巢湖市黄麓镇	巢湖市黄麓镇	巢湖市黄麓镇	巢湖市黄麓镇	合肥市肥西县	合肥市肥西县
实景照片						
案例编号	7	8	9	10	11	12
建筑名称	杨岗村191号	金家大屋	李克农故居	烔炀老街29号	烔炀南街32号	烔炀中街91号
地理位置	合肥市肥西县	巢湖市烔炀镇	巢湖市烔炀镇	巢湖市烔炀镇	巢湖市烔炀镇	巢湖市烔炀镇
实景照片						

（来源：陈骏祎 绘）

（二）皖中地区传统民居立面色彩研究总结

在建筑立面材质、色彩及整体色调研究中发现，皖中地区传统民居由于广泛使用青瓦屋面及青砖墙面，建筑大多以青色、深灰色为主要色彩，因此建筑整体色调偏冷，给人以素雅沉稳、古朴宁静之感。与皖南村落以无彩色为主的建筑风貌不同，皖中民居少有石灰粉刷，通常不加人工修饰，而且更加倾向于保留各部分材质的真实颜色，体现其淳朴自然的质感。木制门窗框以其材料的原色在墙面中起点缀作用，小面积比例的棕色活跃在墙面上，以暖色调对整体适当调和，使冷暖色调在建筑中互补互融，视觉上更为和谐。

三、合肥市非物质文化遗产园的建筑色彩分析

（一）合肥非物质文化遗产园色彩统计

首先，研究者通过对图像的色彩和材质进行考察（附录表7-3），定量分析选定不同空间环境中的建筑与景观的色彩特性；其次，通过对材质的分析，进一步分析园区内传统元素图像的应用；最后，通过对园区内相关传统元素的图形分析，揭示从设计到建设中应注意到的方面。

调研主要采用摄像的方式，摄取建筑及景观的多个角度及不同区位的图片。然后对采集所得图片进行整理、分析归类，通过对色彩色相、明度、纯度及材质的分析，进而考察不同建筑与景观风貌中传统元素的应用类别，以及从图像中获得人群数量及聚集区域，从而得知参观者对传统文化的认识与建筑、景观之间的关系。在考察过程中，为了对色彩进行定量化分析，根据孟赛尔颜色系统[①]中色彩的分配值进行统计。

（二）合肥市非物质文化遗产园的传统元素与色彩分析总结

合肥非物质文化遗产园中对传统元素的应用与乡土气息的传统元素的应用，大多以独立的形态出现。园区中门窗的点、马头墙墙脊的线、粉墙中的面，传达出徽派建筑的色彩

---

① 孟塞尔颜色系统 (Munsell Color System)是美国艺术家阿尔伯特·孟塞尔Albert H. Munsell（1858-1918年）在1898年创制的颜色描述系统。

立面色彩统计　　　　　　　　　　　　　　　　　　　　　　　　　　　附录表7-2

案例编号	1	2	3	4	5	6
屋面						
墙面及围墙						
门窗及其他						
案例编号	7	8	9	10	11	12
屋面						
墙面及围墙						
门窗及其他						

（来源：毛心彤 绘）

合肥非物质文化遗产园色彩统计　　　　　　　　　　　　　　　　　　附录表7-3

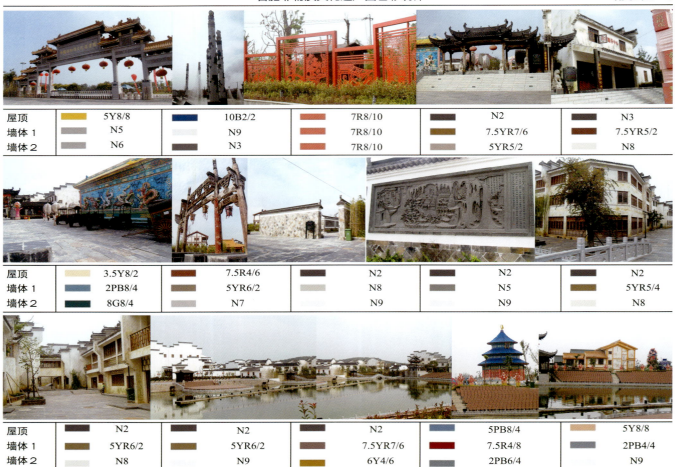

屋顶		5Y8/8		10B2/2		7R8/10		N2		N3
墙体1		N5		N9		7R8/10		7.5YR7/6		7.5YR5/2
墙体2		N6		N3		7R8/10		5YR5/2		N8
屋顶		3.5Y8/2		7.5R4/6		N2		N2		N2
墙体1		2PB8/4		5YR6/2		N8		N5		5YR5/4
墙体2		8G8/4		N7		N9		N9		N8
屋顶		N2		N2		N2		5PB8/4		5Y8/8
墙体1		5YR6/2		5YR6/2		7.5YR7/6		7.5R4/8		2PB4/4
墙体2		N8		N9		6Y4/6		2PB6/4		N9

（来源：董嘉鑫 绘）

特性，门窗的木材色彩、马头墙的黑色或者灰色、墙壁的灰白与淡黄色，丰富而统一。个别建筑中土黄色与蓝色丰富了人们的视野，整体设计遵循统一原则，否则在统一中寻求变化，有一定创新。色彩自然过渡，局部有个性的施展，创造出对比的感受，使整个园区显得丰富多彩。

但研究中也发现，虽然园区内传统建筑多以"黑白灰"三种色彩为主，但整体园区内色彩的跳跃性和差异性较大，所使用的色彩种类比较多。

四、安徽地区建筑色彩的应用法则

通过对安徽传统建筑的色彩进行系统分析和总结，以及对合肥市非物质文化遗产园有关色彩的多视角的分析，有助于研究者对传统色彩类型及组合应用法则进行归纳。

（一）传统建筑用色特点

安徽传统建筑群整体色彩不同于皇家建筑的色彩丰富，总体上呈现一种黑白灰的色调，呈现出质朴典雅、内敛含蓄之感。建筑局部及室内主要以天然木色为主，少量施彩。位于民居的屋顶和马头墙墙脊等处的瓦片以黑色为主，因此俯瞰时，建筑群呈现大面积的黑色。黑白灰的整体色彩基调与周围自然山水和谐相生、融为一体。而建筑构件上，多采用艳丽的色彩，以点缀质朴的屋宇构造（附录表7-4）。

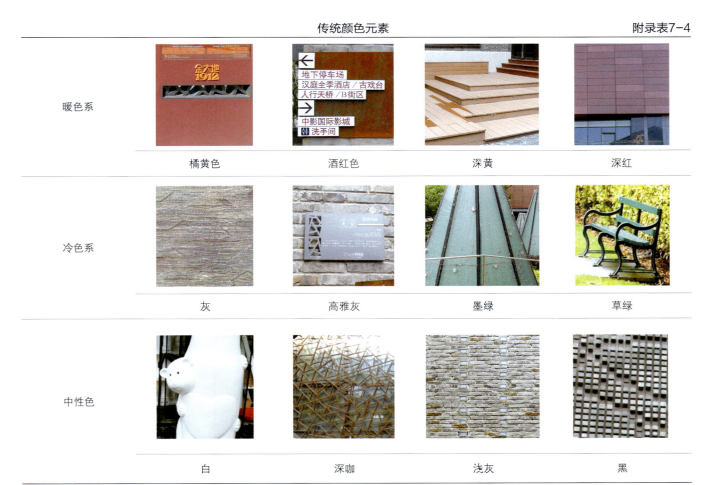

附录表7-4 传统颜色元素

暖色系	橘黄色	酒红色	深黄	深红
冷色系	灰	高雅灰	墨绿	草绿
中性色	白	深咖	浅灰	黑

（来源：杨燊 绘）

（二）色彩的选用

色彩作为视觉表达中最直观的因素，在建筑单体的设计中尤为重要。恰当的色彩可以丰富建筑风貌环境，增加文化氛围；相反地，色彩的误用会直接破坏建筑风貌的协调统一。色彩在选用时应以整体环境色调为基础，以景观设施的造型形式、材料肌理为用色前提，利用自身的特征和多样性为园区增添活力，达到统一之中有变化、对比之中有和谐的效果（附录表7-5）。

色彩在景观设施中应用效果　　　　　　　　　　　　附录表7-5

	色彩属性	感觉效果	应用启示
色相	暖色系	重，亲近，大	充满活力温暖热情的设施
	中色系	平凡，柔和，轻薄	安静温和之感
	冷色系	消极深远，小，素净	塑造出沉着理智幽静的感觉
明度	高明度	柔软，大，近	优美的感觉
	中明度	保守，随和，陪衬	配合暖色系更有温暖的感觉
	低明度	厚重，坚硬	安定的氛围略有压抑感
彩度	高色彩	刺激，近，坚硬	鲜艳吸引人
	中色彩	平静，适中	文雅而稳健的感觉
	低色彩	软，远，质朴	传递出古朴的气息

（来源：杨旸 绘）

1. 选用相似色彩

相似色彩即类似色，在色轮上90°角内相邻接，色彩相近而互不冲突，给人色彩平静、调和之感。在文化产业园内选用相似色，是形成统一色调的有效手段，以不同色彩之间细微的差异性达到统一而富有变化的效果（附录图7-1）。

2. 选用差异性色彩

差异性色彩即对比色，指在色轮上相距120°到180°之间的两种颜色，包括色相、明度、饱和度等方面的差异和对比。使用差异性色彩可以增强景观设施的色彩表现力，形成强烈的色彩效果，给人以视觉上的刺激，设置在景观节点或视觉中心的景观设施可以合理选用差异性色彩，强调其中心地位。例如金大地·1912端头的景观标志即采用深红色与街区整体的灰色调形成鲜明对比（附录图7-2）。

3. 对比色相对比

将色相环上两种或多种色彩并置，在比较中体现其色相之间的差异，形成对比，效果强烈，个性鲜明。

4. 有彩色系与无彩色系对比

有彩色系是指除黑白灰以外的其他颜色，无彩色系是指仅仅包括黑白灰三色的色系。在景观设施的色彩设计中，采用无彩色系会给人以质朴静谧的感觉，如徽州民居。但是，在其中加入适量的有彩色系又可以打破无彩色系的单调与乏味。在实际设计中，大量的黑白灰与少量的鲜艳的有彩色系的结合使得视觉效果更加多变，突出重点又有很强的整体感（附录图7-3）。

5. 无彩色系间对比

仅由黑、白、灰组成的无彩色系给人以简单的感觉，然

附录图7-1 相似色彩产生调和之感（来源：孙霞 摄）

附录图7-3 有彩色系与无彩色系对比（来源：孙霞 摄）

附录图7-2 色彩差异产生的对比（来源：孙霞 摄）

附录图7-4 无彩色系间对比（来源：孙霞 摄）

而，在黑与白的强烈对比之间，通过改变灰色的比重，能营造出丰富的情感变化。在徽派建筑风格传承设计时，必须要考虑整体建筑特征及建筑与环境之间的关系，才能更合理地使用无彩色系进行对比（附录图7-4）。

（三）色彩应用法则的归纳总结

建筑单体的色彩定位不仅要考虑自身各部分的协调，还要考虑与整体环境和氛围相协调。在安徽传统建筑的色彩运用上，由于受到道家文化、儒家文化和释家文化的三重影响，以黑白灰奠定了整个建筑的色彩基调，而在建筑构件上又采用了艳丽的色彩，以此点缀质朴的屋宇构造。前文通过对传统建筑色彩运用的案例总结，归纳出色彩在建筑中运用的规律，如采用相似色彩、差异性色彩、对比色相对比及有彩色系与无彩色系对比等美学规律。色彩的选取与搭配重点考虑形式美的原则，在色彩的组合中，则应处理好统一与变化、协调与对比、基调与点缀、主题与背景等多种关系。

参考文献

Reference

[1] 曾伟. 徽州民居浅析[J]. 东南大学学报：哲学社会科学版，2009, 11 (6): 81-84.

[2] 常蓓. 建筑类型学对徽州建筑的现代提炼[J]. 安徽建筑，2011, 18 (4): 10-13.

[3] 陈从周. 亳州大关帝庙[J]. 同济大学学报，1980 (2): 84-91.

[4] 程极悦. 徽商和水口园林——徽州古典园林初探[J]. 建筑学报，1987 (10): 74-78.

[5] 戴慧，张笑笑，王苗苗. 派建筑特色在九华山花台停车楼设计中的表达[J]. 工业建筑，2014, 44 (5): 31-33.

[6] 单德启，李小妹. 徽派建筑和新徽派的探索[J]. 中国勘察设计，2008 (3): 30-33.

[7] 单德启. 冲突与转化——文化变迁·文化圈与徽州传统民居试析[J]. 建筑学报，1991 (1): 46-51.

[8] 单德启. 从典型案例出发，但科学研究不止于案例——徽州传统民居聚落和新徽派建筑科研典型案例的思考[J]. 安徽建筑工业学院学报：自然科学版，2013, 21 (5): 1-4.

[9] 单德启. 村溪，天井，马头墙. 建筑史论文集[M]. 北京：清华大学出版社，1984.

[10] 费飞. 论传统元素拼接下的当代中国风格设计[J]. 时代文学，2009 (8): 176-177.

[11] 高峰. 空间句法与皖南村落巷道空间系统研究——以安徽南屏村为例[J]. 小城镇建设，2003 (11): 42-44.

[12] 郭湘闽，刘长涛. 基于空间句法的城中村更新模式——以深圳市平山村为例[J]. 建筑学报，2013 (3): 1-7.

[13] 郭洋，张清. 上海M50创意产业园的使用后评价研究[J]. 华中建筑，2010 (12): 19-21.

[14] 过伟敏，周方旻，邵靖. 关于无锡城区旧建筑及历史风貌街区的调查研究[J]. 江南大学学报，2002, 1 (1): 82-85.

[15] 韩玲. 徽色空间在宣城供电公司办公楼中的体现[J]. 工业建筑，2011, 21 (11): 150-153.

[16] 何海霞，张三明. 中国传统民居院落与气候浅析[J]. 华中建筑，2008 (12): 210-214.

[17] 何小祥. 传承弘扬继往开新——《皖江历史文化研究年刊（2010）》序[J]. 安庆师范学院学报：社会科学版，2011, 30 (11): 1-2.

[18] 贺为才. 诗·画·思——徽州古村落的人文境界[J]. 中国发展，2003 (3): 59-63.

[19] 贾尚宏. 三河镇古民居之印象[J]. 小城镇建设，2002 (4): 28-29.

[20] 金乃玲. 皖南古村落规划特征浅析[J]. 合肥学院学报：自然科学版，2004, 14 (04): 73-75.

[21] 刘丽琼. 昔日桂江船家居住的民俗特色探析[J]. 广西民族师范学院学报，2011, 28 (2): 31-35.

[22] 刘沛林，董双双. 中国古村落景观的空间意象研究[J]. 地理研究，1998, 17 (1): 31-38.

[23] 刘群. 跨世纪的船民研究[J]. 五邑大学学报：社会科学版，2008, 10 (3): 62-65.

[24] 刘仁义，张靖华. 安徽民居色彩成因及其文化内涵研究[J]. 工业建筑，2010 (5): 146-148.

[25] 刘晓然. "谓之"句中被释词的位置[J]. 西南民族大学学报：哲学社会科学版，2002, 23 (10): 123-125.

[26] 刘昱. 皖北传统建筑风格与构造特征初探——以亳州北关历史街区为例[J]. 合肥工业大学学报：社会科学版，2011，25（5）：154–157.

[27] 卢松，陆林，王莉，王咏，梁栋栋，杨钊. 古村落旅游客流时间分布特征及其影响因素研究——以世界文化遗产西递、宏村为例[J]. 地理科学，2004，24（2）：250–256.

[28] 卢松，陆林，徐茗，梁栋栋，王莉，王咏，杨钊. 古村落旅游地旅游环境容量初探——以世界文化遗产西递古村落为例[J]. 地理研究，2005，24（4）：581–590.

[29] 卢松，陈思屹，潘蕙. 古村落旅游可持续性评估的初步研究——以世界文化遗产地宏村为例[J]. 旅游学刊，2010，25（1）：17–25.

[30] 卢松，张捷. 世界遗产地宏村古村落旅游发展探析[J]. 经济问题探索，2007（6）：119–122.

[31] 陆林，葛敬炳. 徽州古村落形成与发展的地理环境研究[J]. 安徽师范大学学报：自然科学版，2007，30（3）：377–382.

[32] 陆林，凌善金，焦华富，王莉. 徽州古村落的景观特征及机理研究[J]. 地理科学，2004，24（6）：660–665.

[33] 马国馨. 新焦点和科学发展观[J]. 建筑学报，2004（9）：74.

[34] 马寅虎. 试论徽州古村落景观的人文特色[J]. 安徽工业大学学报：社会科学版，2002，19（1）：71–73.

[35] 潘争伟，金菊良，吴开亚，丁琨. 区域水环境系统脆弱性指标体系及综合决策模型研究[J]. 长江流域资源与环境，2014，23（4）：518–525.

[36] 阮仪三，林林. 文化遗产保护的原真性原则[J]. 同济大学学报，2003（2）：1–5.

[37] 宋光兴，杨德礼. AHP判断矩阵与模糊判断矩阵相互转化方法[J]. 大连理工大学学报，2003，43（4）：535–539.

[38] 陶伟. 中国"世界遗产"的可持续旅游发展研究[J]. 旅游学刊，2000（5）：35–41.

[39] 王光明. 浅谈徽州民居[J]. 建筑学报，1996（1）：55–60.

[40] 王浩峰. 宏村水系的规划与规划控制机制[J]. 建筑历史，2008，26（12）：224–228.

[41] 王华，李艾芳，孙颖. 改革开放30年：北京十大文化创意产业集聚区发展模式的演进[J]. 北京规划建设，2009（1）：60–63.

[42] 王炎松，王甜. 南屏"上叶十六家"空间特征初探[J]. 华中建筑，2012（1）：195–197.

[43] 吴晓勤，万国庆，陈安生. 皖南古村落与保护规划方法[J]. 安徽建筑，2001（3）：26–29.

[44] 吴永发，徐震. 徽州文化园规划与建筑设计[J]. 建筑学报，2004（9）：64–66.

[45] 吴云，何礼平，方炜淼. 日本历史文化街区景观风貌调研方法及启示[J]. 建筑学报，2012（6）：44–49.

[46] 徐仲明，曹迎春. 三河古镇保护与建设的几点思考[J]. 安徽建筑，2009（4）：27.

[47] 杨丽霞，喻学才. 中国文化遗产保护利用研究综述[J]. 旅游学刊，2004，19（4）：85–91.

[48] 杨怡，郑先友. 徽州古村落的空间环境意象[J]. 安徽建筑，2003（2）：11–13.

[49] 姚光钰，刘一举. 徽州古村落选址风水意象[J]. 安徽建筑，1998（6）：123–124.

[50] 姚光钰. 徽式砖雕门楼[J]. 古建园林技术，1989（1）：51–56.

[51] 业祖润. 传统聚落环境空间结构探析[J]. 建筑学报，2001（12）：21–24.

[52] 叶茂盛，李早，曾锐. 文化商业街区步行行动特征与空间要素的关联性研究——以"合肥·金大地1912"为例[J]. 建筑学报学术论文专刊，2013（1）：85–89.

[53] 袁自龙. 传统艺术元素在构成设计中的应用[J]. 南京工程学院学报：社会科学版，2008，8（2）：30–32.

[54] 张成渝，谢凝高. 世纪之交中国文化和自然遗产保护与利用的关系[J]. 人文地理，2002，17（1）：4–7.

[55] 张靖华，郭华瑜. "九龙攒珠"与江西移民者的开拓——巢湖北岸移民村落考察报告[J]. 农业考古，2008（4）：92–96.

[56] 张婷麟. 旅游开发与徽州古村落公共空间的互动影响研究[J]. 安徽行政学院学报, 2011, 2 (3): 63-67.

[57] 张希晨, 郝靖欣. 皖南传统聚落巷道景观研究[J]. 江南大学学报, 2002, 1 (2): 179-183.

[58] 张翼峰, 郑金. 文化创意产业园规划设计探讨——以武汉创意产业园为例[J]. 规划师, 2009, 25 (4): 39-44.

[59] 章尚正, 董义飞. 从游客体验看世界文化遗产地西递-宏村的旅游发展[J]. 华东经济管理, 2006, 20 (2): 43-46.

[60] 郑孝燮. 论自然与文化遗产的个性[J]. 园林论坛, 2001 (22): 3-4.

[61] 朱光亚, 黄滋. 古村落的保护与发展问题[J]. 建筑学报, 1999 (4): 56-57.

[62] 朱丽平, 高国华. 中国文化遗产现状及保护[J]. 价值工程, 2007 (6): 276-277.

[63] 朱桃杏, 陆林, 李占平. 传统村镇旅游发展比较——以徽州古村落群与江南六大古镇为例[J]. 经济地理, 2007, 27 (5): 842-846.

[64] 朱桃杏, 陆林. 徽州古村落群旅游差异性开发的竞合分析[J]. 人文地理, 2006, 21 (6): 57-61.

[65] 朱永春. 徽州建筑单体形态构成研究[J]. 合肥工业大学学报: 社会科学版, 2001, 15 (1): 76-81.

[66] 祝莹. 历史街区保护中的类型学方法研究[J]. 城市规划汇刊, 2002 (6): 57-60.

[67] 比尔·西里尔著. 空间句法——城市新见[J]. 新建筑, 1985 (1): 62-72.

[68] 朱广宇. 图解传统民居建筑及装饰[M]. 北京: 机械工业出版社, 2011.

[69] 扬·盖尔著, 何人可译. 交往与空间[M]. 4版. 北京: 中国建筑工业出版社, 2002.

[70] 勒·柯布西耶著, 陈志华译. 走向新建筑[M]. 2版. 西安: 陕西师范大学出版社, 2004.

[71] 凯文·林奇著, 方益萍, 何晓军译. 城市意象[M]. 北京: 华夏出版社, 2001.

[72] 原广司著, 于天祎, 刘淑梅, 马千里译. 世界聚落的教示100[M]. 北京: 中国建筑工业出版社, 2003.

[73] 克利夫·芒福汀著, 张永刚, 陆卫东译. 街道与广场[M]. 2版. 北京: 中国建筑工业出版社, 2004.

[74] 罗杰·斯克鲁顿著, 刘先觉译. 建筑美学[M]. 北京: 中国建筑工业出版社, 2003.

[75] 伊恩·本特利著, 纪晓海, 高颖译. 建筑环境共鸣设计[M]. 大连: 大连理工大学出版社, 2002.

[76] 卞利. 明清徽州社会研究[M]. 合肥: 安徽大学出版社, 2004.

[77] 单德启. 安徽民居[M]. 北京: 中国建筑工业出版社, 2010.

[78] 单德启. 中国民居[M]. 北京: 五洲传播出版社, 2003.

[79] 段进, 揭明浩. 空间研究4——世界文化遗产宏村古村落空间解析[M]. 南京: 东南大学出版社, 2009.

[80] 段进. 城镇空间解析[M]. 北京: 中国建筑工业出版社, 2002.

[81] 段进. 空间研究1——世界文化遗产西递古村落空间解析[M]. 南京: 东南大学出版社, 2006.

[82] 龚恺. 徽州古建筑丛书[M]. 南京: 东南大学出版社, 1998-2000.

[83] 汉宝德. 风水与环境[M]. 天津: 天津古籍出版社, 2003.

[84] 何晓昕. 风水探源[M]. 南京: 东南大学出版社, 1990.

[85] 蒋学志. 建筑形态构成[M]. 长沙: 湖南科学技术出版社, 2005.

[86] 金俊. 理想景观[M]. 南京: 东南大学出版社, 2003.

[87] 李允鉌. 华夏意匠[M]. 天津: 天津大学出版社, 2005.

[88] 梁思成. 清式营造则例[M]. 北京: 清华大学出版社, 2006.

[89] 陆林, 凌善金, 焦华富. 徽州村落[M]. 合肥: 安徽人民出版社, 2005.

[90] 舒育玲, 胡时滨. 天人合一的理想境地——宏村[M]. 合肥: 合肥工业大学出版社, 2005.

[91] 舒育龄, 胡时滨. 宏村[M]. 合肥: 黄山书社, 1995.

[92] 孙大章. 中国民居研究[M]. 北京: 中国建筑工业出版社, 2004.

[93] 唐孝祥. 近代岭南建筑美学研究[M]. 北京: 中国建筑工业出版社, 2003.

[94] 万彩林. 古建筑工程预算[M]. 北京: 中国建筑工业出版社, 2011.

[95] 杨志华. 亳州市志[M]. 安徽：黄山书社出版，1996.
[96] 余英. 中国东南系建筑区系类型研究[M]. 北京：中国建筑工业出版社，2001.
[97] 朱永春. 徽州建筑[M]. 合肥：安徽人民出版社，2005.
[98] 曾恒志. 湘中地区新农村住宅的适宜性建造策略研究[D]. 重庆大学，2012.
[99] 陈睿. 徽州古村落保护利用分级分类技术策略[D]. 合肥工业大学，2012.
[100] 陈晓扬. 基于地方建筑的使用技术研究[D]. 东南大学，2004.
[101] 程坤. 社会学视角下的徽州古村落保护与更新对策[D]. 合肥工业大学，2007.
[102] 丁俊杰. 基于建筑类型学下的"徽质空间"分析[D]. 合肥工业大学，2010.
[103] 高婧华. 中国当代建筑与传统建筑的建筑文法比较及传承关系研究[D]. 河北工业大学，2012.
[104] 龚京美. 江淮地区新农村聚居景观模式及应用[D]. 合肥工业大学，2007.
[105] 韩冬青. 皖南村落环境结构研究[D]. 东南大学，1991.
[106] 郝曙光. 当代中国建筑思潮研究[D]. 东南大学，2006.
[107] 何颖. 徽州古民居水环境空间研究[D]. 合肥工业大学，2009.
[108] 胡振楠. 徽州地区古民居建筑形态解析[D]. 合肥工业大学，2009.
[109] 黄娜. 生态文明时代传统徽派民居的现代演绎[D]. 长安大学，2010.
[110] 黄周. 皖南黄田古村落空间影响因素研究[D]. 合肥工业大学，2007.
[111] 揭鸣浩. 世界文化遗产宏村古村落空间解析[D]. 东南大学，2006.
[112] 李微微. 徽州古村落空间的类型化初探[D]. 合肥工业大学，2007.
[113] 李阳. 三河古镇传统民居建筑形式与空间研究[D]. 合肥工业大学，2012.
[114] 刘德旺. 西安地域文化的当代建筑传承[D]. 西安建筑科技大学，2012.
[115] 刘俊. 气候与徽州民居[D]. 合肥工业大学，2007.
[116] 刘倩. 皖西南大别山区景区边缘型乡村建设研究[D]. 合肥工业大学，2009.
[117] 倪用玺. 文化遗产的旅游开发适宜模式比较研究[D]. 西安建筑科技大学，2005.
[118] 聂耀峰. 三河古镇上横街更新与保护研究[D]. 合肥工业大学，2012
[119] 潘超. 西递"徽风"建筑研究[D]. 合肥工业大学，2009.
[120] 彭茜. 芜湖古城保护与改造中的非物质文化研究[D]. 合肥工业大学，2009.
[121] 钱进. 皖南"生态"型民居适宜技术研究[D]. 合肥工业大学，2010
[122] 乔梁. 天堂寨地区乡土山地民居研究[D]. 合肥工业大学，2013.
[123] 任登军. 经济适用住宅设计中生态适宜技术应用策略研究[D]. 河北工业大学，2010.
[124] 任延婷. 徽州古村落保护和更新研究[D]. 合肥工业大学，2009.
[125] 沈超. 徽州祠堂建筑空间研究[D]. 合肥工业大学，2009.
[126] 舒波. 符号思维与建筑设计[D]. 重庆大学，2002.
[127] 王菲. 文化产业背景下徽州古村落文化资源开发研究[D]. 广西大学，2013.
[128] 王惠. 当代皖西南山地建筑本土化研究[D]. 合肥工业大学，2007.
[129] 王玲. 传统建筑元素在现代室内设计中的运用——以山西民居为例[D]. 陕西科技大学，2011.
[130] 王苗苗. 江淮地区居住环境的地域特性研究[D]. 合肥工业大学，2006.
[131] 王明睿. 传统艺术元素在文化产业园建筑外部形式中的应用研究[D]. 合肥工业大学，2014.
[132] 王巍. 徽州传统聚落的巷路研究[D]. 合肥工业大学，2006.
[133] 王衍芳. 亳州花戏楼建筑装饰艺术研究[D]. 淮北师范大学，2013.

[134] 王翼飞. 皖南民居的设计理念对现代室内设计的启示[D]. 合肥工业大学, 2009.

[135] 魏明. 巢湖市环巢湖区域空间资源评价及规划布局研究[D]. 合肥工业大学, 2010.

[136] 吴美萍. 文化遗产的价值评估研究[D]. 东南大学, 2006.

[137] 吴敏. 徽州民居装饰艺术特征研究及其在现代城市住宅中的应用[D]. 合肥工业大学, 2009.

[138] 夏淑娟. 明清徽州村落研究[D]. 安徽大学, 2014.

[139] 徐璐璐. 徽州传统聚落对安徽地区新农村住宅设计的启示[D]. 合肥工业大学, 2006.

[140] 许凡. 徽州传统聚落生态因素研究[D]. 合肥工业大学, 2004.

[141] 许勇. 交往空间－徽州传统聚落空间研究[D]. 南京林业大学, 2008.

[142] 阎波. 中国建筑师与地域建筑创作研究[D]. 重庆大学, 2011.

[143] 杨勤芳. 徽州传统建筑美学特征研究[D]. 合肥工业大学, 2007.

[144] 叶茂盛. 小学生放学后行动特征与城市空间场所的关联性研究[D]. 合肥工业大学, 2013.

[145] 叶长胜. 安徽省对外贸易结构和产业结构相互关系研究[D]. 安徽大学, 2012.

[146] 应莉. 徽州聚落心理环境营造方法研究[D]. 合肥工业大学, 2010.

[147] 余新泳. 徽州古建筑装饰在现代建筑中的启示及意义研究[D]. 合肥工业大学, 2013.

[148] 张瑆. 基于区域旅游协作的环巢湖旅游圈开发及创新研究[D]. 合肥工业大学, 2007.

[149] 张运思. 基于空间价值观的传统聚落保护与更新研究[D]. 北京建筑大学, 2013.

[150] 张钊. 合肥地区传统建筑文脉在当代建筑创作中的借鉴与发展研究[D]. 合肥工业大学, 2009.

[151] 赵颖. 山东民间艺术符号在城市景观设计中的应用研究[D]. 山东建筑大学, 2012.

[152] 周蕾. 徽派建筑元素在现代建筑中的运用及其研究[D]. 合肥工业大学, 2009.

[153] 周楠. 无锡荣巷古镇民居建筑装饰初探[D]. 江南大学, 2009.

[154] 周辕. 安徽花鼓灯艺术的发展轨迹与传承研究[D]. 新疆师范大学, 2011.

[155] 朱凌. 传统聚落形态及其保护性规划研究——以五夫古镇为例[D]. 华侨大学, 2012.

[156] 宗本晋作. 感性評価を取り入れた展示の空間構成法に関する研究[D]. KyotoUniversity, 2008.

[157] 窦小鹿, 李早, 曾俊. 文化主题园区空间与行为特征关系的研究[C]. 空间·再生辩证的思考, 第九届全国建筑与规划研究生年会论文集[C], 2011.

[158] 李早, 宗本顺三, 吉田哲, 等. 利用GPS的中国居住区水边行动的研究. 日本建筑学会计画系論文集[C]. 日本建筑学会, 2008(08).

[159] 倪琪, 菊地成朋. 136_中国徽州地方の伝統的住居の空間構成とその形態的特徴 安徽省黄山市徽州区「呈坎村」の調査研究 その1. 日本建筑学会论文集[C], 2004.

[160] 安徽省志. 网址：http://www.ah.gov.cn/UserData/SortHtml/1/82675606332.html

[161] 安徽省人民政府. 网址：http://www.ah.gov.cn/UserData/SortHtml/1/8394315416.html

[162] 新浪博客. 皖北重镇——阚疃. 网址：http://blog.sina.com.cn/s/blog_90e03cea01017l2k.html

[163] 搜狗百科. 安徽. 网址：http://baike.sogou.com/v38563.html

[164] 怀远县河溜镇人民政府官网. 安徽省情. 网址：http://oa.ahxf.gov.cn/village/newContent.asp?WebID=27451&Class_ID=190112&id=1561551

[165] 《中共中央国务院关于促进中部地区崛起的若干意见》(中发[2006]10号)

[166] 《关于皖南国际文化旅游示范区建设发展规划纲要的批复》(发改社会[2014]263号)

后 记

Postscript

时维初秋，岁在乙未。历经一载，终成本卷。书贯古今，文达江淮。汇徽州之灵秀，集涡淮之端庄。流连于粉墙黛瓦之间，徜徉于居巢徽韵之中。赏古典风范，荟萃昔贤文采之精华；观现代气象，长思建筑传统之发扬。汇而成册，以飨同好。

课题组从最初的调研勘察、资料整理、大纲成形，中期的学术研究、书稿撰写、会议探讨，到后期的深化修改、专家论证、统稿成卷，前后共经历了近十个月时间。全书共完成20余万字，并附照片、分析图、测绘图及手绘钢笔画，累计600余幅，书稿中案例资料的原真性、手绘插图的原创性、研究方法的科学性等特点不言而喻。

本课题的研究内容是本编写组诸位同仁长期探索的相关领域。对于传统建筑传承方略的研究，多年以来一直得到各项基金的资助，特别是文化部科技创新项目（13-2011），安徽省软科学研究计划项目（1402052010），教育部人文社科项目（11YJCZH206），以及教育部归国留学人员科研启动基金等。这些科学研究项目的积累，为本书的展开积聚了详实的基础材料，奠定了坚实的理论基础。

感谢安徽省建筑设计研究院有限责任公司、安徽省城乡规划设计研究院、深圳市建筑设计研究总院、黄山市建筑设计研究院、黄山市城市建筑勘察设计院、合肥工业大学建筑设计研究院、中铁时代建筑设计院有限公司、中铁合肥建筑市政工程设计研究院有限公司、安徽建筑大学建筑设计研究院、东华建筑设计院、安徽地平线建筑设计事务所有限公司、安徽寰宇建筑设计院、合肥华祥建筑设计有限公司、安徽华盛国际建筑设计工程咨询有限公司、安庆市第一建筑设计研究院、江阴市建筑设计研究院有限公司等设计单位的大力支持。

安徽卷编写组：

绪论，第一章.撰文及编写：喻晓、曹昊、高岩琰。

上篇，第二章.撰文：喻晓。第三章.撰文：喻晓、孙霞、高敏。第四章.撰文：叶茂盛、毛心彤、陈骏祎。第五章.撰文：王达仁、朱慧。第六章.撰文：王达仁、喻晓、曹昊、陈骏祎。

下篇，第七章.撰文：叶茂盛；第八章.引文撰文：叶茂盛；其中，第一节.撰文：喻晓、朱慧、姚瑞。第二节.撰文：杨燊、马聃；第三节.撰文：贾宇枝子、孙霞；第四节.撰文：杨燊、童玥、周虹宇；第五节.撰文：陈薇薇、杨燊；第六节.撰文：喻晓。第九章.撰文：叶茂盛。第十章.撰文：高岩琰。第十一章.撰文：喻晓。

附录篇，撰文：高岩琰。其中，附录一.撰文：高敏、周虹宇，编写：崔巍懿。附录二.撰文：郭雯雯，编写：高岩琰、朱高栎。附录三.撰文：叶茂盛，编写：朱高栎、汪强。附录四.撰文：王明睿，编写：高岩琰、朱高栎。附录五.撰文：蔡斌，编写：汪强、朱高栎。附录六.撰文：周茜，编写：孙霞、汪强。附录七.撰文：杨旸、陈骏祎、毛心彤、董嘉鑫，编写：孙霞、高岩琰。

手绘插图：郑志元、付姬萍。文字校对：樊文萃、杨戈、马頔、高翔、陈垦、王宏宇。

囿于编者学识眼界，本书内容或有不足之处，望读者批评指正。

最后，衷心感谢合肥工业大学建筑与艺术学院李早教授及其团队为本书的完成做出了大量有效的工作。